Realitätsbezüge im Mathematikunterricht

Reihe herausgegeben von

Werner Blum, Universität Kassel, Kassel, Deutschland
Rita Borromeo Ferri, Universität Kassel, Kassel, Deutschland
Gilbert Greefrath, Universität Münster, Münster, Deutschland
Gabriele Kaiser, Universität Hamburg, Hamburg, Deutschland
Hans-Stefan Siller, Universität Würzburg, Würzburg, Deutschland
Katrin Vorhölter, Universität Hamburg, Hamburg, Deutschland

Mathematisches Modellieren ist ein zentrales Thema des Mathematikunterrichts und ein Forschungsfeld, das in der nationalen und internationalen mathematikdidaktischen Diskussion besondere Beachtung findet. Anliegen der Reihe ist es, die Möglichkeiten und Besonderheiten, aber auch die Schwierigkeiten eines Mathematikunterrichts, in dem Realitätsbezüge und Modellieren eine wesentliche Rolle spielen, zu beleuchten. Die einzelnen Bände der Reihe behandeln ausgewählte fachdidaktische Aspekte dieses Themas. Dazu zählen theoretische Fragen ebenso wie empirische Ergebnisse und die Praxis des Modellierens in der Schule. Die Reihe bietet Studierenden, Lehrenden an Schulen und Hochschulen wie auch Referendarinnen und Referendaren mit dem Fach Mathematik einen Überblick über wichtige Ergebnisse zu diesem Themenfeld aus der Sicht von Expertinnen und Experten aus Hochschulen und Schulen. Die Reihe enthält somit Sammelbände und Lehrbücher zum Lehren und Lernen von Realitätsbezügen und Modellieren.

Die Schriftenreihe der ISTRON-Gruppe ist nun Teil der Reihe „Realitätsbezüge im Mathematikunterricht". Die Bände der neuen Serie haben den Titel „Neue Materialien für einen realitätsbezogenen Mathematikunterricht".

Weitere Bände in der Reihe http://www.springer.com/series/12659

Hans Humenberger · Berthold Schuppar
(Hrsg.)

Neue Materialien für einen realitätsbezogenen Mathematikunterricht 7

ISTRON-Schriftenreihe

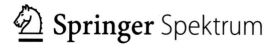
Springer Spektrum

Hrsg.
Hans Humenberger
Fakultät für Mathematik
Universität Wien
Wien, Österreich

Berthold Schuppar
Fakultät für Mathematik
Technische Universität Dortmund
Dortmund, Deutschland

Die vorherigen 18 Bände (0-17) der ISTRON-Schriftenreihe erschienen unter dem Titel „Materialien für einen realitätsbezogenen Mathematikunterricht" beim Franzbecker-Verlag.

ISSN 2625-3550   ISSN 2625-3569   (electronic)
Realitätsbezüge im Mathematikunterricht
ISBN 978-3-662-62974-1   ISBN 978-3-662-62975-8   (eBook)
https://doi.org/10.1007/978-3-662-62975-8

Die Deutsche Nationalbibliothek verzeichnet diese Publikation in der Deutschen Nationalbibliografie; detaillierte bibliografische Daten sind im Internet über http://dnb.d-nb.de abrufbar.

Planung/Lektorat: Annika Denkert
Springer Spektrum ist ein Imprint der eingetragenen Gesellschaft Springer-Verlag GmbH, DE und ist ein Teil von Springer Nature.
Die Anschrift der Gesellschaft ist: Heidelberger Platz 3, 14197 Berlin, Germany

Vorwort

Mathematisches *Modellieren* wird im Mathematikunterricht der Schule zunehmend wichtiger. Dabei ist der Terminus *Modellieren* in der Literatur nicht einheitlich definiert. Manche Quellen sprechen von *Modellieren*, sobald *Übersetzungen* zwischen Sachkontext und Mathematik notwendig sind, wobei irrelevant ist, ob es sich um Aufgaben vom Typ 1 oder 2 handelt:

1. Ein reales Problem steht im Mittelpunkt des Interesses, die Kontexte sind authentisch. Mit welcher Art Mathematik das klappen wird, ist dabei a priori gar nicht klar, nur: Mathematik kann helfen, das Problem zu analysieren, zu strukturieren und im besten Fall zu lösen.
2. Die Mathematik steht im Vordergrund, ein dazu (mehr oder weniger) passender Kontext wurde erfunden („geschaffen"), primär zu Übungszwecken für ein bestimmtes mathematisches Teilgebiet (z. B. Gleichungen).

Wir tendieren dazu, die unter 2. genannten Aufgaben *eingekleidete Aufgaben* zu nennen und den Begriff *Modellieren* für 1. zu reservieren. Auf eine genaue Begriffsdefinition kommt es uns hier aber nicht an, beide Aufgabentypen sind im Unterricht wichtig, nur sollten sie nicht miteinander verwechselt werden, denn sie haben verschiedene Zwecke. Das ist nicht immer leicht, da die Grenze dazwischen weder scharf noch objektiv ist. Einerseits braucht der Unterricht auch Aufgaben zum Festigen und Üben (z. B. Übersetzungsvorgänge etc.), aber bei Aufgaben des Typs 2. ist jedenfalls immer die Gefahr von *Scheinanwendungen* zu bedenken, und es wäre sehr kontraproduktiv, solche unter dem Deckmantel von *Realitätsbezug/ Modellierung* „verkaufen" zu wollen. Wir lehnen diese Aufgaben vom Typ 2. nicht prinzipiell ab, sondern halten sie unter bestimmten Voraussetzungen sogar für gut und den Unterricht bereichernd:

- Die Aufgaben haben einen *vernünftigen Kontext* (keine schädlichen Scheinanwendungen, die Kontexte sind zumindest plausibel und nicht an den Haaren herbeigezogen). Da sind die Grenzen zwischen *noch vernünftiger Kontext* und (*schädlicher*) *Scheinanwendung* kaum objektiv festzumachen, wichtig ist aber für Lehrpersonen, dass sie darüber selber nachdenken und sich der Gefahr bewusst sind, dass man den Bogen hier auch leicht überspannen kann.
- Es soll *ehrlich* mit ihnen umgegangen werden, d. h. Lehrpersonen sollten ggf. durchaus zugeben, dass es *nur eingekleidete* Aufgaben sind (keine authentischen Fragen bzw. Situationen, die uns wirklich so begegnen, an deren Lösung wir von der Sache her interessiert sind).
- Die Anwendungen bzw. Realitätsbezüge dürfen sich in diesen eingekleideten Aufgaben *nicht erschöpfen*, d. h. es sollten auch realistischere, authentischere Aufgaben bzw. Probleme behandelt werden, sodass man erfahren kann: „Mathematik hilft bei Problemen", diese sind dann eben die *Modellierungsaufgaben* des Typs 1. Gemäß der Tradition der IS-TRON-Schriftenreihe sind die folgenden Beiträge diesem Typ gewidmet.

In diesem 7. Band der Schriftenreihe *Neue Materialien für einen realitätsbezogenen Mathematikunterricht* werden realitätsnahe Problemstellungen aus unterschiedlichen Kontexten und Interessenslagen für den Unterricht aufbereitet. In den einzelnen Beiträgen geht es weniger darum, fertiges Unterrichtsmaterial zu präsentieren (Arbeitsblätter, vorgegebene

Methoden, Stundenplanungen etc.), sondern primär um Lieferung möglicher Ideen für den Unterricht. Die konkrete Ausgestaltung des Unterrichts bleibt dabei meist bewusst offen und der Lehrperson überlassen.

Inhaltlich, d. h. bezüglich ihres außermathematischen Problemkontexts, sind die in diesem Band behandelten Themen sehr breit gestreut. Zu den Klassikern gehören Themen aus der Biologie wie z. B. Genetik (Mendel'sche Gesetze, Mutation, Selektion), Vogelpopulationen (Wachstumsmodelle) oder mathematische Aktivitäten rund um den Schulgarten. Weitere klassische Gebiete, die zweifellos zur mathematischen Allgemeinbildung gehören, sind Lebensversicherungen sowie Sitz- und Stimmenverteilung in EU-Gremien. Auch moderne, aktuelle Themen sind berücksichtigt: Analyse von Flugzeug-Schatten auf Google-Maps-Bildern, mathematische Aspekte von „Big Data", Probleme mit anlassloser Massenüberwachung und ein physikalischer „Faktencheck" zur Science-Fiction-Idee eines Weltraumlifts. Hinzu kommen Praxisberichte wie die Entwicklung von Modellierungsaufgaben mithilfe von „MathCityMap" sowie allgemeinere Betrachtungen zu Modellierungsaufgaben im Schulbuch und zum Verständnis großer (Maß-)Zahlen.

Man findet eine Übersicht über die bisher erschienenen Bände im Internet auf der ISTRON-Homepage www.istron.mathematik.uni-wuerzburg.de/ unter dem Menüpunkt „Schriftenreihe". Dort kann man nach Bänden, Autoren und Schlagwörtern suchen, auch für die Bände 0 bis 17 der Vorgängerreihe *Materialien für einen realitätsbezogenen Mathematikunterricht* (Franzbecker Verlag).

Die Beiträge in diesem Band sind alphabetisch nach dem Nachnamen des ersten Autors bzw. der ersten Autorin angeordnet. Viel Freude beim Lesen und interessante Anregungen für den Unterricht wünschen die Bandherausgeber.

Wien, Dortmund   Hans Humenberger
                                                         Berthold Schuppar

Inhaltsverzeichnis

Herausgeber- und Autorenverzeichnis

Über die Herausgeber

Hans Humenberger Fakultät für Mathematik, Universität Wien, Wien, Österreich, e-mail: hans.humenberger@univie.ac.at

Berthold Schuppar Fakultät für Mathematik, IEEM, TU-Dortmund, Dortmund, Deutschland, e-mail: berthold.schuppar@tu-dortmund.de

Autorenverzeichnis

Christoph Ableitinger Fakultät für Mathematik, Universität Wien, Wien, Österreich, e-mail: christoph.ableitinger@univie.ac.at

Michael Besser Institut für Mathematik und ihre Didaktik, Leuphana Universität Lüneburg, Lüneburg, Deutschland, e-mail: besser@leuphana.de

Christian Dorner Fakultät für Mathematik, Universität Wien, Wien, Österreich, e-mail: christian.dorner@univie.ac.at

Frank Förster TU Braunschweig, Institut für Didaktik der Mathematik und Elementarmathematik, Braunschweig, Deutschland, e-mail: f.foerster@tu-bs.de

Robin Göller Institut für Mathematik und ihre Didaktik, Leuphana Universität Lüneburg, Lüneburg, Deutschland, e-mail: robin.goeller@leuphana.de

Stefan Götz Fakultät für Mathematik, Universität Wien, Wien, Österreich, e-mail: stefan.goetz@univie.ac.at

Gerd Hinrichs Studienseminar Leer für das Lehramt an Gymnasien, Leer, Deutschland, e-mail: gerd.hinrichs@ulricianum-aurich.de

Thomas Jahnke Marburg, Deutschland, e-mail: jahnke@uni-potsdam.de

Konstantin Klingenberg Dorstadt, Deutschland, e-mail: info@klingenberg.cloud

Andreas Kuch Kirnbachschule Niefern (GWRS), Niefern, Deutschland, e-mail: Kuch@mail.de

Henning Körner Oldenburg, Deutschland, e-mail: hen.koerner@t-online.de

Jürgen Maaß Institut für Didaktik der Mathematik, JKU Linz, Linz, Österreich, e-mail: juergen.maasz@jku.at

Jörg Meyer Hameln, Deutschland, e-mail: j.m.meyer@t-online.de

Reinhard Oldenburg Institut für Mathematik, Universität Augsburg, Augsburg, Deutschland

Anna-Katharina Poschkamp Institut für Mathematik und ihre Didaktik sowie Zukunfts-zentrum Lehrkräftebildung, Leuphana Universität Lüneburg, Lüneburg, Deutschland, e-mail: anna-katharina.poschkamp@leuphana.de

Bernd Thaller Institut für Mathematik und wissenschaftliches Rechnen, Karl-Franzens-Universität Graz, Graz, Österreich, e-mail: bernd.thaller@uni-graz.at

Elena Zanzani Körnergymnasium Linz, Linz, Österreich

Populationsgenetik – von Gregor Mendel bis Mutation und Selektion

Christoph Ableitinger

1 Mendels Kreuzungsversuche an Erbsenpflanzen

Die Geburtsstunde der Populationsgenetik war die Entdeckung, dass Nachkommen (Aussehens-)Merkmale haben können, die in der Elterngeneration nicht sichtbar sind. Das war im 19. Jahrhundert eine große Überraschung, da diese Beobachtung im Widerspruch zu der damals vorherrschenden Mischungstheorie stand, nach der die Merkmale von Vater und Mutter „gemischt" auf die Tochtergeneration (also ihre Kinder) weitergegeben werden. Im Unterricht kann zu Beginn ein Recherche-Auftrag an die Schüler*innen erteilt werden, Gründe für dieses Phänomen zu finden. Sie werden dabei auf Informationen zum Augustinermönch Gregor Mendel (1822–1884) stoßen, der einer der Pioniere der modernen Populationsgenetik war. Seine Versuche mit Erbsenpflanzen wurden weltberühmt (Löther 1989). Die aus seinen Kreuzungsversuchen abgeleiteten Regeln haben das Verständnis für die Vererbung von Merkmalen nachhaltig verändert.

Gregor Mendel begann seine wissenschaftliche Arbeit im Jahr 1853 in einem nur etwa $250\,\mathrm{m}^2$ großen Garten, der ihm von seinem Augustinerstift in Brünn zur Verfügung gestellt wurde. Er arbeitete zunächst mit 34 verschiedenen Erbsensorten, von denen er schließlich die für seine Kreuzungsversuche geeignetsten 22 Sorten wählte (Mendel 1866). Wichtig war, dass die Pflanzen(teile) nur jeweils zwei unterschiedliche Zustände annehmen konnten (z. B. ausschließlich grüne bzw. gelbe Samen oder runde bzw.

schrumpelige Samenform). Um seine Beobachtungen systematisieren zu können, züchtete Mendel zunächst reinerbige Erbsenpflanzen, d. h. er stellte durch wiederholtes Kreuzen sicher, dass gewisse Erbsenpflanzen nur gelbe Samen haben und auch alle Pflanzen der Tochtergeneration nur gelbe Samen haben. Seine eigentlichen Versuche begannen dann damit, dass er Erbsenpflanzen mit reinerbig grünen und reinerbig gelben Samen miteinander kreuzte. Er führte akribisch Buch über die beobachteten Merkmale von Samen, Hülsen, Blüten und Pflanzen und verschriftlichte die daraus gewonnenen Hypothesen mit großer Sorgfalt. Es ist bis heute faszinierend, wie gut seine Daten zu der von ihm entwickelten Theorie der Vererbung passen.

Schon nach der ersten Kreuzung der Pflanzen mit grünen bzw. gelben Samen konnte Mendel eine interessante Entdeckung machen: in der 1. Tochtergeneration hatten beinahe alle Pflanzen gelbe Samen, das „Grün" schien durch die Kreuzung komplett ausgelöscht worden zu sein! Noch verblüffender war für ihn wohl, dass nach der Kreuzung der Pflanzen aus der 1. Tochtergeneration plötzlich wieder grüne Samen zu finden waren. In dieser 2. Tochtergeneration war etwa ein Viertel aller Samen grün. Eine analoge Beobachtung lässt sich auch bei der Samenform (und anderen Merkmalen) machen. Kreuzt man zunächst Erbsenpflanzen mit reinerbig runden mit Pflanzen mit reinerbig schrumpeligen Samen, so findet man in der 1. Tochtergeneration fast keine schrumpeligen Samen mehr, während in der 2. Tochtergeneration wieder etwa ein Viertel aller Samen schrumpelig ist. Diese Entdeckungen kann man Schüler*innen selbst nachvollziehen lassen, z. B. indem man ihnen die realen Daten aus Mendels Versuchen vorlegt (siehe Tab. 1).

Bemerkenswert ist also, dass die Eigenschaften „grün" und „schrumpelig" durch die Kreuzungen keineswegs verloren gegangen sind, sondern dass sie scheinbar wie aus dem Nichts in der 2. Tochtergeneration wieder auftauchen. Zu den Daten ist außerdem zu bemerken, dass die Pflanzen der 2. Tochtergeneration nicht entweder gelbe oder grüne

---

Der vorliegende Artikel ist aus der Dissertation Ableitinger (2010) nach grundlegender Überarbeitung entstanden. Der Abschnitt über das Hardy-Weinberg-Gesetz wurde komplett ergänzt. Für die Bearbeitung im Mathematikunterricht wurden Nutzungshinweise für GeoGebra hinzugefügt.

C. Ableitinger (✉)
Fakultät für Mathematik, Universität Wien, Wien, Österreich
E-Mail: christoph.ableitinger@univie.ac.at

Tab. 1 Merkmale der 2. Tochtergeneration der mendelschen Erbsenpflanzen: Samenform (rund-schrumpelig) und Samenfarbe (gelb-grün)

Pflanze Nr.	Samenform		Samenfarbe	
	Rund	Schrumpelig	Gelb	Grün
1	45	12	25	11
2	27	8	32	7
3	24	7	14	5
4	19	10	70	27
5	32	11	24	13
6	26	6	20	6
7	88	24	32	13
8	22	10	44	9
9	28	6	50	14
10	25	7	44	18

Samen haben, sondern dass beide Farben bei jeder der Pflanzen sichtbar waren. Sogar innerhalb einzelner Erbsenschoten finden sich sowohl gelbe als auch grüne Samen.

Selbstverständlich hatte Mendel nicht nur 10 Erbsenpflanzen, an denen er seine Untersuchungen durchführte. In seinen umfassenden Versuchsreihen mit insgesamt etwa 28.000 Erbsenpflanzen konnte er die Verhältnisse 2,96:1 zwischen rund und schrumpelig sowie 3,01:1 zwischen gelb und grün nachweisen (Weiling 1970). Die Verhältnisse stimmen in diesen Ergebnissen fast zu gut mit dem theoretisch erwarteten Verhältnis von 3:1 überein, sodass angezweifelt werden darf, dass Mendels Aufzeichnungen tatsächlich verlässlich sind (vgl. Weeden 2016). Nichtsdestoweniger erkennt man, dass hinter Mendels Resultaten nicht bloß Zufall stecken kann. Mendel hat zur Bestätigung noch weitere Merkmale an seinen Erbsenpflanzen untersucht (siehe Abb. 1). In Tab. 2 sieht man die entsprechenden Ergebnisse. Auch hier kann das ungefähre Verhältnis von 3:1 durch die Schüler*innen nachgeprüft werden.

Insgesamt gewinnt man aus diesen Daten die Einsicht, dass die Vererbung von Merkmalen wohl nach bestimmten Gesetzmäßigkeiten ablaufen muss. Diese Vererbungsregeln zu finden und mathematisch zu beschreiben kann eine interessante Aufgabe für den Mathematikunterricht sein. Als Voraussetzung dafür sind allerdings einige Begriffe aus der Populationsgenetik nötig, die eventuell aber schon aus dem Biologieunterricht bekannt sind. Eine Kooperation mit der Biologielehrperson der Klasse (von bloßem Austausch bis hin zu fächerverbindendem Unterricht ist alles denkbar) ist hier sicher ratsam.

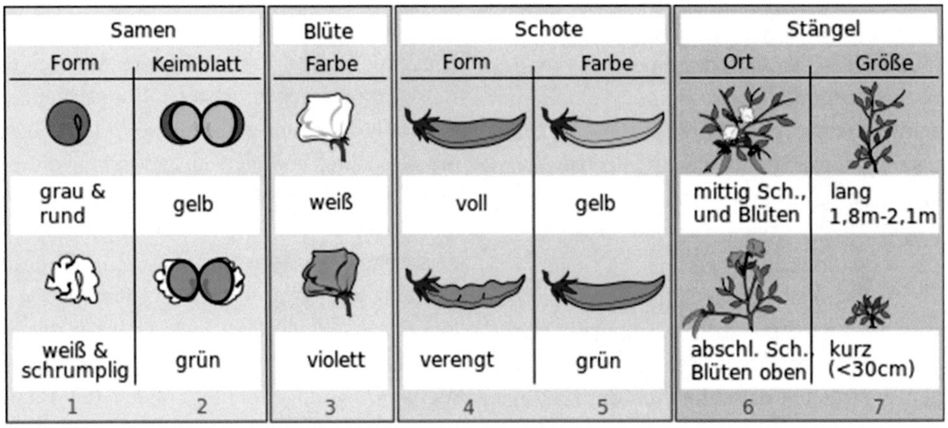

Abb. 1 Die von Gregor Mendel untersuchten Merkmale an Erbsenpflanzen. Die Abkürzung „Sch." beim Merkmal Ort steht für „Schote". (Quelle: https://de.wikipedia.org/wiki/Datei:Mendel_seven_characters.svg, abgerufen am 03.04.19, gemeinfrei)

Tab. 2 Merkmale der 2. Tochtergeneration der mendelschen Erbsenpflanzen: Blütenfarbe, Schotengestalt, Schotenfarbe, Blütenstellung und Stängelgröße

Merkmal	Anzahl der beobachteten Pflanzen	Ausprägung 1	Ausprägung 2
Farbe der Blüten	929	Violett: 705	Weiß: 224
Gestalt der Schoten	1181	Voll: 882	Verengt: 299
Schotenfarbe	580	Grün: 428	Gelb: 152
Blütenstellung	858	Mittig: 651	Abschließend: 207
Stängelgröße	1064	Lang: 787	Kurz: 277

2 Grundlagen der Populationsgenetik und mendelsche Regeln

Wir werden im Folgenden die wichtigsten Begriffe kurz darlegen, die zum Verständnis der mendelschen Vererbungsregeln, aber auch von Mechanismen wie Mutation und Selektion nötig sind. Im Unterricht kann man die Schüler*innen dazu auch selbst Recherchen anstellen lassen. In den Zellkernen aller Menschen, Tiere und Pflanzen befinden sich die Chromosomen, die fast die gesamte Erbinformation eines Individuums in sich tragen. Menschen beispielsweise besitzen 46 Chromosomen, von denen zwei als Geschlechterchromosomen X und Y bezeichnet werden. Die restlichen Chromosomen treten in Form von 22 bei allen Menschen gleich aufgebauten Chromosomenpaaren auf. Menschen zählen daher zu den sogenannten diploiden Lebewesen mit einem doppelten Chromosomensatz. Ein Gen ist vereinfacht gesagt ein kurzer Abschnitt auf einem Chromosom, der wichtige Informationen für die Entwicklung von Eigenschaften eines Individuums enthält. Gene können dabei unterschiedliche Ausprägungen haben, die man Allele nennt. Am Beispiel der Erbsenpflanzen bedeutet das, dass das Gen, das für die Erbsenfarbe verantwortlich ist, die Allele „grün" und „gelb" annehmen kann. Selbstverständlich gibt es aber auch Gene mit mehr als zwei Allelen.

Bei diploiden Organismen setzt sich ein Chromosomenpaar immer aus einem Chromosom des Vaters und einem Chromosom der Mutter zusammen, die bei der Vererbung an das Individuum weitergegeben wurden. Das bedeutet, dass der Organismus auch zwei Gene bezüglich eines bestimmten Merkmals besitzt und dass diese Gene natürlich auch unterschiedliche Ausprägungen haben können. Beispielsweise kann eine Erbsenpflanze ein Gen mit dem Allel „grün" und eines mit dem Allel „gelb" besitzen. Die Kombination aus den beiden Allelen nennt man den Genotyp eines Individuums. Welche Farbe dann tatsächlich im sogenannten Phänotyp sichtbar ist, ist damit aber noch nicht gesagt. Es gibt nämlich dominante Allele, die sich gegen rezessive (d. h. nicht in Erscheinung tretende) Allele durchsetzen. Besitzt ein Individuum an einem Genort zwei gleiche Allele, so spricht man von einem homozygoten, bei zwei unterschiedlichen Allelen von einem heterozygoten Individuum bzgl. des betrachteten Merkmals. Beim sogenannten intermediären Erbgang sind beide Allele gleichberechtigt, was sich dann auch im Phänotyp äußert (z. B. gibt es Blumen, die Allele für rote und weiße Blüten besitzen und bei denen der heterozygote Typ rosa Blüten zeigt). Beim kodominanten Erbgang zeigen sich beide Merkmale unabhängig voneinander (z. B. rot-weißgefleckte Blüten).

Ausgestattet mit diesem Vorwissen können wir etwas tiefer in die Modellierung des Vererbungsvorgangs bei Mendels Erbsenpflanzen und damit in die Systematisierung seiner Ergebnisse vordringen.

Wir betrachten einen speziellen Genort in einer diploiden Bevölkerung mit zwei möglichen Ausprägungen A und B. Der Einfachheit halber nennen wir die beiden Individuen, die gekreuzt werden, Mutter und Vater. Werden in dieser Bevölkerung zwei homozygote Individuen (eines mit dem Genotyp AA und eines mit Genotyp BB) gekreuzt, so passiert in der 1. Tochtergeneration das, was auch Mendel bei seinen Erbsenpflanzen beobachten konnte – alle sehen gleich aus! Nachdem jedes Tochterindividuum vom einen Elternteil sicher das Allel A übernimmt, bekommt es vom anderen Elternteil das Allel B. Das führt insgesamt zum heterozygoten Genotyp AB. Welche Ausprägung sich im Phänotyp durchsetzt, hängt davon ab, ob eines der beiden Allele dominant bzw. rezessiv ist. Bei Mendels Erbsenpflanzen war offenbar das Allel „gelb" dominant.

Paart man jetzt die Individuen der 1. Tochtergeneration untereinander, wird es etwas interessanter. Je nachdem, welches der beiden Allele ein Individuum der 2. Tochtergeneration von Mutter bzw. Vater bekommt, ergeben sich unterschiedliche Genotypen.

	Bekommt Allel A von Mutter	Bekommt Allel B von Mutter
Bekommt Allel A von Vater	Genotyp AA	Genotyp AB
Bekommt Allel B von Vater	Genotyp AB	Genotyp BB

Ist nun das Allel A dominant und das Allel B rezessiv, so zeigt sich bei den Genotypen AA und AB derselbe Phänotyp, nämlich die Ausprägung A. Dadurch erklärt sich auch das von Mendel beobachtete Verhältnis von 3:1 im Phänotyp der Erbsenpflanzen der 2. Tochtergeneration. Bemerkenswert ist also, dass Individuen der 2. Tochtergeneration (Aussehens-)Merkmale zeigen können, die man in der 1. Tochtergeneration nicht sehen konnte, weil das entsprechende Allel rezessiv ist. Mendel hat durch seine Versuche und zugehörige Überlegungen gezeigt, dass diese verblüffende Beobachtung durch ganz einfache Vererbungsmechanismen erklärt werden kann:

- Uniformitätsregel: Werden zwei homozygote Individuen (eines mit Genotyp AA und eines mit Genotyp BB) einer diploiden Population gekreuzt, so weisen alle Nachkommen denselben heterozygoten Genotyp AB und damit auch denselben Phänotyp (d. h. dieselbe äußere Erscheinungsform) im betrachteten Merkmal auf.
- Spaltungsregel: Kreuzt man zwei Individuen, die bezüglich eines Merkmals dasselbe mischerbige Genmaterial AB haben (heterozygot), so spalten sich die Individuen der Tochtergeneration im Verhältnis 1:2:1 in die Genotypen AA, AB und BB auf.

- Unabhängigkeitsregel: Sitzen zwei Gene, die für unterschiedliche Merkmale verantwortlich sind, auf unterschiedlichen Chromosomen, so vererben sich die beiden Merkmale unabhängig voneinander.

3 Hardy-Weinberg-Gleichgewicht

Wir betrachten im Folgenden eine sehr große, diploide Population mit getrennten Generationen und zufälliger Paarung zwischen den Individuen einer Generation. Selektions- und Mutationsmechanismen sollen nach wie vor keine Rolle spielen. Man kann dann zeigen, dass ab der 1. Tochtergeneration die Genotyphäufigkeiten unverändert bleiben.

Wir starten in der Elterngeneration mit folgenden Genotyphäufigkeiten:

- Genotyp AA: relative Häufigkeit P_0
- Genotyp AB: relative Häufigkeit $2R_0$
- Genotyp BB: relative Häufigkeit Q_0

Es gilt natürlich $P_0 + 2R_0 + Q_0 = 1$. Wir nehmen nun an, dass sich jedes Individuum der Elterngeneration mit einem anderen Individuum paaren kann. Tab. 3 zeigt die Wahrscheinlichkeiten für bestimmte Paarungskombinationen und die bedingten Wahrscheinlichkeiten für Nachkommen eines bestimmten Genotyps. Diese bedingten Wahrscheinlichkeiten sind so zu verstehen: Wenn sich zwei Individuen dieser Genotypen paaren, z. B. AA mit AB, dann hat ein Nachkomme mit Wahrscheinlichkeit $\frac{1}{2}$ den Genotyp AA und mit Wahrscheinlichkeit $\frac{1}{2}$ den Genotyp AB. Der Genotyp BB kann bei dieser Paarung nicht entstehen.

Nachdem wir es laut Modellannahme mit einer sehr großen Population zu tun haben, lassen sich aus den Wahrscheinlichkeiten aus Tab. 3 die relativen Häufigkeiten der Genotypen in der 1. Tochtergeneration zumindest näherungsweise bestimmen (genau genommen handelt es sich

hier um die Berechnung von Erwartungswerten, was man hier aber gar nicht ins Zentrum zu rücken braucht):

Rel. Häuf. des Genotyps AA:
$$\begin{aligned} P_1 &= P_0^2 \cdot 1 + 4P_0R_0 \cdot \frac{1}{2} + 4R_0^2 \cdot \frac{1}{4} \\ &= P_0^2 + 2P_0R_0 + R_0^2 \\ &= (P_0 + R_0)^2 \end{aligned}$$

Rel. Häuf. des Genotyps AB:
$$\begin{aligned} 2R_1 &= 4P_0R_0 \cdot \frac{1}{2} + 2P_0Q_0 \cdot 1 \\ &\quad + 4R_0^2 \cdot \frac{1}{2} + 4R_0Q_0 \cdot \frac{1}{2} \\ &= 2P_0R_0 + 2P_0Q_0 + 2R_0^2 + 2R_0Q_0 \\ &= 2(P_0 + R_0)(R_0 + Q_0) \end{aligned}$$

Rel. Häuf. des Genotyps BB:
$$\begin{aligned} R_1 &= 4R_0^2 \cdot \frac{1}{2} + 4R_0Q_0 \cdot \frac{1}{4} + Q_0^2 \cdot 1 \\ &= R_0^2 + 2R_0Q_0 + Q_0^2 \\ &= (R_0 + Q_0)^2 \end{aligned}$$

Klarerweise ergibt sich für die Summe der relativen Häufigkeiten $P_1 + 2R_1 + Q_1$ der Wert 1, wie man zur Probe leicht nachrechnen kann. Umgekehrt könnte man auch die relative Häufigkeit des Genotyps AB aus dem Zusammenhang $2R_1 = 1 - P_1 - Q_1$ berechnen.

Die relativen Häufigkeiten der drei Genotypen in der 2. Tochtergeneration können wir analog berechnen und erhalten das folgende verblüffende Ergebnis:

$$\begin{aligned} P_2 &= (P_1 + R_1)^2 = \left((P_0 + R_0)^2 + (P_0 + R_0)(R_0 + Q_0) \right)^2 \\ &= \left((P_0 + R_0) \cdot (P_0 + R_0 + R_0 + Q_0) \right)^2 \\ &= (P_0 + R_0)^2 \\ &= P_1 \end{aligned}$$

Ebenso erhalten wir: $2R_2 = 2R_1$ und $Q_2 = Q_1$.

Daran erkennt man, dass sich die Genotyp- und damit natürlich auch die Phänotyphäufigkeiten in diesem Modell ab der 1. Tochtergeneration nicht mehr ändern. Das nennt man das Hardy-Weinberg-Gesetz (einen geometrischen

Tab. 3 Wahrscheinlichkeiten für Paarungen in der Elterngeneration und für Nachkommen eines bestimmten Genotyps

Paarung	Paarungs-Wahrscheinlich-keit	Bedingte Wahrscheinlichkeit für Nachkommen eines bestimmten Genotyps		
		AA	AB	BB
AA × AA	P_0^2	1	0	0
AA × AB bzw. AB × AA	$2(P_0 \cdot 2R_0) = 4P_0R_0$	$\frac{1}{2}$	$\frac{1}{2}$	0
AA × BB bzw. BB × AA	$2P_0Q_0$	0	1	0
AB × AB	$2R_0 \cdot 2R_0 = 4R_0^2$	$\frac{1}{4}$	$\frac{1}{2}$	$\frac{1}{4}$
AB × BB bzw. BB × AB	$2(2R_0 \cdot Q_0) = 4R_0Q_0$	0	$\frac{1}{2}$	$\frac{1}{2}$
BB × BB	Q_0^2	0	0	1

Zugang zum Thema findet man in Danckwerts und Vogel 1996).

Als nächstes sehen wir uns auch noch die Allelhäufigkeiten p_n des Allels A bzw. q_n des Allels B in der n-ten Generation an. Das Allel A kommt bei einem Individuum vom Genotyp AA zweimal vor, bei einem Individuum vom Genotyp AB einmal. Nachdem es insgesamt doppelt so viele Allele wie Genorte in der Bevölkerung gibt, müssen wir noch mit dem Faktor $\frac{1}{2}$ multiplizieren. Analoges gilt für die relative Häufigkeit des Allels B. Für die Elterngeneration ($n = 0$) gelten demnach

$$p_0 = (P_0 \cdot 2 + 2R_0 \cdot 1) \cdot \frac{1}{2} = P_0 + R_0,$$

$$q_0 = 1 - p_0 = R_0 + Q_0$$

und damit

$$P_1 = p_0^2, \quad 2R_1 = 2p_0q_0, \quad Q_1 = q_0^2.$$

Daran erkennt man, dass die Genotyphäufigkeiten ab der 1. Tochtergeneration gleich den Produkten der jeweiligen Allelhäufigkeiten sind. Kennt man also diese Allelfrequenzen in einer Bevölkerung, lassen sich daraus ganz einfach die Genotyphäufigkeiten berechnen (siehe Abb. 2).

Eine weitere besondere Eigenschaft der Allelhäufigkeiten erkennen wir, wenn wir p_1 bzw. q_1 berechnen:

$$\begin{aligned}
p_1 = P_1 + R_1 &= (P_0 + R_0)^2 + (P_0 + R_0)(R_0 + Q_0) \\
&= (P_0 + R_0)(P_0 + R_0 + R_0 + Q_0) \\
&= P_0 + R_0 \\
&= p_0
\end{aligned}$$

$$q_1 = 1 - p_1 = 1 - p_0 = q_0$$

Die Allelhäufigkeiten bleiben in dieser Population also sogar von Beginn an unverändert.

Ein Beispiel für das Hardy-Weinberg-Gleichgewicht mit 2 Allelen stellt die Stoffwechselerkrankung Mukoviszidose dar. In Europa beträgt die Wahrscheinlichkeit für die Geburt eines an Mukoviszidose erkrankten Kindes etwa $\frac{1}{2000} = 0{,}0005$. Die Erkrankung tritt nur beim homozygoten Genotyp BB in Erscheinung, d. h. $q^2 = 0{,}0005$ und damit $q \approx 0{,}022$. Aus diesem Wert lässt sich nun die relative Häufigkeit des heterozygoten Genotyps AB berechnen: $2pq \approx 0{,}04$. Das bedeutet, dass etwa 4 % der europäischen Bevölkerung zumindest ein Mukoviszidose-Allel B trägt. Mit diesem Wissen können leichter Abschätzungen über das Risiko einer Erkrankung schon vor einer möglichen Schwangerschaft gemacht werden.

Das Hardy-Weinberg-Gesetz lässt sich auch auf Genorte mit mehr als 2 Allelen verallgemeinern (Schaaf und Zschocke 2018). Die Verteilung der Blutgruppen in der Bevölkerung ist hierfür ein Beispiel.

4 Mutation kommt ins Spiel

Bisher haben wir uns hauptsächlich mit der Situation beschäftigt, dass an einem Genort zwei unterschiedliche Allele auftreten können. Diese zwei Allele waren in unserem Modell zeitlich unveränderbar. Für die Evolution von Arten ist es aber zentral, dass sich Ausprägungen von Genen

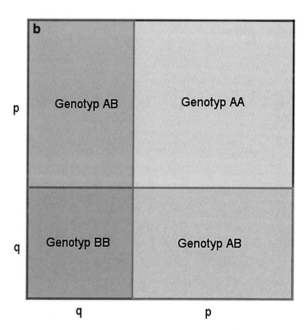

Abb. 2 **a** Relative Häufigkeiten der drei Genotypen in Abhängigkeit von der Allelhäufigkeit p; **b** Genotyphäufigkeiten dargestellt als Flächen im Einheitsquadrat

auch verändern und weiterentwickeln können, insbesondere dann, wenn sich Individuen an veränderliche Lebensumstände anpassen müssen. Diesen Mechanismus der (spontanen) Veränderung von Allelen nennt man Mutation. Den Erfolg einer Mutation kann man daran messen, wie sehr sie dazu führt, die Lebensbedingungen der Individuen zu verbessern und wie sehr sie ihnen einen Vorteil hinsichtlich der Reproduktion verschafft. Insofern setzen sich erfolgreiche Mutationen auf Dauer durch, weil die entsprechenden Merkmale auch auf die Nachkommen übertragen werden (können). Erfolglose Mutationen können sich evolutionär schlechter in Populationen durchsetzen (beispielsweise solche, die zu Erkrankungen führen).

Die sogenannte Sichelzellanämie ist eine durch Mutation entstandene Krankheit, bei der die roten Blutkörperchen eine sichelartige Gestalt annehmen, was zu Verstopfungen kleinerer Blutgefäße und in weiterer Folge zu Entzündungen führen kann. Nur der homozygote Genotyp führt zur Sichelzellanämie in ihrer vollen Ausprägung, beim heterozygoten Genotyp tritt die Krankheit nur sehr abgeschwächt auf. Das schadhafte Allel kann aber natürlich auch durch Individuen mit heterozygotem Genotyp an die Nachfahren weitergegeben werden. Deshalb sind z. B. US-Amerikaner vor der Eheschließung zu einem entsprechenden medizinischen Test (Sichelzelltest) verpflichtet.

Für ein mathematisches Modell zur Beschreibung von Mutation nehmen wir zunächst einen Genort mit zwei Allelen A (gesund) und B (Sichelzellallel) sowie eine Population mit konstanter Bevölkerungsgröße N an. Wir diskretisieren nun die Zeit. In jedem Zeitschritt mutiere der relative Anteil a aller gesunden Allele A in das Sichelzellallel B und umgekehrt der relative Anteil b aller Sichelzellallele B in das gesunde Allel A.

Wir betrachten die Situation zu einem bestimmten Zeitpunkt t. Im Zeitschritt bis $t + 1$ werden laut Voraussetzung $a \cdot A_t$ der insgesamt A_t A-Allele zu B-Allelen und umgekehrt $b \cdot B_t$ der insgesamt $B_t = (2N - A_t)$ B-Allele zu A-Allelen (insgesamt gibt es bei N Individuen $2N$ Allele). Die entsprechenden Rekursionsformeln ergeben sich zu:

$$A_{t+1} = A_t - aA_t + b(2N - A_t) = A_t(1 - a - b) + 2bN$$
$$B_{t+1} = B_t + a(2N - B_t) - bB_t = B_t(1 - a - b) + 2aN$$

Dieses Modell ist natürlich sehr einfach, die Modellannahmen sehr restriktiv. Selbst die Konstanz der Mutationsparameter a und b ist nicht besonders realistisch, da ihre Größe auch von Umweltbedingungen abhängen kann. Dennoch kann das Grundprinzip der Mutation mit diesem Modell sichtbar gemacht werden und es eignet sich zudem für eine Simulation des zeitlichen Verlaufs der Häufigkeiten der Allele A und B. Im Unterricht kann dazu ein Tabellenkalkulationsprogramm (z. B. die Tabellenansicht von GeoGebra) genutzt werden (siehe Abb. 3). Dazu legen wir zunächst über die Eingabezeile die Werte der Parameter a und b fest. Die Rekursionsgleichungen werden dann in der Tabellenansicht eingegeben. Wir starten in unserer Simulation mit $A_0 = 1900$ und $B_0 = 100$ (dh. Bevölkerungsgröße $N = 1000$). Diese Werte geben wir in die Zellen B2 bzw. C2 ein. In die Zelle B3 geben wir dann die Rekursion in der Form

$$= B2 - a * B2 + b * (2000 - B2)$$

ein. Analog verfahren wir für die zweite Rekursion in Zelle C3. Danach kann man die Rekursionen auf die darunterliegenden Zellen der Tabelle übertragen, indem man z. B. in die Zelle B3 klickt und danach mit gedrückter linker Maustaste das kleine blaue Quadrat rechts unten in der Zelle beliebig weit nach unten zieht. Danach markieren wir die Da-

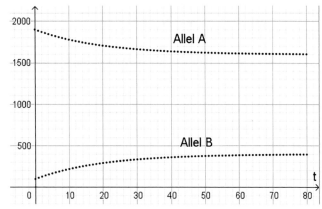

Abb. 3 Mutationsmodell mit $N = 1000$, $a = 0{,}01$, $b = 0{,}04$ und $A_0 = 1900$

ten in den ersten beiden Spalten und wählen das Werkzeug „Liste von Punkten" (siehe Abb. 3, links). Dasselbe machen wir nun noch für die erste und dritte Spalte. Danach wechseln wir in die Grafik-Ansicht von GeoGebra und erhalten bei geeigneter Skalierung die Zeitdiagramme der absoluten Häufigkeiten der Allele A und B (siehe Abb. 3, rechts).

Man erkennt an den Zeitdiagrammen, dass sich die Anzahl der gesunden Allele A dem Wert 1600 monoton von oben nähert, während die Anzahl der schadhaften Allele B gegen 400 konvergiert. In dieser Population könnte sich das Allel B also dauerhaft festsetzen. Auch für den Fall $A_0 < 1600$ zeigt sich ein ähnliches Bild. Die Anzahl der gesunden Allele A nähert sich dann von unten monoton wachsend dem Wert 1600.

Dass der Punkt $(A, B) = (1600, 400)$ tatsächlich ein Fixpunkt dieses Mutationsmodells ist, können wir auch rechnerisch bestätigen. Dazu setzen wir die Bedingung $A_{t+1} = A_t$ in die Rekursion $A_{t+1} = A_t(1 - a - b) + 2bN$ ein und erhalten:

$$A_t = A_t(1 - a - b) + 2bN$$

$$A_t = \frac{2bN}{a + b} = \frac{2 \cdot 0{,}04 \cdot 1000}{0{,}05} = 1600$$

Man kann sogar beweisen, dass dieser Fixpunkt anziehend ist. Dazu muss man nachweisen, dass die Ableitung der Iterationsfunktion f mit $f(x) = x \cdot (1 - a - b) + 2bN$ stetig und an der Stelle $x = 1600$ betraglich kleiner als 1 ist (vgl. Kelley und Peterson 1991). Nachdem $f'(x) = 1 - a - b$ gilt und a und b positive Konstanten kleiner als 1 sind, ist das der Fall.

Die obigen Rekursionsformeln beziehen sich jeweils auf die absoluten Häufigkeiten der beiden Allele. Division durch $2N$ auf beiden Seiten führt zu Rekursionsformeln für die relativen Häufigkeiten $p_t = \frac{A_t}{2N}$ der Allele und damit zur in der Fachwissenschaft Biomathematik üblichen Repräsentation dieses einfachen Mutationsmodells:

$$p_{t+1} = p_t(1 - a - b) + b$$

Neben der Mutation gibt es noch einen zweiten genetischen Mechanismus, der für die Beschreibung realer Populationen unentbehrlich ist, nämlich die Selektion. Sie beschreibt, wie sich unterschiedliche Genotypen aufgrund ihrer Fitness in einer Bevölkerung bzw. ganz allgemein in ihrer Umgebung behaupten können und wie neue Mutationen auch dauerhaft in einer Population Fuß fassen können.

5 Selektion als entscheidender Faktor der Evolution

Wir wenden uns nun wieder einem Modell zu, in dem auch Vererbung eine Rolle spielt. Der Einfachheit halber betrachten wir eine Population mit getrennten Generationen, bei der die Individuen der Elterngeneration bei der Geburt ihrer Nachkommen sterben. Zu jedem Zeitpunkt t ist also nur genau eine Generation am Leben. Selektion lassen wir nun insofern in unser Modell einfließen, als kranke Individuen im Vergleich zu gesunden einen geringen Reproduktionserfolg zu erwarten haben. Es ist plausibel anzunehmen, dass gesunde Individuen eine höhere Wahrscheinlichkeit haben, überhaupt das reproduktionsfähige Alter zu erreichen und damit Nachkommen in die Welt zu setzen. Der Reproduktionserfolg kranker Individuen wird mittelfristig auch dadurch eingeschränkt, dass sie die Krankheit unter Umständen an ihre Nachkommen weitergeben, die ihrerseits daran versterben können. Schließlich kann es im Falle einer menschlichen Population auch dazu kommen, dass kranke Personen sich bewusst dagegen entscheiden, Kinder zu bekommen, um eine mögliche Verbreitung der Krankheit zu verhindern.

Wir werden nun ein Selektionsmodell für eine Bevölkerung entwickeln, in der die oben angesprochene Sichelzellanämie auftritt. Es sei dabei wieder A das gesunde Allel und B das Sichelzellallel. Der Einfachheit halber bezeichnen wir die beiden Genotypen AA und AB als gesund. Sie sollen im Folgenden keine Beschwerden oder negative Folgen für ihren Reproduktionserfolg haben. Nur der Genotyp BB zeige das Krankheitsbild der Sichelzellanämie mit seinen Folgen für Lebensalter und Reproduktionserfolg. Wie oben bezeichnen wir mit p_t die relative Häufigkeit des Allels A zum Zeitpunkt t. Die Zeit wird nun so diskretisiert, dass zu jedem ganzzahligen Zeitpunkt die jeweils neue Generation vorliegt.

Wir betrachten nun ein Individuum der ersten Tochtergeneration ($t = 1$). Von einem Elternteil bekommt dieses Individuum mit Wahrscheinlichkeit p_0 das gesunde Allel A, vom anderen Elternteil ebenfalls. Das kann man am einfachsten in einem Baumdiagramm veranschaulichen.

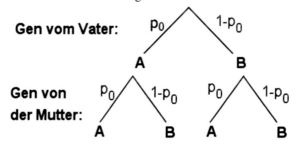

Das Individuum zeigt also mit Wahrscheinlichkeit p_0^2 den Genotyp AA. Analoge Überlegungen führen zu den entsprechenden Wahrscheinlichkeiten für die beiden anderen Genotypen.

Genotyp	Phänotyp	Wahrscheinlichkeit
AA	Gesund	p_0^2
AB	Gesund	$2p_0(1-p_0)$
BB	Krank	$(1-p_0)^2$

Die Selektion modellieren wir nun über die Wahrscheinlichkeit, mit der ein Individuum eines bestimmten Genotyps das reproduktionsfähige Alter erreicht und tatsächlich überlebensfähige Kinder bekommt. Wir bezeichnen diese Wahrscheinlichkeit für den Genotyp AA mit f_{AA}, für den Genotyp AB mit f_{AB} und für den Genotyp BB mit f_{BB}. Im Fall der Sichelzellanämie könnte man zwar von $f_{AA} \approx f_{AB}$ ausgehen, wir bleiben nun aber trotzdem beim allgemeinen Fall mit drei unterschiedlich bezeichneten Wahrscheinlichkeiten.

Für den Genotyp BB nehmen wir eine geringere Überlebenswahrscheinlichkeit f_{BB} an, hier sterben also schon etliche Individuen, bevor sie ins reproduktionsfähige Alter kommen. Man nennt die Parameter f_{AA}, f_{AB} und f_{BB} Selektionsparameter oder Fitness der entsprechenden Genotypen.

Folgende Tabelle gibt nun die Wahrscheinlichkeiten an, mit denen ein zufällig gewähltes Tochterindividuum ($t = 1$) einen bestimmten Genotyp besitzt und zusätzlich das reproduktionsfähige Alter erreicht.

Genotyp	Wahrscheinlichkeit
AA	$p_0^2 f_{AA}$
AB	$2p_0(1-p_0)f_{AB}$
BB	$(1-p_0)^2 f_{BB}$

Wir haben nun alle Vorbereitungen für die Erstellung eines Modells getroffen, das zeigen soll, wie sich die relativen Häufigkeiten der beiden Allele A und B über die Zeit hinweg entwickeln. Durch Erwartungswertberechnung erhalten wir aus obenstehender Tabelle, dass ein Individuum der Elterngeneration durchschnittlich $p_0^2 f_{AA} + p_0(1-p_0)f_{AB}$ Allele des Typs A an die Tochtergeneration weitergibt. Das Allel B wird analog durchschnittlich $p_0(1-p_0)f_{AB} + (1-p_0)^2 f_{BB}$ Mal pro Individuum weitergegeben. Damit ergibt sich für die relative Häufigkeit des Allels A zum Zeitpunkt $t = 1$:

$$p_1 = \frac{p_0^2 f_{AA} + p_0(1-p_0)f_{AB}}{p_0^2 f_{AA} + 2p_0(1-p_0)f_{AB} + (1-p_0)^2 f_{BB}}$$

Allgemein gilt für den Zeitschritt von t auf $t+1$:

$$p_{t+1} = \frac{p_t^2 f_{AA} + p_t(1-p_t)f_{AB}}{p_t^2 f_{AA} + 2p_t(1-p_t)f_{AB} + (1-p_t)^2 f_{BB}}$$

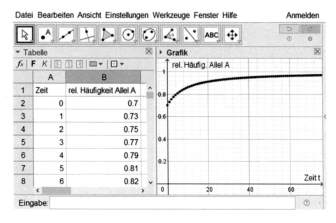

Abb. 4 Fisher-Wright-Modell mit $f_{AA} = f_{AB} = 0{,}9$ und $f_{BB} = 0{,}5$

Dieses Modell wird in der biomathematischen Fachliteratur als Fisher-Wright-Modell bezeichnet (vgl. Bacaër 2011). Es gibt uns die Möglichkeit, die langfristige Entwicklung der Allelhäufigkeiten in der Bevölkerung mithilfe von GeoGebra zu studieren. Wie oben bereits erwähnt gilt bei Betrachtung der Sichelzellanämie $f_{AA} \approx f_{AB} > f_{BB}$ (mit f_{AA}, f_{AB}, $f_{BB} \in (0,1)$). Wir wählen für unsere Simulation $f_{AA} = f_{AB} = 0{,}9$ und $f_{BB} = 0{,}5$ und als Startwert $p_0 = 0{,}7$.

Abb. 4 zeigt die zeitliche Entwicklung der relativen Häufigkeit des gesunden Allels A in der Bevölkerung. Man erkennt, dass sich dieses Allel auf Dauer durchsetzen wird und aufgrund seines Selektionsvorteils das Sichelzellallel B schließlich aus der Population verdrängen kann.

In realen Bevölkerungen ist die Sachlage allerdings nicht ganz so einfach, da es beispielsweise durch Mutation immer wieder zur Rückkehr des Sichelzellallels kommen kann. Kombinierte Mutations-Selektionsmodelle können hier zu einer realistischeren Prognose führen.

Es gibt allerdings Rahmenbedingungen, die dazu führen, dass sich das Sichelzellallel auch durch reine Selektionseffekte in einer Bevölkerung halten kann. Dazu sehen wir uns die Situation in Regionen an, in denen neben der Sichelzellanämie auch Malaria ein Problem darstellt (z. B. in einigen afrikanischen Ländern). Man konnte nachweisen, dass der heterozygote Genotyp AB resistent gegen eine schwere, tödliche Form der Malaria ist. Der veränderte Blutfarbstoff bei diesem Genotyp verhindert, dass Malariaparasiten die roten Blutkörperchen schädigen. In dieser Hinsicht haben Individuen mit diesem Genotyp sogar einen Selektionsvorteil gegenüber dem homozygoten Genotyp AA.

Wir modellierten diese Situation, indem wir $f_{BB} < f_{AA} < f_{AB}$ festlegen. Der homozygote Genotyp BB soll also nach wie vor die schlechtesten Karten haben, was die Reproduktionsfähigkeit betrifft. Dann folgt allerdings der Genotyp AA wegen seiner Anfälligkeit für Malaria.

Der zeitliche Verlauf der relativen Häufigkeit des Allels A in Abb. 5 zeigt, dass sich bereits nach wenigen Generationen ein stabiler Wert von 0,6 einstellt. Das heißt, dass umgekehrt 40 % aller Allele in der Bevölkerung vom Sichelzelltyp B sein werden. Die Krankheit kann sich durch den Selektionsvorteil des Genotyps AB also dauerhaft in der Bevölkerung etablieren – ein überraschendes Ergebnis!

6 Unterrichtspraktische Umsetzung

Voraussetzungen für die Behandlung dieses Themas im Mathematikunterricht sind elementare Inhalte aus der Wahrscheinlichkeitsrechnung (Baumdiagramme, bedingte Wahrscheinlichkeiten und Erwartungswert) und grundlegende Kenntnisse im Umgang mit Rekursionsgleichungen.

Viele der vorgestellten mathematischen Zusammenhänge und Modelle können dann durch die Schüler*innen selbst entdeckt bzw. aufgestellt werden. Die grundlegenden Ideen der Mendelschen Kreuzungsversuche in Abschn. 1 können im Rahmen eines Recherche-Auftrags von den Schüler*innen selbst entdeckt werden. Die Tabellen 1 und 2 sollten von der Lehrkraft zur Verfügung gestellt werden, Auffälligkeiten entdecken die Schüler*innen üblicherweise rasch alleine. Auch die zentralen Begriffe der Vererbungslehre in Abschn. 2 können durch Internetrecherche kennengelernt werden. Damit die Entdeckung der Genotypen in der ersten und zweiten Tochtergeneration gelingt, muss ein entsprechender Arbeitsauftrag durch die Lehrkraft gestellt und die Bearbeitung entsprechend vorstrukturiert werden. Das Hardy-Weinberg-Gesetz in Abschn. 3 ist wohl der komplexeste Inhalt. Hier wird ein stärker lehrer*innenzentriertes Vorgehen empfohlen, einzelne Schritte können aber durchaus durch die Schüler*innen selbst durchgeführt werden. Das Aufstellen der Rekursionsgleichungen und ihre Implementierung in GeoGebra in Abschn. 4 können im Rahmen geeigneter Arbeitsaufträge von den Schüler*innen selbst durchgeführt werden. Das Gleiche gilt für das Zeichnen des Baumdiagramms und das Berechnen der Wahrscheinlichkeiten in Abschn. 5. Während das Entwickeln des Fisher-Wright-Modells wieder unter Anleitung der Lehrkraft erfolgen sollte, kann das Implementieren in GeoGebra und das Experimentieren mit den vorkommenden Parametern wieder durch die Schüler*innen selbst erfolgen. Vorschläge für konkrete Arbeitsaufträge findet man auch in Ableitinger (2010).

7 Abschließende Bemerkungen

Populationsgenetik ist ein aktuelles, spannendes Wissenschaftsgebiet mit zahlreichen interessanten Fragestellungen, die im Ansatz auch in der Schule diskutiert und in einfachen Fällen mit mathematischen Methoden modelliert werden können. Das sollte dieser Artikel exemplarisch zeigen. Selbstverständlich sind dazu einige Voraussetzungen aus

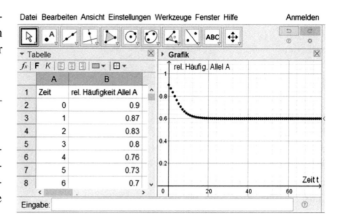

Abb. 5 Fisher-Wright-Modell mit $f_{AA} = 0,6$, $f_{AB} = 0,9$ und $f_{BB} = 0,45$

der Biologie nötig, die allerdings im vorliegenden Fall ein überschaubares Ausmaß annehmen. Natürlich bietet sich fächerübergreifendes Arbeiten mit dem Fach Biologie an, die verwendeten Begriffe aus der Genetik sind allerdings so elementar, dass man sie notfalls auch im Mathematikunterricht vorbereiten kann.

Die mathematischen Voraussetzungen beschränken sich auf das Verständnis von Rekursionen, wie sie zum Beispiel bei der Zinseszinsrechnung verwendet werden, und den verständigen Umgang mit absoluten und relativen Häufigkeiten sowie auf grundlegende Kenntnisse aus der Wahrscheinlichkeitsrechnung. Das Konzept des Erwartungswerts ist als zusätzliche Voraussetzung wünschenswert aber nicht notwendig.

Als roter Faden des Unterrichtsvorschlags ist die Idee der Iteration erkennbar, die Vererbungsvorgängen natürlich inhärent ist. Das Schritt-für-Schritt-Denken, das Erkennen von Zusammenhängen zwischen zwei oder mehr aufeinanderfolgenden Generationen und das damit in Verbindung stehende Aufstellen von Rekursionen stellen den mathematischen Kern des Themas dar. Iterationen werden als *das* wesentliche Werkzeug zur Beschreibung diskreter, zeitlicher Prozesse erkennbar.

Für eine numerische Bearbeitung von Rekursionsgleichungen eignen sich in natürlicher Weise Tabellenkalkulationsprogramme wie die Tabellenansicht von GeoGebra. Bereits Cyrmon (1993) weist auf die Besonderheit von Tabellenkalkulationen hin, dass einzelne Zellen miteinander „kommunizieren" können, was die Umsetzung des Schrittfür-Schritt-Denkens bei numerischen Berechnungen in besonders einfacher Weise ermöglicht (vgl. auch Weigand 2001). Eine Rekursionsformel braucht nur einmal eingegeben zu werden und kann danach auf die darunterliegenden Zellen übertragen werden. Die Veränderung des Werts einer Zelle hat sofort Auswirkungen auf alle Zellen, die sich auf diese Zelle beziehen. Das ermöglicht einen dynamischen, explorativen Umgang mit dem Thema, vor allem hinsichtlich der Frage „Was passiert, wenn ich den Parameter XY verändere?". Dieser dynamische Aspekt könnte mithilfe von Schiebereglern noch stärker ins Zentrum gerückt werden.

Die Komplexität der beteiligten Terme in den Rekursionsgleichungen ist darüber hinaus bei der Bearbeitung mit einer Tabellenkalkulation egal. Hier ergibt sich ein großer Vorteil hinsichtlich der Realitätsnähe der bearbeiteten Modelle, die nicht unnötig eingeschränkt werden muss. Der Computer sorgt in jedem Fall für eine einfache und sekundenschnelle numerische Berechnung, die für das Betrachten qualitativer Verläufe völlig ausreicht.

Der Fokus auf das Aufstellen von Rekursionsgleichungen und das Beobachten des zeitlichen Verlaufs der betrachteten (relativen) Häufigkeiten ist im vorliegenden Unterrichtsvorschlag bewusst gesetzt. Es geht hier also nicht um formale Konvergenzbeweise oder geschlossene Lösungen der Rekursionsgleichungen, sondern dezidiert um das Modellieren populationsgenetischer Phänomene und Mechanismen sowie um die Beschreibung von Veränderungen der betrachteten Größen.

Bei der Bearbeitung biomathematischer Themen (beispielsweise auch aus der mathematischen Ökologie oder der Demografie) können den Schüler*innen zudem auch Aufgaben gestellt werden, bei denen sie vorgegebene Rekursionsgleichungen inhaltlich interpretieren sollen. Beispielsweise kann beim logistischen Wachstum $N_{t+1} = N_t + r \cdot N_t \cdot (K - N_t)$ der Term N_t als derzeitiger Bestand und der Term $(K - N_t)$ als noch vorhandener Freiraum interpretiert werden. Einige Vorschläge dazu finden sich in Ableitinger (2010).

Literatur

Ableitinger, C.: Biomathematische Modelle im Unterricht. Fachwissenschaftliche und didaktische Grundlagen mit Unterrichtsmaterialien. Vieweg+Teubner, Wiesbaden (2010)

Bacaër, N.: A short history of mathematical population dynamics. Springer, London (2011)

Cyrmon, W.: Algebraprogramme und Tabellenkalkulation. Mathematik für Schule und Praxis, 3. Aufl. hpt, Wien (1993)

Danckwerts, R., Vogel, D.: Elementarmathematik in der Biologie: das Hardy-Weinberg-Gesetz. In: Bardy, P., et al. (Hrsg.) Materialien für einen realitätsbezogenen Mathematikunterricht, Bd. 3, S. 10–17. Franzbecker, Bad Salzdetfurth (1996)

Kelley, W., Peterson, A.: Difference equations. An introduction with applications. Academic Press, New York (1991)

Löther, R.: Wegbereiter der Genetik. Gregor Johann Mendel und August Weismann. Urania, Leipzig (1989)

Mendel, G.: Versuche über Pflanzenhybriden. Verhandlungen des Naturforschenden Vereines in Brünn **IV**, 3–47 (1866)

Schaaf, C., Zschocke, J.: Basiswissen Humangenetik, Bd. 3. Springer, Berlin (2018)

Weeden, N.F.: Are Mendel's Data Reliable? The Perspective of a Pea Geneticist. J. Hered. **107**(7), 635–646 (2016)

Weigand, H.-G.: Tabellenkalkulation – ein schrittweise erweiterbares didaktisches Werkzeug. Der Mathematikunterricht **47**(3), 16–27 (2001)

Weiling, F.: Johann Gregor Mendel – Leben und Wirken. In: Weiling, F. (Hrsg.) Gregor Mendel – Versuche über Pflanzenhybriden. Vieweg, Braunschweig (1970)

Die immer wiederkehrende Idee eines Weltraumliftes

Christian Dorner und Bernd Thaller

1   Einleitung

Um Menschen oder Materialien ins Weltall zu befördern, verwendet man Stufenraketen. Die Kosten für so ein Unterfangen sind enorm. Sie liegen je nach Flughöhe zwischen 10.000 US$ und 300.000 US$ pro Kilogramm. Schon allein deshalb wäre es gut, Alternativen zu finden. Eine davon wäre die Idee, einen Lift ausgehend von einem bestimmten Punkt des Äquators zu einer Weltraumstation im geostationären Orbit zu konstruieren. Auf den ersten Blick erscheint die Idee eines „Weltraumlifts" völlig absurd. In dem Licht, dass die NASA teure Machbarkeitsstudien für einen Weltraumlift finanziert, neigt man aber dazu, diesen ersten Eindruck ein Stück weit zu revidieren. Auch weitere Länder und Unternehmen planen, solche Lifte zu bauen. Abb. 1 zeigt die Vorstellung einer 13-jährigen Schülerin zu diesem Thema.

Die Idee eines Weltraumliftes geht auf den russischen Raumfahrt-Pionier Konstantin Tsiolkovsky (1857–1935) zurück. Im Jahre 1903 formulierte er Überlegungen zu einem Turm, der von der Erdoberfläche bis in den geostationären Orbit reichen sollte. Die Basis eines solchen Turms würde aber Belastungen aushalten müssen, denen kein Material gewachsen wäre.

Der russische Ingenieur Y. N. Artsutanov hatte im Jahre 1960 die Idee, ausgehend von einem geostationären Satelliten ein Kabel in beide Richtungen zu bauen (also vom Satelliten zur Erde hin und in den Weltraum hinaus), damit alles in Balance und vor allem der Satellit im geostationären Orbit bleibt. Die um diese Zeit erfolgte Erfindung von Graphite-Whiskers – einem Material, das extremen Zugbelastungen standhält – ließ solche Überlegungen erstmals an-

satzweise realistisch erscheinen. Im Jahr 1966, ohne auf vorangegangene Überlegungen zurückzugreifen, erfand die „Science"-Gruppe auf der Woods Hole Konferenz den Weltraumlift neu. Ungefähr 10 Jahre später wurde das Konzept von Jerome Pearson erneut wiederentdeckt und um verschiedene Aspekte (u. a. Kabel-Oszillationen) bereichert. In den späten 70ern wurde die Idee in Science-Fiction Romanen von Arthur C. Clarke und Charles Sheffield populär gemacht. Im Jahre 1991 wurden Kohlenstoffnanoröhren erfunden, die noch bessere Eigenschaften zum Bau eines Weltraumliftes aufweisen als die zuvor bekannten Materialien. Der amerikanische Physiker Bradly C. Edwards begann ab 1998 an der Idee zu arbeiten. Sein Projekt wurde von der NASA finanziert. Im Jahre 2002 veröffentlichte er gemeinsam mit Eric A. Westling das eher populärwissenschaftliche Buch „The Space Elevator". Dort findet man auch weitere Details zur hier skizzierten historischen Entwicklung der Weltraumliftidee.

Bis heute tauchen immer wieder Meldungen und Nachrichten über den Bau eines solchen Liftes auf. Beispielsweise plant derzeit das Unternehmen Obayashi Corp. aus Japan, bis zum Jahr 2050 eine geostationäre Weltraumstation zu bauen, die über einen Lift erreichbar ist (vgl. https://futurezone.at/science/japan-weltraumlift-in-36-000-km-hoehe-geplant/24.576.762). In einem ersten Experiment zur Machbarkeit schickten Wissenschaftler*innen zwei Zwergsatelliten ins All, zwischen denen ein 10 m langes Seil gespannt ist. Auf diesem sollen drei sechs Zentimeter kleine „Aufzugkabinen" hin- und herfahren (vgl. https://derstandard.at/2000086702882/Japanische-Forscher-testen-erstmals-Weltraumaufzug-im-Erdorbit).

Aber nicht nur im historischen Sinne kann diese Idee immer wieder zurück an die Oberfläche der Aufmerksamkeit kehren, sondern auch im didaktischen Sinne lässt sich diese Idee in unterschiedlichen Schulstufen in der Sekundarstufe (und darüber hinaus) immer wieder thematisieren. Die Planung eines Weltraumliftes erfordert eine Vielzahl an Modellierungen und Berechnungen auf unterschiedlichsten intellektuellen Niveaus. Mit diesem Aufsatz möchten

C. Dorner (✉)
Fakultät für Mathematik, Universität Wien, Wien, Österreich
E-Mail: christian.dorner@univie.ac.at

B. Thaller
Institut für Mathematik und wissenschaftliches Rechnen, Karl-Franzens-Universität Graz, Graz, Österreich
E-Mail: bernd.thaller@uni-graz.at

H. Humenberger und B. Schuppar (Hrsg.), *Neue Materialien für einen realitätsbezogenen Mathematikunterricht 7*, Realitätsbezüge im Mathematikunterricht, https://doi.org/10.1007/978-3-662-62975-8_2

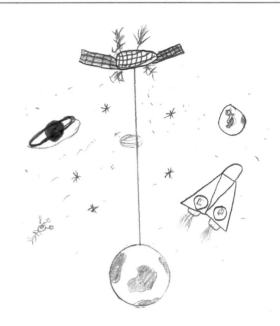

Abb. 1 Der Weltraumlift – fantasievolle Zeichnung einer Schülerin

wir zeigen, dass die Idee des Weltraumliftes mehrmals ein Anlasspunkt für Modellierungsaufgaben im Mathematikunterricht in der Sekundarstufe sein kann. So können unterschiedliche Probleme mit unterschiedlichen Schwierigkeitsgraden in den einzelnen Schulstufen zum Weltraumlift formuliert werden.

Die obige Beschreibung erinnert an das auf Bruner (1960) zurückführende Spiralprinzip, dessen Ausgangspunkt die zentrale Hypothese

> „…any subject can be taught effectively in some intellectually honest form to any child at any stage of development." (Bruner 1960, S. 33)

ist. Im fachdidaktischen Sinne spielt in einem Mathematikunterricht, in dem das Spiralprinzip umgesetzt wird, die Fortsetzbarkeit vor allem bei der Begriffsentwicklung eine besondere Rolle (vgl. Büchter 2014, S. 3). In diesem Aufsatz geht es weniger um die kontinuierliche Entwicklung eines Begriffes, sondern viel mehr um die Darstellung authentischer Fragestellungen in einer intellektuell-ehrlichen Form. Dies wird dadurch erreicht, dass die untenstehenden Aufgaben tatsächlich in der Machbarkeitsstudie des Weltraumliftes von Edwards und Westling (2002) vorkommen. Das verbindende Element ist dabei das Thema, welches jeweils an die kognitive Entwicklungsstufe der Lernenden angepasst ist. Wenn man so möchte, verfolgen wir ein thematisches Spiralprinzip.

Das in diesem Aufsatz vorgestellte Thema des Weltraumlifts bietet viele Möglichkeiten für fächerübergreifende Kooperationen mit Physik bzw. mit den Ingenieursfächern an den berufsbildenden Schulen. Die vorkommenden z. T. komplexen Inhalte bedürfen für ein flexibles Handeln der Lehrperson im Unterricht einer guten Vorbereitung. Aus diesem Grund haben wir die mathematisch-physikalischen Hintergründe im folgenden Abschn. 2 zusammengefasst.

2   Mathematisch-physikalische Hintergründe

Vor einer Verwendung des Weltraumlift-Kontextes im Unterricht muss man sich selbst über einige involvierte physikalische Hintergründe klar sein. Ein geostationärer Satellit befindet sich in einer kreisförmigen Umlaufbahn, deren Bahnebene die Äquatorebene der Erde ist und deren Umlaufdauer genau der Rotationsdauer der Erde entspricht (wobei hier die Rotation in Bezug auf den Fixsternhimmel gemeint ist, also die sogenannte siderische Tageslänge von 23 h, 56 min und 4,099 s $\approx$ 86.164 s). Der geostationäre Satellit bewegt sich synchron mit der Erdrotation, d. h., er ändert seine Position in Bezug auf die Erdoberfläche nicht. Etwa 180 Satelliten befinden sich derzeit in geostationären Positionen, typischerweise handelt es sich um Kommunikations- und Wettersatelliten. Der Bahnradius r eines solchen geostationären Orbits kann leicht aus der Bedingung berechnet werden, dass sich dort für eine mit der Winkelgeschwindigkeit der Erdrotation bewegte Masse m die Fliehkraft und die Newtonsche Gravitationskraft die Waage halten müssen (siehe Aufgabe 4.2). Es muss also gelten (unter der Annahme einer gleichförmigen Kreisbewegung)

$$m\,\omega^2 r = G\,m\frac{M}{r^2},$$

mit $G \approx 6{,}674 \cdot 10^{-11}\,\mathrm{kg}^{-1}\,\mathrm{m}^3\mathrm{s}^{-2}$ (Gravitationskonstante) und $M \approx 5{,}974 \cdot 10^{24}$ kg (Erdmasse).

Die Winkelgeschwindigkeit ω der Erdrotation berechnet man mit der siderischen Tageslänge (in Sekunden) zu $\omega = (2\pi/86.164)\,\mathrm{s}^{-1}$. Setzt man die angegebenen Werte der physikalischen Konstanten ein, erhält man aus der obigen Gleichgewichtsbedingung den Bahnradius

$$r = \sqrt[3]{GM/\omega^2} \approx 4{,}217 \cdot 10^7\,\mathrm{m},$$

also ungefähr 42.170 km, das entspricht einer Höhe $h = r - R \approx 35.799$ km über der Erdoberfläche. (Wir verwenden hier und in der Folge den mittleren Erdradius $R = 6{,}371 \cdot 10^6$ m, streng genommen ist der geringfügig größere äquatoriale Erdradius zu verwenden. Die meisten Schüler*innen stießen bei ihren Recherchen aber auf den mittleren Erdradius und gebrauchten diesen bei ihren Berechnungen).

Um Nutzlast von der Erdoberfläche in den geostationären Orbit zu befördern, muss man eine bestimmte Menge Energie aufbringen. Diese Energie dient einerseits der Überwindung der potenziellen Energiedifferenz zwischen Start (Äquator) und Ziel (Orbit). Andererseits muss die Masse in horizontaler Richtung beschleunigt werden, um die für den geostationären Orbit benötigte Bahngeschwindigkeit zu erreichen.

Für die potenzielle Energie gilt hier **nicht** die bekannte Formel $E_{pot} = mgh$ (wobei h die Höhe über dem Erdboden ist, die so gering sein muss, dass die Erdbeschleunigung $g = 9{,}81\,\text{m/s}^2$ als konstant angesehen werden kann). In größerer Entfernung von der Erde ist die Gravitationskraft nicht mehr konstant, sondern hängt von der Entfernung r vom Erdmittelpunkt ab. Der korrekte Ausdruck für die potenzielle Energie im Erdgravitationsfeld lautet dann

$$E_{pot}(r) = -G m \frac{M}{r}.$$

Es handelt sich dabei um eine Stammfunktion des Ausdrucks GmM/r^2 für die Gravitationskraft. $E_{pot}(r)$ beschreibt die Arbeit, die nötig ist, um einen Körper der Masse m aus dem Unendlichen bis zum Abstand r vom Erdmittelpunkt zu bringen. Da die Kraft anziehend ist, ist diese potenzielle Energie überall negativ (sie bildet den sogenannten „Gravitationstrichter"). Das bedeutet, man muss Energie aufbringen, um den Körper wieder weiter hinaus zu befördern. Die Wahl des Bezugspunkts für die potenzielle Energie (hier im Unendlichen) spielt keine Rolle, da nur Differenzen der potenziellen Energien physikalische Bedeutung haben: Die Arbeit (Energie), die nötig ist, um einen Körper im Gravitationsfeld von einem Punkt im Abstand R zu einem Punkt im Abstand r zu bringen, ist (unabhängig vom Weg, entlang dem diese Bewegung erfolgt) einfach die Differenz der potenziellen Energien von End- und Anfangspunkt, $E_{pot}(r) - E_{pot}(R)$.

Für die gesamte Energie, die nötig ist, um einen Körper in eine Umlaufbahn zu bringen, ist allerdings noch der Unterschied der kinetischen Energien zu berücksichtigen, der sich aus den unterschiedlichen Bahngeschwindigkeiten im geostationären Orbit und am Äquator ergibt. Die Geschwindigkeit v der Bewegung mit Winkelgeschwindigkeit ω im Abstand r vom Erdmittelpunkt ist $v = \omega r$. Setzt man hier die Daten des geostationären Orbits ein, erhält man für die Bahngeschwindigkeit etwa 3,075 km/s, für einen Punkt am Äquator hingegen nur etwa $\omega R = 0{,}465$ km/s.

Die Gesamtenergie eines Körpers der Masse m, der sich mit der Geschwindigkeit v im Abstand r vom Erdmittelpunkt bewegt, ist die Summe von kinetischer und potenzieller Energie, also

$$E = \frac{m v^2}{2} - \frac{G M m}{r}.$$

Berechnet man damit die Energiedifferenz zwischen einem Punkt im geostationären Orbit und einem Punkt am Äquator, erhält man für eine Masse von einem Kilogramm etwa $5{,}77 \cdot 10^7\,\text{Nm} \approx 16{,}03\,\text{kWh}$. Davon entfällt der größte Teil, etwa $5{,}31 \cdot 10^7\,\text{Nm} \approx 14{,}75\,\text{kWh}$ auf die potenzielle Energiedifferenz, nur etwa $0{,}46 \cdot 10^7\,\text{Nm} \approx 1{,}28\,\text{kWh}$ auf die Differenz kinetischer Energien. Die für ein Kilogramm benötigte Energie ist also etwa in der Größenordnung des Tagesenergiebedarfs eines durchschnittlichen deutschen Haushalts.

Für eine Rakete ist die Energiebilanz allerdings wesentlich schlechter. Raketen beschleunigen durch den kontinuierlichen Ausstoß von Stützmasse, deren Rückstoß die Rakete nach vorne treibt. Mit jedem Kilogramm Masse, das in die Umlaufbahn befördert werden muss, muss deshalb ein Vielfaches an Treibstoffmasse mit in die Höhe transportiert werden. Dadurch wird die Effizienz des Raketenantriebs beträchtlich verringert.

Die Idee, entlang eines vorinstallierten Kabels mit einer Liftkabine in den geostationären Orbit aufzusteigen, erscheint daher sehr attraktiv. Anders als bei einer Rakete kann man sich beim Weltraumlift Zeit lassen (d. h., die Leistung kann vergleichsweise gering sein) und man kann die zum Aufstieg benötigte Energie von außen (zum Beispiel per Laserstrahl) zuführen. Dann kann diese Energie am Boden erzeugt werden und muss nicht in Form von Treibstoff mitgeführt werden.

Verbindet man eine Raumstation im geostationären Orbit mit dem darunterliegenden Punkt auf der Erdoberfläche durch ein Seil, würde das beträchtliche Gewicht des 36.000 km langen Seiles die Station herabziehen. Man könnte die Raumstation soweit außerhalb des Orbits platzieren, dass der Schwerpunkt des Gesamtsystems Raumstation und Seil sich genau im geostationären Orbit befindet. In dieser weiter außen gelegenen Raumstation überwiegt allerdings die Fliehkraft. Will man Schwerelosigkeit in der Station, muss man ein „Gegengewicht" außerhalb der Station anbringen, zum Beispiel ein ebenso langes Seil, das durch die Fliehkraft gespannt nach außen hängt.

Ein zwischen der Erde und der geostationären Raumstation gespanntes Seil verläuft entlang einer „geostationären" geraden Linie. Diese führt radial von der Erde weg und rotiert mit ihr mit, sodass das Seil, vom Boden aus betrachtet, völlig stillsteht und senkrecht nach oben weist.

Bei der Bewegung entlang einer geostationären Geraden muss man ebenfalls die Differenz der potenziellen Energie zwischen Raumstation und Äquator überwinden. Die dazu nötige Arbeit wird aber noch verringert durch die mit wachsender Entfernung vom Erdmittelpunkt wachsende Zentrifugalkraft, die der Erdanziehung entgegenwirkt, und somit beim Aufstieg hilft. Die Bewegung weg von der Erde auf einer geostationären Linie bewirkt außerdem eine Corioliskraft, die der Erdrotation entgegengesetzt ist und quer zur Seilrichtung wirkt. Da diese Kraft quer zur Bewegungsrichtung der Liftkabine ist, wird hierfür keine Energie benötigt. Die Corioliskraft muss durch die Spannung des Seils kompensiert werden. Dadurch wird die Liftkabine in Richtung der Erddrehung beschleunigt. In der Höhe h über dem Erdboden muss die Geschwindigkeit $v = \omega(h + R)$ betragen, damit die Liftkabine immer senkrecht über demselben Punkt der Erdoberfläche bleibt. Die zur Erreichung des geostationären Orbits notwendige kinetische Energie wird also vom System Erde-Liftanlage aufgebracht (und führt zu einer geringfügigen Abbremsung der Erdrotation beim Aufstieg, beziehungsweise zu einer Beschleunigung der Erdrotation beim Abstieg).

Eine genaue Rechnung unter Berücksichtigung der Fliehkraft liefert für die Energie, die zum Heben eines Kilogramms Nutzlast entlang einer geostationären Linie in den geostationären Orbit nötig ist, $5{,}076 \cdot 10^7 \, \mathrm{Nm} \approx 14{,}1 \, \mathrm{kWh}$ (siehe Aufgabe 4.7). Fliehkraft und Corioliskraft zusammen bewirken also eine Energieeinsparung von beinahe 2 kWh pro Kilogramm Nutzlast.

Während des Aufstiegs im Weltraumlift verspürt man eine graduell abnehmende Schwerkraft, beim Erreichen des Ziels (geostationärer Orbit) ist man schwerelos. Die Frage ist naheliegend, was passiert, wenn man in der Höhe h aus dem Aufzug aussteigt oder aus der Liftkabine fällt (siehe Aufgabe 4.6). Sobald man sich (ohne zusätzliche Geschwindigkeit) von der Liftkabine löst, befindet man sich automatisch im Apogäum (erdfernster Punkt) eines elliptischen Orbits um die Erde, dessen Bahnebene die Äquatorebene ist. Nach dem ersten Kepler'schen Gesetz ist das Kraftzentrum, der Erdmittelpunkt, im (ferner gelegenen) Brennpunkt dieser Ellipse. Die Exzentrizität hängt von der tangentialen Geschwindigkeit ab, die in der Höhe h den oben angegebenen Wert hat. Liegt der Ausstiegspunkt hoch

genug, schneidet die Bahnkurve nicht mehr die Erdoberfläche und der Orbit führt um die Erde herum und dann wieder an die Ausstiegsstelle zurück. Die Bahndaten eines solchen Orbits zu berechnen ist typischerweise Stoff einer ersten Mechanik-Vorlesung an der Universität, alle anderen Formeln und Betrachtungen in diesem Abschnitt passen aber zum Physik-Lehrplan der Sekundarstufe.

3   Welche Fragen stellen sich Schüler*innen?

Wenn man zum ersten Mal von der Ernsthaftigkeit dieser Idee hört, dann kommen viele Fragen auf, wie z. B.: Wie baut man einen Weltraumlift? Wie lange dauert der Bau? Wie hoch ist der Lift? Wie lange braucht man bis ganz nach oben? Wo steht der Lift? Wie versorgt man den Lift mit Energie? Was passiert, wenn man bei einem Notfall aussteigen muss? Kann das Kabel reißen? Durch welche Einflüsse kann das Kabel reißen? Was passiert, wenn das Kabel reißt? Ist eine Liftfahrt tatsächlich günstiger als der Flug mit einer Stufenrakete? …

Uns interessierte vor allem, welche Fragen sich Schüler*innen dazu stellen bzw. was sie dazu wissen möchten. Aus diesem Grund fragten wir die Schüler*innen nach einer kurzen Einleitung, die nicht mehr Informationen verriet als die ersten Sätze der Zusammenfassung: „Was würdest du gerne über den Weltraumlift wissen?" und baten sie, mindestens fünf dieser Fragen aufzuschreiben!

Die in Abb. 2 (zum Teil gut) lesbaren Fragestellungen stammen von zwei Schüler*innen der 8. Schulstufe. Bei Betrachtung der gesammelten Fragestellungen fiel auf, dass gewisse immer wieder vorkommen. Insgesamt wurden mindestens fünf Fragen von $n = 40$ Schüler*innen der 8. und 9. Schulstufe eingesammelt und nach dem Unterricht kategorisiert. Die meist vorkommenden Kategorien an Fragestel-

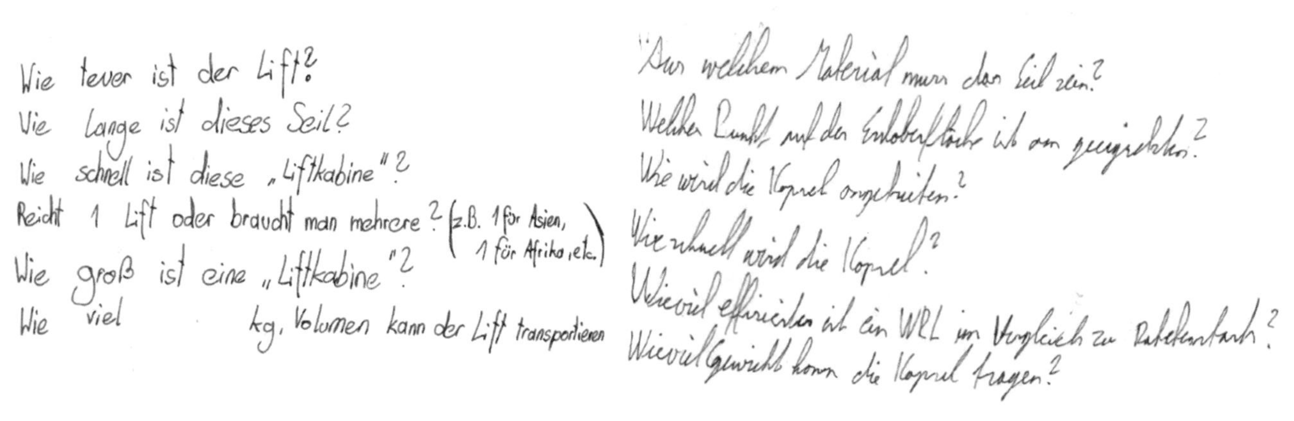

Abb. 2 Fragestellungen der Schüler*innen

Tab. 1 Kategorien der Fragen der Schüler*innen

Fragenkategorie	Anzahl
Kosten (Bau, pro Fahrt, Einsparen)	24
Masse (Menschen, Platz)	19
Bau (Start, Dauer, Ende, Wie? Anzahl?)	18
Länge des Kabels	18
Dauer einer Fahrt	16
Standort	16
Beschaffenheit des Kabels (Durchmesser, Material, etc.)	16

lungen der Schüler*innen sind in Tab. 1 absteigend angeführt. Sie umfassen die Kosten des Baus bzw. einer Fahrt, das maximale Ladegewicht, terminliche Details zum Bau, die Höhe des Lifts, die Dauer einer Liftfahrt, den Ort der Einstiegsstelle und die Beschaffenheit des Kabels.

Anschließend wurden die Ergebnisse verglichen und in Form einer Mindmap gesammelt (siehe Abb. 3). Schüler*innen haben unzählige Fragestellungen zu und zeigen großes Interesse an diesem Thema, das ist bei allen Erprobungen aufgefallen. Überrascht hat uns das Wissen und Vokabular mancher Schüler*innen. Einige kannten bereits die Idee des Weltraumliftes und konnten auch schon Begriffe wie geostationärer Orbit erklären. Neben den oben erwähnten Fragestellungen hatten Schüler*innen auch politische Bedenken. Die Fragen nach der Anzahl an Liften und einem Wettrüsten betrafen diesen Punkt. Auch die zuvor erwähnte Frage nach dem Standort könnte man hier einordnen. Außerdem wurde nach dem Zweck gefragt, wozu man überhaupt so einen Lift braucht (vor allem unter dem Gesichtspunkt der Entwicklung besserer Antriebe für Raketen).

Zu den (rot) markierten Schlagwörtern, die auf den Fragestellungen der Schüler*innen basieren, haben wir Aufgaben entwickelt (siehe Abschn. 4.1–4.7), die diese in einer gewissen Art und Weise thematisieren.

4 Auswahl an möglichen Aufgabenstellungen für die Sekundarstufe

Die untenstehenden Aufgaben (siehe Abschn. 4.1–4.7) sind entsprechend der Verwendbarkeit in den Schulstufen aufsteigend angeführt. Diese Empfehlungen für die Einsetzbarkeit im Unterricht basieren auf den Ergebnissen der empirischen Erprobungen, den bundesdeutschen Standards, dem österreichischen Lehrplan für Mathematik in der (Unterstufe bzw.) Sekundarstufe I und dem österreichischen Lehrplan für Gymnasien in der Sekundarstufe II (Allgemeinbildende höhere Schule – Oberstufe).

Im Zusammenhang mit dem Weltraumlift gibt es eine Vielzahl an Fragestellungen, die im Rahmen der Machbarkeitsstudie von Edwards und Westling (2002) beleuchtet wurden. Viele dieser Fragestellungen benötigen eine Menge an (vor allem physikalischem) Vorwissen, hinzukommen oft noch komplexe mathematische Lösungsmethoden, z. B. bei partiellen Differenzialgleichungen. Die untenstehenden Aufgabenstellungen sind in den meisten Fällen nicht frei von physikalischem Wissen und erfordern zum Teil eigene Recherchetätigkeiten (siehe z. B. Abschn. 4.7).

Die Mehrheit der verwendeten Daten ist dem bereits erwähnten Werk „The Space Elevator" von Edwards und Westling (2002) entnommen.

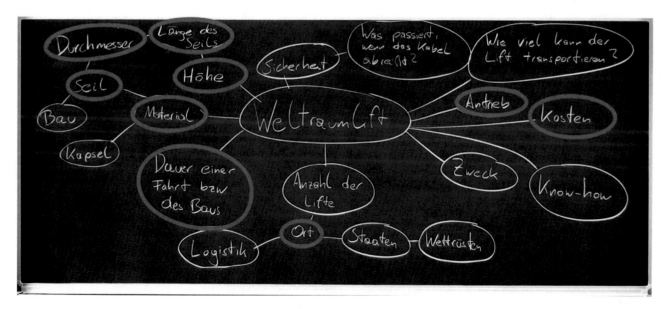

Abb. 3 Mindmap zum Thema Weltraumlift erstellt mit Schüler*innen der 8. Schulstufe

4.1   Wie lange dauert eine Fahrt?

Die folgende Fragestellung fokussiert auf den Umgang mit Maßzahlen. Im Rahmen der Bearbeitung können die Schüler*innen nachweisen, inwieweit sie die mathematische Kompetenz „Mit symbolischen, formalen und technischen Elementen der Mathematik umgehen" (K5) im Rahmen der Leitidee „Messen" (L2) erworben haben. Die Teilaufgaben a) und b) erfordern mehrmals das Berechnen einer Fahrtdauer bei gegebenem Weg und gegebener Geschwindigkeit. An sich wäre aufgrund der reinen Berechnungsart die Aufgabe gemäß dem österreichischen Lehrplan bereits in der 6. Schulstufe behandelbar (ohne Berücksichtigung von Beschleunigungs- und Bremsvorgängen). Der Kontext und die sicher vielen jüngeren Schüler*innen unbekannte Einheit „Sievert" bei Teilaufgabe c) generieren Schwierigkeiten, sodass ein Einsatz erst später sinnvoll erscheint. Die jüngsten Schüler*innen bei den Erprobungen der Aufgabenstellung waren in der 8. Schulstufe und hatten keinerlei Probleme damit (siehe Abschn. 6.1.2).

Aufgabenstellung
Nach physikalischen Berechnungen sollte sich die Raumstation, zu der die Liftkabine führt, ungefähr 35.785 km über der Erdoberfläche befinden. In dieser Höhe gleichen sich Zentripetal- und Zentrifugalkraft aus. Die Raumstation schwebt ohne zusätzlichen Aufwand immer über derselben Stelle der Erdoberfläche. Aus diesem Grund lässt sich ein Lift (zumindest theoretisch) von der Erdoberfläche zur Raumstation bauen.

a) Wie lange dauert eine Fahrt mit dem Weltraumlift, wenn die Kabine so schnell wie

i)	der schnellste Lift der Welt im Shanghai Tower	74 km/h
ii)	ein Auto auf der Autobahn	130 km/h
iii)	ein Railjet (Zug)	230 km/h
iv)	ein Airbus 380	1050 km/h
v)	ein Spaceshuttle 6 Minuten nach dem Start	16.000 km/h

wäre? Berechne jeweils die Dauer der Li fahrt!

b) Wie lange soll deiner Meinung nach eine Liftfahrt dauern? Welche Geschwindigkeit müsste die Kabine dabei haben?

c) Bei der Fahrt zur Raumstation durchquert man den inneren Van-Allen-Gürtel. Es handelt sich dabei um einen Ring energiereicher, geladener Teilchen im Weltraum. Dieser beginnt in einer Höhe von 1000 km und reicht bis 6000 km. Dabei wäre eine Person in der Liftkabine erhöhter Strahlung ausgesetzt. Diese beträgt im Mittel ca. 0,0015 Sv pro Tag (Sv steht für Sievert, es handelt sich dabei um eine Einheit zur Bestimmung der Strahlenbelastung). Im Vergleich dazu beträgt die Strahlenbelastung auf Meereshöhe 0,0000002 Sv pro Stunde. Wie schnell müsste sich der Weltraumlift durch den Van-Allen-Gürtel bewegen, damit es in diesem Bereich insgesamt zur selben Strahlenbelastung kommt, wie wenn man sich eine Stunde lang auf Meereshöhe aufhält?

4.2   Wohin führt der Lift?

Die untenstehende Aufgabe eignet sich für eine Verwendung gemäß dem österreichischen Lehrplan frühestens in der 8. Schulstufe. Das Umformen von Formeln und das Lösen von Gleichungen muss vor allem für Teilaufgabe a) entsprechend beherrscht werden. Aufgrund der Erfahrungen bei der Erprobung muss eventuell ein CAS verwendet werden (siehe Abschn. 6.2). Die Kenntnis von Umfangsberechnungen bei Kreisen wird vor allem für die Bearbeitung der Teilaufgabe c) vorausgesetzt. Die anderen benötigten Fertigkeiten stehen zuvor im österreichischen Lehrplan. In Bezug auf die bundesweiten deutschen Standards stehen die mathematischen Kompetenzen „Mit symbolischen, formalen und technischen Elementen der Mathematik umgehen" (K3) und „Mathematische Darstellungen verwenden" (K4) auf mittlerem Anforderungsniveau im Vordergrund. Inhaltlich ist diese Aufgabe der Leitidee „Messen" (L2) zuzuordnen.

Als Hintergrundwissen für die Lehrperson sei Folgendes erwähnt. Das geplante Liftkabel ragt weit über den geostationären Orbit hinaus. Bei einer Kabellänge von 150.000 km trägt sich das Kabel aufgrund der Fliehkraft durch die Erdrotation selbst. Diese Länge kann gekürzt werden, wenn man ein der Länge entsprechend schweres Gegengewicht anhängt. Es gilt: Je kürzer das Kabel, desto schwerer muss das Gewicht gewählt werden. Dem*der interessierten Leser*in seien die Seiten 30–35 aus dem Werk von Edwards und Westling (2002) empfohlen.

Aufgabenstellung
Zu Beginn muss man sich die Frage stellen, in welcher Höhe über der Erdoberfläche sich die Raumstation befindet, zu welcher der Lift führt. Techniker*innen haben folgenden Plan erstellt. Von einem Satelliten soll ein Kabel heruntergelassen werden (Die Themen Masse, Volumen und Transport des Kabels werden in den folgenden Abschnitten behandelt.), das auf der Erdoberfläche fixiert wird. Allerdings wäre es von Vorteil, wenn sich die Position des Satelliten nicht ständig verändern würde. Ein Satellit in einer sogenannten geostationären Umlaufbahn bleibt immer genau über demselben Punkt der Erdoberfläche. Dafür muss er aber eine gewisse Höhe erreichen, bei der die Kraft zum Erdmittelpunkt (Zentripetalkraft) und die Fliehkraft (Zentrifugalkraft) gleich groß sind.

$F_g = G \cdot \frac{M \cdot m}{r^2}$	$F_z = \frac{m \cdot \left(\frac{2 \cdot r \cdot \pi}{86.164}\right)^2}{r}$
F_g…Zentripetalkraft	F_z…Zentrifugalkraft
m…Masse des Satelliten	m…Masse des Satelliten
r…Radius der Kreisbahn (Abstand Erdmittelpunkt zum Satelliten)	r…Radius der Kreisbahn (Abstand Erdmittelpunkt zum Satelliten)
M…Masse der Erde ($5{,}974 \cdot 10^{24}$ kg)	86.164… Anzahl der Sekunden für einen (siderischen) Tag
G…Gravitationskonstante ($6{,}674 \cdot 10^{-11}$ kg^{-1}m^{3}s^{-2})	

a) Berechne die Höhe des Liftes für einen Punkt über dem Äquator (Der Erdradius beträgt 6371 km)!

b) Zeichne eine maßstabgetreue Skizze! Darin sollen die Erde und der Lift von der Erde bis zur Raumstation zu sehen sein!

c) Wie viele Kilometer pro Stunde legt eine Person in der Raumstation zurück? Bzw. mit welcher Geschwindigkeit bewegt sich die Raumstation?

Anmerkung

Hier besteht prinzipiell die Möglichkeit, dass man die Angabe abkürzt und die Schüler*innen selbst recherchieren lässt. In diesem Sinne könnten die beiden Formeln entfernt werden. Die Erklärung des Begriffes „siderischer Tag" wurde hier bewusst weggelassen, um die Angabe nicht zu verlängern. Bei Fragen von Schüler*innen diesbezüglich sollte die Lehrperson nach Lektüre des Abschn. 2 in der Lage sein, diese zu beantworten.

4.3 Wie muss das Liftkabel beschaffen sein?

Für eine sinnvolle Bearbeitung der Teilaufgabe c) werden Fähig- und Fertigkeiten zu Berechnungen am Kreis vorausgesetzt. Diese sind nach dem österreichischen Lehrplan in der 8. Schulstufe vorgesehen. Die ersten beiden Teilaufgaben a) und b) liegen im mittleren Anforderungsbereich und erfordern, dass die Schüler*innen die Kompetenzen „Mit symbolischen, formalen und technischen Elementen der Mathematik umgehen" (K5) und „Mathematisch argumentieren" (K5) im Rahmen der Leitidee „Messen" (L2) unter Beweis stellen. Bei der letzten Teilaufgabe c) handelt es sich, unseres Erachtens nach, um eine komplexe Modellierungsaufgabe (K3) im Rahmen der zuvor erwähnten Leitidee.

Die ersten beiden Fragestellungen a) und b) behandeln die Reißlänge eines Materials, darunter versteht man diejenige Länge, bei der ein freihängender Materialquerschnitt durch seine eigene Gewichtskraft abreißt. Diese Länge wird aus der Zugfestigkeit des Materials bestimmt. Die Zugfestigkeit ist die maximale Zugkraft, die eine Materialprobe pro Querschnittsfläche aushält. Die Formel für die Reißlänge leitet sich aus der Tatsache her, dass ein Werkstoff versagt, wenn die Gewichtskraft gleich der Kraft ist, die der betrachtet Stoff aushält. Erstere setzt sich aus dem Produkt $L \cdot A \cdot \rho \cdot g$ zusammen (L Reißlänge, A Querschnitt, ρ Dichte und g Erdbeschleunigung), die zweite angesprochene Kraft ergibt sich aus $R \cdot A$ (R Zugfestigkeit, A Querschnitt). Die Reislänge berechnet sich also durch $L = \frac{R}{\rho \cdot g}$.

Es ist für das Verständnis der benötigten Formeln einfacher, diese Zugkraft nicht in Newton zu messen, sondern (siehe Edwards und Wrestling 2002, S. 4–9) durch die an die Materialprobe gehängte Masse, die bei einer Erdbeschleunigung von 1 g die Gewichtskraft von 9,81 N ausübt. Daher wird die Zugfestigkeit in Tab. 2 in der Einheit kg/cm^2 angeführt (statt wie sonst oft üblich in N/mm^2). Die Reißlänge (in cm) kann man dann einfach als Verhältnis von Zugfestigkeit in kg/cm^2 zu Dichte in kg/cm^3 bestimmen.

Bei den vielversprechenden Kohlenstoffnanoröhren gibt es allerdings Probleme bei der Herstellung. Es ist noch nicht gelungen, ein mehrere hundert Meter langes Seil zu produzieren. Bei der Produktion entsteht ein großer Reißkraftverlust. Das Material Graphen hat leicht schlechtere Eigenschaften, dürfte aber weniger Komplikationen bei der Erstellung aufweisen. Viele Expert*innen sind aber davon überzeugt, dass es niemals möglich sein wird ein Kabel herzustellen, das alle gesuchten Eigenschaften aufweist.

Aufgabenstellung

Die Umgebung des Liftkabels ist alles andere als freundlich. Das Kabel wird extremen Kräften ausgesetzt und eine Reihe an weiteren Gefahren wie: Blitze und Winde (in niedrigeren Schichten), Meteoriten, Strahlung, elektromagnetische Felder, etc. wirken darauf ein. Das für den Liftbau verwendete Material muss also besondere Eigenschaften besitzen.

Eine davon ist die sogenannte Reißlänge L. Darunter versteht man diejenige Länge eines Materials, bei der ein freihängender Teil des Materials durch seine eigene Gewichtskraft abreißt. Die Berechnung erfolgt, indem man Zugfestigkeit R des Materials (hier in einem Erdschwerefeld 1 g gemessen) durch die Dichte ρ des Materials dividiert:

$$L = \frac{R}{\rho}$$

Tab. 2 Materialeigenschaften

Material	Dichte (kg/cm^3)	Zugfestigkeit (kg/cm^2)
Rostfreier Stahl	0,008	5148
Drahtseil aus Stahl	0,0078	42.000
Graphen	0,00226	1.275.000
Kohlenstoffnanoröhren	0,0013	1.327.000

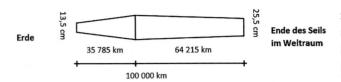

Abb. 4 Form des Liftkabels

a) Berechne die Reißlängen der in der Tabelle stehenden Materialien!

b) Beschreibe Eigenschaften eines idealen Materials in Bezug auf seine Zugfestigkeit und seine Dichte für den Bau eines Weltraumliftes!

c) Wie groß muss das Raumschiff sein, damit das Liftkabel in den Weltraum transportiert werden kann? Die Pläne sehen ein erstes Kabel aus Kohlenstoffnanoröhren vor, das die Form eines Prismas hat (siehe Abb. 4, Achtung kein Querschnitt eines kreisrunden Kabels).

Das Seil ist auf der Erdoberfläche 13,5 cm breit. Es erreicht die größte Breite auf der Höhe des geostationären Orbits (35.785 km) mit 35,5 cm. Nach insgesamt 100.000 km erstreckt es sich noch über 25,5 cm. Die Dicke beträgt durchschnittlich nur 0,000001 m. Das Liftkabel ist also sehr lang und extrem flach. Dieses soll dann über einen Drehmechanismus vom Raumschiff aus abgespult werden. Zusatzfrage: Wie viel wiegt dieses Kabel ungefähr?

4.4 Wie wird das Liftkabel nach oben gebracht?

Der entscheidende Punkt zum Lösen der untenstehenden Aufgabe betrifft die Eigenschaft, dass in einem gleichseitigen Dreieck der Umkreisradius doppelt so lang wie der Inkreisradius ist, bzw. dass der Schwerpunkt die Seitenhalbierende im Verhältnis 2:1 teilt. Aber auch ohne dieses Wissen lässt sich diese Aufgabe mit Hilfe des Satzes von Pythagoras und elementargeometrischer Überlegungen lösen. Deswegen ist ein Einsatz dieser Aufgabe im Mathematikunterricht gemäß dem österreichischen Lehrplan erst in der 8. Schulstufe zu empfehlen. Im Rahmen der Leitidee „Raum und Form" (L3) müssen die Schüler*innen „mathematisches Modellieren" (K3) auf einer mittleren bis schwierigen Stufe beherrschen.

Vor allem die Schwierigkeiten der Überlegungen in der Modellierungsphase des Realmodells und des mathematischen Modells sind nicht zu unterschätzen. Die Annahme der von Horizont zu Horizont möglichen Bestrahlung und die optimale Verteilung der Stationen liegen nicht unmittelbar auf der Hand, ebenso wie die Erstellung einer passenden Skizze.

Aufgabenstellung
Bei dem Bau eines solchen Liftes muss eine Menge an Materialien in den Weltraum gebracht werden, die eine ein-

zelne Raumfähre nicht transportieren kann. Eine Überlegung sieht vor, diese Teile zunächst in eine niedrige Umlaufbahn zu bringen, dort zusammenzusetzen und erst dann mit einem großen Raumschiff in den geostationären Orbit zu befördern. Jedoch ist die von diesem Raumschiff benötigte Treibstoffmenge enorm groß. Expert*innen planen, mit Hilfe eines Lasers das große Raumschiff von der Erde aus zu bestrahlen, um ihm so Energie zu liefern. Aufgrund von begrenzten Geldmengen können nur drei solcher Laserstationen gebaut werden. Das Raumschiff befindet sich auf einer kreisrunden Umlaufbahn um den Äquator. Welche Höhe über der Erdoberfläche muss das Raumschiff mindestens haben, damit die drei Laserstationen es entlang der gesamten Umlaufbahn mit Energie versorgen können? (Hinweise: Zeichne eine Querschnittsskizze. Überlege dir eine optimale Verteilung der Laserstationen auf dem Äquator und zeichne sie ein. Nimm an, dass der Laser das Raumschiff von Horizont zu Horizont bestrahlen kann. Der Erdradius beträgt 6371 km.)

Weitere (ähnliche) Fragestellungen:

i) Zahlt sich der Bau einer vierten Laserstation aus? bzw. ab welcher Höhe schaffen vier Stationen eine vollständige Bestrahlung? (Lösung: 2639 km)

ii) Das Raumschiff kreise in einer Höhe von 300 km mit einer Geschwindigkeit von 7,7273 km/s um die Erde. Wie lange kann eine einzelne Station dieses Raumschiff bestrahlen? (Lösung: ca. 9,25 min)

4.5 Die „abgespacte" Leuchtturmaufgabe

Eine vernünftige Bearbeitung dieser Aufgabe erfordert Kenntnisse im Umgang mit Winkelfunktionen. Diese finden im österreichischen Lehrplan der 9. Schulstufe ihre erstmalige Erwähnung. Die Schüler*innen der 9. Schulstufe, die an der Erprobung teilgenommen haben, bearbeiteten in den Einheiten zuvor ausführlich das Thema „Winkelfunktionen in rechtwinkligen Dreiecken" und konnten großteils diese Aufgabe lösen. In Bezug auf die deutschen Bildungsstandards müssen Schüler*innen bei dieser Aufgabe nachweisen, inwieweit sie die Kompetenz „Modellieren" (K3) im Rahmen der Leitideen „Messen" (L2) und „Raum und Form" (L3) erworben haben. In Anlehnung an die bekannte „Leuchtturmaufgabe" aus dem DISUM-Projekt ist in diesem Zusammenhang eine Verwendung in der 10. Schulstufe zu empfehlen (vgl. Borromeo Ferri 2011).

Eine der größten Herausforderungen beim Liftbetrieb ist die Stromversorgung. Die erste Idee, die man vermutlich in diesem Zusammenhang äußert, umfasst das Verlegen einer Elektroleitung entlang des Liftkabels. Damit wird die Liftkabine genauso wie ein elektrischer Zug mit Strom versorgt. Eine weitere Idee betrifft die Magnetschwebetechnik. Bei diesem Zugang würde die Liftkabine das Liftkabel nicht berühren und könnte auf diese Weise sehr hohe Reisegeschwindigkeiten erzielen. Das momentan beste Material für das Liftkabel, Kohlenstoffnanoröhren, ist ein sehr guter elektrischer Leiter. Jedoch sind die Maßstäbe hier sehr groß und es ist beim besten Willen nicht möglich, Strom über tausende Kilometer zu senden, ohne dabei extrem hohe Leitungsverluste zu verzeichnen. Die Stromrechnung wäre so teuer, dass der Treibstoff für eine Stufenrakete im Vergleich billig wäre.

Weitere Vorschläge, wie Solarzellen, müssten bei ihrer momentanen Leistungsfähigkeit so ausladend sein, dass das Gewicht der Liftkabine zu groß werden würde. Dasselbe gilt für einen Atomreaktor, abgesehen von der Strahlung, der Passagiere ausgesetzt wären.

Aufgabenstellung
Der ideale Platz für die Bodenstation des Liftes befindet sich aufgrund des dort vorherrschenden Wetters (es gibt in dieser Region kaum Stürme) westlich vor der Küste Ecuadors mitten im Pazifischen Ozean auf einer künstlich angelegten Insel. Die Energieversorgung der Liftkabine stellt eine große Herausforderung dar. Der bisher beste Vorschlag für die Energieversorgung sieht die Bestrahlung dieser mit Hilfe eines Lasers vor. Ausgehend von einer sogenannten „Power Beaming Ground Station" werden die fotovoltaischen Zellen der Kabine während des Aufstiegs mit einem Laser bestrahlt. Diese „Ground Station" sollte sich auf mindestens 5 km Seehöhe befinden, da auf diese Weise der Laserstrahl nicht mehr so stark durch Teilchen in der Atmosphäre abgelenkt wird. Ein geeigneter Standort befindet sich auf dem höchsten Berg Ecuadors, dem Chimborazo, auf 5 km Seehöhe, wobei der von dort ausgesandte Laserstrahl nie in einem niedrigeren Bereich als 5 km verlaufen soll. Die horizontale (d. h., entlang der Erdoberfläche gemessene) Entfernung von der „Power Beaming Ground Station" zu der Bodenstation des Liftes beträgt 3800 km.
Bis auf welche Höhe des Liftkabels müsste auf anderem Weg eine Energieversorgung hergestellt werden? (Hinweise: Zeichne eine Querschnittskizze. Der Erdradius beträgt 6371 km.)

Bezug zur „Leuchtturmaufgabe"
Die Aufgabenstellung ähnelt, wie zuvor angedeutet, der berühmten „Leuchtturmaufgabe" aus dem DISUM-Projekt (siehe Blum 2006, S. 10). Wenn man die stoffdidaktische Analyse der zuvor angesprochenen Aufgabe (siehe Borromeo Ferri 2011, S. 76–80) und die Musterlösung im Abschn. 5.5 der Weltraumliftaufgabe betrachtet, dann sind Überlegungen in der Modellierungsstufe des realen Modells und in der des mathematischen Modells nahezu gleich. Bei beiden spielt die Erdkrümmung eine wichtige Rolle und es kann mit einem rechtwinkligen Dreieck gearbeitet werden. Denkbar ist es, eine Bemerkung zur zentralen Bedeutung der Erdkrümmung schon bei der Aufgabenstellung anzugeben (siehe Humenberger 2017, S. 110).

Bei der Abwandlung der Aufgabenstellung zu „In welcher Höhe sieht man zum ersten Mal die Bergspitze bzw. die ‚Power Beaming Ground Station', wenn man mit dem Lift zur Weltraumstation fährt?" lässt sich der Modellierungsvorgang analog zur etwas komplexeren Version der Leuchtturmaufgabe gestalten, bei der eine Person auf einem 10 m hohen Schiff steht (siehe Blum 2006, S. 10 bzw. Borromeo Ferri 2011, S. 78).

4.6 Was passiert, wenn man aus der Liftkabine fällt?

Diese Aufgabe erfordert von den Schüler*innen ein nur teilweises Durchlaufen des bzw. eines Modellierungskreislaufs. Der Start erfolgt mitten im mathematischen Modell und erfordert weitere mathematische Manipulationen bis zum Erhalt mathematischer Resultate und deren Interpretation.

An sich eignet sich bei der Bearbeitung die Verwendung einer dynamischen Geometrie Software (z. B. GeoGebra), wobei die Absprunghöhe r mit einem Schieberegler implementiert wird. Im Sinne einer didaktischen Black Box/ White Box Methode (siehe Heugl et al. 1996, S. 176–179) lernen Schüler*innen auf Basis von Input-Output-Analysen das Verhalten der Ellipse in Abhängigkeit von r kennen. Allerdings bleibt es ohne Herleitung der angegebenen Ellipsengleichung (die einiges an physikalischem Wissen benötigt, siehe Anmerkung in Abschn. 2 letzter Absatz) eher bei einer Grey Box.

Die Behandlung von Kegelschnitten ist gemäß dem österreichischen Lehrplan in der 11. Schulstufe vorgesehen. Der verständige Umgang mit der Ellipsengleichung muss hier unbedingt vorausgesetzt werden. Die angeführten Darstellungen sind sehr komplex und bedürfen auf Seite der Schüler*innen sicherlich umfangreicher Überlegungen. Hier müssen vor allem die Ergebnisse der Modellierung überprüft und interpretiert werden, sowie mit unvertrauten Darstellungen und Darstellungsformen sachgerecht und verständig im Rahmen der Leitideen „Messen" (L2) und „Raum und Form" (L3) umgegangen werden.

Aufgabenstellung
Die Umlaufbahnen eines Körpers im Gravitationsfeld eines Planeten sind nach dem ersten Kepler'schen Gesetz Ellipsen. Die untenstehende Ellipsengleichung beschreibt in Abhängigkeit der Ausstiegshöhe r (Abstand Erdmittelpunkt-Ausstiegspunkt) die Umlaufbahn eines aus der Kabine fallenden Menschen. Der Erdmittelpunkt befindet sich im „linken" Brennpunkt der Ellipse und der Ausstiegspunkt befindet sich im „rechten" Hauptscheitel.

$$\text{ell:}\ \frac{x^2}{a^2} + \frac{y^2}{b^2} = 1$$

mit

$$\text{Halbachsenlänge: } a = \frac{\frac{\omega^2 r^4}{GM}}{1 - \left(1 - \frac{\omega^2 r^3}{GM}\right)^2}$$

$$\text{Exzentrizität: } e = \frac{\left(1 - \frac{\omega^2 r^3}{GM}\right) \cdot \frac{\omega^2 r^4}{GM}}{1 - \left(1 - \frac{\omega^2 r^3}{GM}\right)^2}$$

$$\text{mit } 0 \leq r \leq \sqrt[3]{\frac{G \cdot M}{\omega^2}}$$

wobei

$$\text{Winkelgeschwindigkeit der Erde: } \omega = \frac{2\pi}{86.164}\text{s}^{-1}$$

$$\text{Gravitationskonstante: } G = 6{,}674 \cdot 10^{-11}\,\text{kg}^{-1}\text{m}^3\text{s}^{-2}$$

$$\text{Masse der Erde: } M = 5{,}974 \cdot 10^{24}\,\text{kg}$$

a) Ab welcher Höhe fällt man nicht mehr auf die Erde bzw. verglüht in ihrer Atmosphäre? (Erdradius: 6371 km, Atmosphäre: ca. 200 km)

b) In welcher Höhe bewegt man sich nach dem Ausstieg aus der Liftkabine entlang einer kreisrunden Umlaufbahn?

c) Erstelle ein GeoGebra-Arbeitsblatt, in dem der Erdmittelpunkt und der zugehörige Brennpunkt der Ellipse der Umlaufbahn im Ursprung des Koordinatensystems liegen. Die Ausstiegshöhe r soll mit Hilfe eines Schiebereglers modelliert werden.

4.7 Kostenvorteil für den Weltraumlift?

Eine Frage, die man sich eigentlich gleich zu Beginn stellen sollte, betrifft die Betriebskosten eines solchen Liftes. Aufgrund des benötigten physikalischen und mathematischen Wissens (Integralrechnung) kann diese Aufgabe erst in der 12. bzw. 13. Schulstufe gestellt werden. Des Weiteren müssen mit Sicherheit einige Daten im Internet recherchiert und vernünftig abgeschätzt werden. Diese Aufgabe erfordert die Kompetenz „Mathematisch Modellieren" (K3) und „Mit symbolischen, formalen und technischen Elementen der Mathematik umgehen" (K5) bis zum höchsten Anforderungsbereich. Inhaltlich spielt sich diese im Rahmen der Leitidee „Funktionaler Zusammenhang" ab und geht streng genommen darüber hinaus, z. B. müssen bestimmte Integrale entsprechend dem physikalischen Kontext als Arbeit gedeutet werden können.

Aufgabenstellung
Ist eine Liftfahrt mit dem Weltraumlift tatsächlich günstiger als ein Flug mit einer Stufenrakete?

5 Mögliche Lösungen und Hinweise

5.1 Wie lange dauert eine Fahrt?

a) Die Ergebnisse für die Fahrtzeit sind i) 484 h, ii) 275 h, iii) 156 h, iv) 34 h, v) 2,24 h.

b) Individuell beantwortbar.

c) 0,0015 Sv pro Tag entsprechen 0,0015/24 = 0,0000625 Sv pro Stunde,
0,0000002 Sv/h sind 0,32 % von 0,0000625 Sv/h,
0,32% einer Stunde sind 11,52 s,
d. h. der Lift müsste die 5000 km in 11,52 s zurücklegen, das sind 434.028 m/s bzw.
1.562.500 km/h.

5.2 Wohin führt der Lift?

a) Nach dem Gleichsetzen der beiden Formeln muss vom Ergebnis noch der Erdradius abgezogen werden:
42.167.818 − 6.371.000 ≈ 35.796.818 m.

b) Die Abb. 5 veranschaulicht die Größe des Weltraumliftes.

c) ca. 11.040 km/h

5.3 Wie muss das Liftkabel beschaffen sein?

a) Die gesuchten Reißlängen betragen (siehe Tab. 3):

b) Das Material muss eine sehr geringe Dichte und eine sehr hohe Zugfestigkeit haben.

c) Benötigte Größe des Raumschiffs:
Eine mögliche Modellierung: Man wickelt das Liftkabel spiralförmig auf (siehe Abb. 6 links) und berechnet den

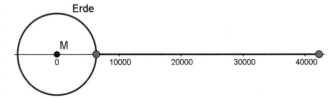

Abb. 5. Maßstabsgetreue Skizze des Weltraumlifts

Tab. 3 Reißlängen

Material	Reißlänge in km
Rostfreier Stahl	6,44
Drahtseil aus Stahl	54
Graphen	5642
Kohlenstoffnanoröhren	10.208

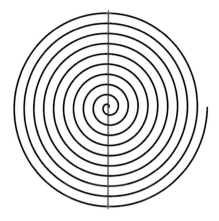 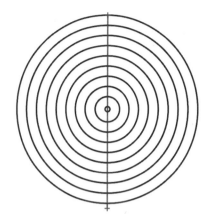

Abb. 6 Aufwicklungsmodelle des Liftkabels

Durchmesser dieser Spirale (siehe rote Strecke auf dieser Spirale). Um die Situation zu vereinfachen, betrachtet man vollständige Kreise (siehe Abb. 6 rechts) und denke sich die Zwischenräume weg.

Sei b die Dicke des Kabels, dann ist der Durchmesser des ersten Kreises $d_1 = b + 2b = 3b$. Der Durchmesser des zweiten Kreises beträgt $d_2 = d_1 + 2b = 5b$. Für den nächsten Kreis erhält man $d_3 = d_2 + 2b = 7b$ usw. Um die Anzahl der benötigten Kreise abzuschätzen, muss berechnet werden, ab welchem Kreis die Summe der zugehörigen Umfänge größer als 100.000.000 m ist.

$$100.000.000 < \pi \cdot \sum_{i=1}^{n} d_i = \pi \cdot b \cdot \sum_{k=1}^{n} (2k+1) = \pi \cdot b \cdot \left(n^2 + 2n \right)$$

$$n > 5.641.894{,}84$$

An dieser Stelle sei angemerkt, wenn man $n^2 + 2n$ durch $(n+1)^2$ abschätzt, dann lässt sich die algebraische Komplexität verringern und die Genauigkeit bleibt in einem für diese Zwecke vertretbaren Bereich. Die halbe Länge der eingezeichneten (roten) Strecke berechnet sich näherungsweise über die Anzahl der Kreise mal der Dicke des Kabels. Es ergibt sich insgesamt:

$$2 \cdot 5.641.895 \cdot b = 2 \cdot 5.641.895 \cdot 0{,}000001 = 11{,}28 \, \text{m}.$$

Wenn man das Kabel so aufwickelt, erhält man eine „Scheibe", deren Durchmesser ca. 11,3 m ist und deren maximale Dicke 35,5 cm beträgt. Diese muss zusammen mit dem Abspulmechanismus im Laderaum des Raumschiffs Platz finden. Das Spaceshuttle hat zum Vergleich folgende Abmessungen:
Spannweite: 23,79 m
Länge: 37,27 m
Aufgrund der Masse (siehe unten) müsste man das Kabel zerteilen und mit mehreren Flügen in den Weltraum brin-

gen. Es sind durchaus andere Abwicklungsspulen, wie zum Beispiel in der Art einer Kabeltrommel, denkbar.

Für die Masse berechnet man zuerst das Volumen des Kabels bzw. Prismas mit 28,35 m³. Die Masse beläuft sich auf $28{,}35 \cdot 1300 = 36.858 \, \text{kg}$.

Leichte Änderungen bei den Maßen, z. B. eine Verdoppelung der Dicke des Kabels aus Sicherheitsgründen, wirken sich sehr stark auf die beiden berechneten Werte aus. Der Bau eines solchen Raumschiffs bzw. zweier oder mehrerer solcher Raumschiffe für den Kabeltransport scheint (mit etwas Science-Fiction-Romantik) möglich.

5.4 Wie wird das Liftkabel nach oben gebracht?

Zu Beginn könnte man annehmen, dass die Erde eine Kugel ist und ein Laser einen Bestrahlungswinkel von 180° schafft (also das Raumschiff von Horizont zu Horizont bestrahlen kann). Die optimale Verteilung ergibt sich dann, wenn die Stationen entlang des Äquators alle 120° platziert werden (siehe Abb. 7, Laser 1, 2 und 3).

Das Problem reduziert sich so auf die Eigenschaften eines gleichseitigen Dreiecks, siehe Abb. 7, (rotes) Dreieck $S_1 S_2 S_3$. Dort gilt, dass der Umkreisradius doppelt so lang ist wie der Inkreisradius, daher beträgt die gesuchte Höhe 6371 km.

5.5 Die „abgespacte" Leuchtturmaufgabe

Der gesuchte niedrigste Punkt am Liftkabel wird getroffen, wenn der Laser gerade nicht in die Atmosphäre unterhalb von 5 km Höhe eintaucht. In dieser Modellierung bedeutet das, dass der Laserstrahl als Tangente auf dem Quer-

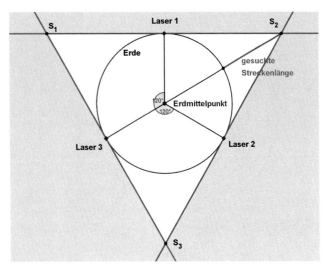

Abb. 7 Skizze des mathematischen Modells

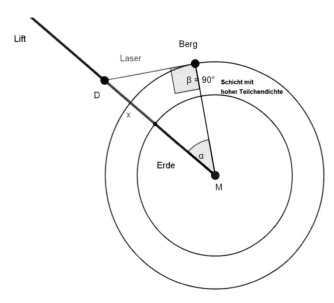

Abb. 8 Skizze der Problemstellung der „abgespacten"
Leuchtturmaufgabe

schnittskreis der „Atmosphärenkugel" verläuft und somit
einen rechten Winkel mit der Verlängerung des Erdradius
r_E zur „Power Beaming Ground Station" einschließt (siehe
Abb. 8).

Bei dieser Modellierung liegt also ein rechtwinkeliges
Dreieck vor, bei dem es die Hypotenusenlänge zu berechnen gilt. Der Winkel α kann über die Länge des Kreisbo-
gens b berechnet werden. Mit Hilfe des Cosinus ermittelt
man die Streckenlänge vom Erdmittelpunkt M zum Punkt
D. Nach Abzug des Erdradius r_E erhält man die Höhe x

(siehe Abb. 8), bis zu dieser eine andere Art von Stromversorgung sichergestellt werden muss, also:

$$x = \frac{r_E + 5}{\cos\left(\frac{180° \cdot b}{\pi \cdot r_E}\right)} - r_E$$

Mit $r_E = 6371$ km und $b = 3800$ km beträgt $x = 1335{,}69$ km.

5.6   Was passiert, wenn man aus dem Lift fällt?

a) Der Punkt der Ellipse mit dem kleinsten Abstand vom betrachteten Brennpunkt ist der zu diesem Brennpunkt nä-
here Hauptscheitel. Es reicht daher folgende Berechnung:
$a - e > 6.571.000 \Rightarrow r \approx 30.000.000$ m $= 30.000$ km.

b) Geostationäre Umlaufbahn $r = \sqrt[3]{\frac{G \cdot M}{\omega^2}} \approx 42.168$ km.

c) Eine mögliche Form für das zu erstellende GeoGebra-Arbeitsblatt zeigt Abb. 9.

5.7   Kostenvorteil für den Weltraumlift?

Es werden die Kosten eines Fluges eines Spaceshuttles, das
Material (z. B. einen Satelliten) für die geostationäre Umlaufbahn transportiert, mit den voraussichtlichen Kosten einer Liftfahrt auf diese Höhe verglichen. Unter Kosten verstehen wir die reinen Kosten für diese Operation (Flug bzw.
Liftfahrt), Entwicklungskosten bzw. Baukosten werden
nicht miteingerechnet.

Kosten Spaceshuttleflug:
Auf seiner Website (https://www.bernd-leitenberger.de/
shuttle-kosten.shtml) hat Bernd Leitenberger die Kosten
des gesamten Spaceshuttle-Programms akribisch genau recherchiert und aufgelistet. Er kommt auf 2,25 Mrd. US Dollar pro Flug, allerdings sind Entwicklungs- und Weiterent-
wicklungskosten bei diesem Betrag miteingerechnet. Die
Operationskosten machen nach der Auflistung ein bisschen
mehr als die Hälfte der Gesamtkosten des Programms aus.
Wir setzen daher die Kosten bei 1,125 Mrd. US Dollar fest.
Das Ladegewicht für Materialien, die für die geostationäre
Umlaufbahn vorgesehen sind, beträgt 3810 kg. Das Space-
shuttle erreicht selbst den geostationären Orbit nicht, für
solche Operationen begibt es sich lediglich in eine Umlaufbahn in 650 km Höhe. Dort werden dann Satelliten ausgesetzt, die sich mit eigenem Antrieb in den geostationären
Orbit befördern. Mit den oben genannten Zahlen erhalten
wir insgesamt folgenden Kilogrammpreis:

$$\frac{1.125.000.000}{3810} \approx 295.276 \, \$/kg$$

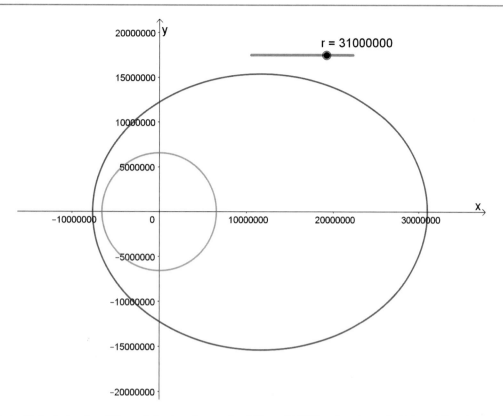

Abb. 9 Elliptische Umlaufbahn eines Körpers beim Ausstieg aus dem Lift aus 31.000 km (in rot) um die Erde und ihrer Atmosphäre (in blau)

Kosten Liftfahrt:

Zuerst berechnet man die Arbeit, die aufgewendet werden muss, um einen Körper der Masse 1 kg gegen die Gravitationskraft von der Erdoberfläche bis in eine Höhe von ca. 35.797 km zu bringen. Die Anziehungskraft F_G ist abhängig von der Höhe, nach dem **Newton'schen Gravitationsgesetz** lautet diese $F_G(r) = \frac{GMm}{r^2}$ (Bedeutung der Variablen siehe Abschn. 4.2). Die gesuchte Arbeit berechnet sich über das Integral $\int_{6371000}^{42167818} F_G(r)\mathrm{d}r = 53.125.999\,\mathrm{Nm}$, wobei $m = 1$ gesetzt wurde. Dabei darf man nicht vergessen, dass die Fliehkraft F_z beim Verlassen der Erde hilft und ebenfalls in Abhängigkeit der Höhe ausgedrückt werden kann mit $F_z(r) = m\omega^2 r$. Um die von der Fliehkraft geleistete Arbeit während der Liftfahrt zu erhalten, wird erneut integriert $\int_{6371000}^{42167818} F_z(r)\mathrm{d}r = 4.619.677\,\mathrm{Nm}$, auch hier wurde $m = 1$ gesetzt. Die gesuchte Gesamtenergie wird aus der Differenz der beiden Integrale gebildet und beläuft sich auf 48.506.321 Nm. Unter der Annahme, dass der Lift mit einer Geschwindigkeit von 200 km/h unterwegs ist, ergibt sich eine Fahrzeit von ca. 180 h, um auf eine Höhe von 35.797 km zu kommen. Die Liftkabine wiegt ca. 20.000 kg, die dafür aufzuwendende Leistung beläuft sich auf $\frac{48.506.321 \cdot 20.000}{180 \cdot 60 \cdot 60} \approx 1,5\,\mathrm{MW}$. Es ist davon auszugehen, dass sich

der Laser auf 30 % seiner Maximalleistung vermindert, d. h. es werden 5 MW benötigt. Bei einer Laufzeit von 180 h hat man 900.000 kWh. Momentan kostet eine kWh Strom ca. 0,1 US$, d. h. die Kosten belaufen auf 90.000 US$. In der Liftkabine können nach Plan 13.000 kg Fracht transportiert werden, der Kilogrammpreis beträgt daher:

$$\frac{90.000}{13.000} \approx 6{,}92\,\$/\mathrm{kg}$$

Bei Einbeziehung der Entwicklungskosten, Baukosten, Betriebskosten etc. würde man laut Edwards und Westling (2002) auf 1154 US$/kg kommen und wäre noch immer billiger als das Spaceshuttle.

6   Unterrichtserfahrungen

Dieser Abschnitt fasst die Ergebnisse dreier Erprobungen zum vorgestellten Thema „Weltraumlift" mit Schüler*innen zusammen. Die gemachten Erfahrungen basieren einerseits auf zwei außerschulischen Erprobungen (Modellierungswoche und Mathematik-Werkstatt) und andererseits auf einer Erprobung während des Regelunterrichts.

6.1 Außerschulische Erprobungen

6.1.1 Modellierungswoche

Das Institut für Mathematik und wissenschaftliches Rechnen der Karl-Franzens-Universität Graz veranstaltet seit 2005 jährlich eine Modellierungswoche für Schüler*innen ab der 11. Schulstufe. Bei dieser einwöchigen Veranstaltung betreuen Tutor*innen eine kleine Gruppe von Schüler*innen bei der Bearbeitung eines realen Problems. Im Rahmen dieser Modellierungswoche stellte Bernd Thaller im Jahr 2008 folgenden Auftrag:

> Weltraumaufzug
> ,,,Ich bin vom Konzept eines Aufzugs in den Weltraum fasziniert, seit ich das erste Mal vor mehr als drei Jahrzehnten davon gehört habe. Es ist eine brillante Idee, die die Raumfahrt völlig revolutionieren kann und ich habe ein Buch darüber geschrieben – The Fountains of Paradise (1978).' So schreibt der bekannte Schriftsteller Arthur C. Clarke über eine Idee, nach der ein Lift an einem Kabel montiert wird, das einen Punkt des Äquators mit einem geostationären Satelliten verbindet.
>
> Ist diese Idee inzwischen als Hirngespinst abgetan worden? Mitnichten – die NASA finanziert groß angelegte Machbarkeitsstudien, Firmen in den USA arbeiten bereits an der Konstruktion der Aufzugskabinen, und seit neuestem ist auch ein Material bekannt, das zumindest theoretisch den Anforderungen gewachsen wäre, die an so ein Kabel zu stellen sind (Kohlenstoffnanoröhren).
>
> In diesem Projekt untersuchen wir, was hinter dieser Idee steckt und versuchen einige Fragen zu beantworten, wie zum Beispiel: Kann das überhaupt funktionieren? Wieviel Energie braucht man, um eine Aufzugskabine in den geostationären Orbit zu befördern? Welche Spannungen würden im Liftkabel auftreten? Was passiert, wenn man aus der Liftkabine fällt?
>
> Auf die schnippische Frage, wann denn nach seiner Meinung so ein Projekt verwirklicht werden würde, antwortete Arthur C. Clarke ebenso schnippisch: ,Ungefähr 50 Jahre nachdem alle aufgehört haben, darüber zu lachen.'"
> (https://imsc.uni-graz.at/modellwoche/2008/probleme.html)

Das in diesem Zitat angesprochene Buch ist der Science Fiction Roman "The Fountains of Paradise" (Clarke 1978).

Es war nicht intendiert, dass sich die Teilnehmer*innen vorab mit der Fragestellung auseinandersetzten. Der obige Arbeitsauftrag war die gesamte Information, welche die Gruppe an Schüler*innen zu Beginn bekam. Benötigte Informationen konnten über das Internet recherchiert oder bei dem Tutor erfragt werden. Die Dokumentation der damaligen einwöchigen Modellierungstätigkeit erfolgte durch einen Bericht, für den jede Gruppe an Schüler*innen ihre Ergebnisse verschriftlichte. Die Zusammenfassung der Gruppe, die die Fragestellungen rund um den Weltraumlift behandelte, ist untenstehend angeführt:

> „Wir stellten sehr bald fest, dass die meisten Aspekte, mit denen wir uns befassten, mit Physik zusammenhingen. Eigentlich konnte niemand von uns behaupten, Physik sei eines seiner Lieblingsfächer. Aus diesem Grund stießen wir sehr bald an unsere Grenzen. Wir mussten also oft auf die Hilfe unseres Betreuers […] zurückgreifen. […]

> Das Arbeiten in der Gruppe funktionierte bei uns sehr gut, wir teilten uns die Arbeit gut und gerecht auf, und alle bearbeiteten die Dinge, die sie am meisten interessierten. Das Zusammenfügen der gesammelten Ergebnisse gestaltete sich dann allerdings als aufwendig, da dann irgendwie niemand mehr wusste, was zu was gehörte oder woraus sich jene spezielle Formel noch einmal schnell ergab. Aber auch diese abschließende, etwas chaotische Phase meisterten wir. In unserer Gruppe gab es kaum Spannungen und alle beteiligten sich interessiert an den Diskussionen und Überlegungen zum Thema.
>
> Was uns sehr zusagte, war die Tatsache, dass wir uns unsere Arbeitszeiten eigentlich sehr frei einteilen durften. Dies war eine angenehme Weise des Arbeitens im Vergleich zum Schulalltag, der ja doch sehr durch die zeitliche Einschränkung beeinflusst wird.
>
> Wir fanden es schade, dass der Tagesablauf sehr eintönig war und wir wenig Möglichkeit auf Abwechslung hatten.
>
> Am Ende dieses Berichts fragten wir uns natürlich, ob solch ein Lift in den Weltraum wirklich realisierbar ist. Unsere Berechnungen und Studien der NASA zeigen, dass es theoretisch möglich wäre, die benötigten Materialien jedoch noch nicht vollständig entwickelt sind. Außerdem muss man bedenken, dass die vielen von uns genannten Probleme (z.B.: Weltraummüll, der das Kabel beschädigen könnte; die gefährlich hohe Teilchenstrahlung im Van-Allen-Gürtel) die Realisierung des Projekts weiter erschweren würden. Viele Wissenschaftler sind davon überzeugt, dass dieses Projekt nie umgesetzt wird. Auf der anderen Seite die teuren Studien der NASA und viele Physiker, die sich mit dem Problem genauestens auseinandergesetzt haben. Bei Recherchen im Internet findet man auf google. com ungefähr 599.000 Suchergebnisse für ,space elevator'."
> (Groß et al. 2008, S. 60)

Die vollständige Dokumentation der Ergebnisse dieser Gruppe findet man im Internet unter: https://imsc.uni-graz. at/modellwoche/2008/Broschuere-2008.pdf.

6.1.2 Mathematik-Werkstatt

Die Fakultät für Mathematik der Universität Wien bietet eine Art Mathematik-Werkstatt für interessierte Schüler*innen an. Im Wintersemester 19/20 besuchten 13 Schüler*innen den Kurs für die achte Schulstufe. In einer der Kurseinheiten bearbeiteten die Teilnehmer*innen, nach einem Einstieg wie in Abschn. 3 vorgestellt, die Aufgaben aus Abschn. 4.1, 4.2 und 4.3.

Die erste Aufgabe inklusive der drei Unterpunkte konnten alle bis auf zwei richtig lösen. Fünf Schüler*innen gaben bei b) kurze Erklärungen für die Dauer der Liftfahrt an, diese umfassten Ausstattungsmerkmale (Entertainment, Bett, Essen, etc.) der Liftkabine, mit denen sie eine längere Fahrtzeit verkraften würden, siehe Abb. 10.

Größere Probleme hatten diese Schüler*innen beim Lösen der Kräftegleichung mit Papier, Stift und einem Ti 30 bei Aufgabe 4.2. Sie wussten zwar prinzipiell, wie die Gleichung umzuformen ist, machten dabei aber immer wieder Fehler. Aufgrund dessen schafften es die Schüler*innen nicht mehr, die Aufgabe 4.3 vollständig zu bearbeiten. Bei den ersten beiden Teilaufgaben gaben Sie erwartungsgemäß richtige Antworten.

In einer leeren Kapsel kann ich es nicht mehr als
2 h aushalten

35785 : X ≈ 2h / · X

35785 : 2 = X

X = 17 892.5 km/h *schneller als ein Space-Shuttle :)*
und Bett!!!

Mit etwas in der Kapsel (Entertainment etc) würde ich
es max. 1 Tag /24h aushalten.

35785 : 24 = X

X ≈ 1991.04

Abb. 10 Lösung eines Schülers der Aufgabe aus Abschn. 4.2 b)

6.2 Erprobungen während des Schulunterrichts

In einer Doppelstunde wurden die Aufgaben der Abschn. 4.1, 4.2, 4.4 und 4.5 gemeinsam mit einer Schulklasse der 9. Schulstufe eines Grazer Gymnasiums im Dezember 2019 erprobt. Die Schüler*innen hatten im Unterricht gerade das Thema Trigonometrie (Winkelfunktion in rechtwinkligen Dreiecken) abgeschlossen. Bei der Erprobung durften sie nach Interesse eine Aufgabe aus den ersten beiden und eine aus den letzten beiden oben angeführten Aufgaben auswählen. Den Schüler*innen wurde es freigestellt, ob sie zu zweit, zu dritt oder zu viert die Aufgaben bearbeiten.

Die Aufgabe aus Abschn. 4.1 zur Fahrtdauer klappte problemlos. Im Gegensatz zu den oben erwähnten Problemen der Schüler*innen der 8. Schulstufen hatten die Schüler*innen der 9. Schulstufe kaum Schwierigkeiten beim

Auflösen der Kräftegleichungen. Bei Teilaufgabe b) entstanden unter anderem sehr kreative aber in den geforderten Punkten dennoch maßstabsgetreue Skizzen der Erde und des Weltraumliftes, siehe Abb. 1. Von großem Interesse waren für uns die Ausarbeitungen der Schüler*innen der Aufgaben 4.4 und 4.5.

Bei ersterer haben die Ausarbeitungen ein einheitliches Bild. Die Abgaben bestehen aus einer Skizze, der Angabe des Erdradius und einer mehr oder weniger ausführlichen Antwort. Alle Gruppen lösten die Aufgabenstellung, wobei aber keine von ihnen eine Begründung verschriftlichte. Es wurde kein Wort über das Verhältnis von Inkreisradius zu Umkreisradius in einem gleichseitigen Dreieck verloren, siehe z. B. Abb. 11.

Es wäre auch möglich gewesen, die gesuchte Höhe schrittweise zu berechnen, da aber keine Gruppe eine Rechnung anführte, ist davon auszugehen, dass alle über das Verhältnis der beiden Radien argumentierten, jedoch die zugehörige Argumentation nicht verschriftlichten.

Auch die Erprobung der Aufgabe 4.5 verlief sehr zufriedenstellend, siehe Abb. 12.

Zwei Gruppen gaben (lediglich) eine korrekte Skizze ab, die zugehörige Rechnung fehlte. Vermutlich hatten die Schüler*innen keine Zeit mehr, ihre Überlegungen auf Papier zu bringen, da die letzten 15 min der Doppeleinheit zur Besprechung der Aufgaben verwendet wurden. Eine prototypische Lösung einer Gruppe ist in Abb. 12 zu sehen, alle Ausarbeitungen weisen die gleiche Form auf: Skizze, Berechnung des Winkels (α), Berechnung der Hypotenuselänge im rechtwinkligen Dreieck, Abzug des Erdradius. Diese einheitlichen, übersichtlichen und korrekt abgegebenen Lösungswege sind sicher zum Teil auf die zeitliche Nähe zum Thema Trigonometrie im Unterricht zurückzuführen.

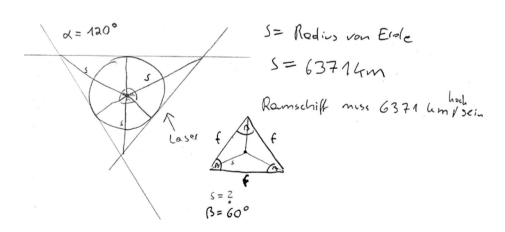

Abb. 11 Lösung einer Gruppe von Schüler*innen der Aufgabe aus Abschn. 4.4

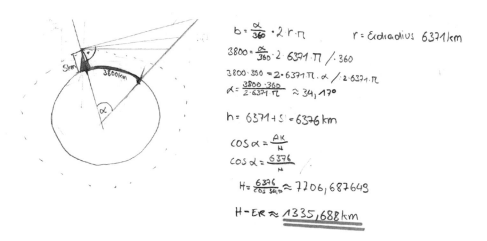

Abb. 12 Lösung einer Gruppe von Schüler*innen der Aufgabe aus Abschn. 4.5

7 Fazit

Die obigen Ausführungen haben gezeigt, dass das Thema „Weltraumlift" vielseitige Anlässe für Modellierungen im Unterricht bietet. Die Art und Weise der Aufgabenstellungen möchten wir abschließend aus unterschiedlichen Blickwinkeln betrachten.

Nach Maaß und Grafenhofer (2019) steht am Beginn eines Modellierungsprozess eine Entscheidung, die sich meist als Wunsch äußert etwas zu verändern, besser zu verstehen, effizienter zu gestalten, etc. Diesen initiierten wir mittels der Aufforderung zum Formulieren von Fragestellungen zu diesem Thema („Was würdest du gerne über den Weltraumlift wissen?"). Die dadurch entstandene Motivation bei den Schüler*innen war während der Bearbeitung der Fragen und dem abschließend Vergleichen spürbar.

Blum (1978) zufolge sollten „gute" Anwendungsbezüge „...mit den Lehrplänen für den Mathematikunterricht verträglich sein, ...". Jablonka (1999) forderte weiters Anwendungsprobleme, die in angemessener Zeit im Unterricht durchführbar und stofflich im Curriculum verankert sind. Die Durchführung im Rahmen der Modellierungswoche erscheint im Nachhinein als etwas zu offen, da die Schüler*innen sehr oft auf die Hilfe ihres Betreuers zurückgreifen mussten und Teile der Modellierungen über den Schulstoff hinausgingen. Aus diesem Grund entschieden wir uns, einzelne kleinere Aufgaben zu entwickeln, die in vertretbarer Zeit im regulären Unterricht durchführbar sind (eine bis zwei Unterrichtseinheiten) und inhaltlich vom Lehrstoff des Lehrplans abgedeckt werden.

Der von Winter (2016) geforderten Authentizität im Sinne nicht fingierter Daten und Quellen kommen wir dadurch nach, dass alle erstellten Aufgaben Edwards und Westling (2002) in ihrem Buch „The Space Elevator" thematisieren, ersterer leitete Machbarkeitsstudien zum Weltraumlift, die von der NASA finanziert wurden. Hier wird verdeutlicht, wie wichtig Modellierungen für noch nicht realisierte Vorhaben sind und dass bei so großen Projekten Fragestellungen auf unterschiedlichen intellektuellen Niveaus entstehen.

Bei Blum (1978), Jablonka (1999) und Winter (2016) spielt die mathematische Reichhaltigkeit eine wichtige Rolle, es sollen ohne große Kunststücke verschiedene mathematische Aspekte bei anwendungsorientierten Aufgaben aufzeigbar sein. Die mathematische Schwierigkeit der Probleme muss so angepasst sein, dass die Lösung der Aufgabenstellung mit den zur Verfügung stehenden mathematischen Werkzeugen machbar ist. Wie sich bei den Erprobungen herausstellte, lässt sich das gar nicht so einfach abschätzen. Die Kräftegleichung bei Aufgabe 4.2 konnten von den Schüler*innen der 8. Schulstufe (dabei handelt es sich wahrscheinlich um überdurchschnittliche Schüler*innen), nicht mit Papier und Stift gelöst werden, obwohl sie alle fachlichen Voraussetzungen dazu gehabt haben. In der 9. Schulstufe war das kein Problem, obwohl nach (österreichischem) Lehrplan in der Zwischenzeit kaum operationale Fähigkeiten geübt werden. Eventuell kann man das auf unterschiedliche Unterrichtsstrategien der jeweiligen Lehrkräfte und den Reifeprozess der involvierten Schüler*innen zurückführen.

Bei diesem Thema sind physikalische Aspekte unvermeidbar, dennoch wurde danach getrachtet, physikalisches Vorwissen so gering wie möglich zu halten und die mathematischen Aspekte hervorzustreichen. Diesbezüglich erleichternd (zumindest für österreichische Gymnasien) erweist sich der Kontextkatalog der zentralen Reifeprüfung, der Wissen über physikalische Größen und deren Definitionen und Formeln beim schriftlichen Abitur voraussetzt, wodurch vermehrt physikalische Anwendungen im Regelunterricht vorkommen. Unter anderem wird in diesem Katalog Leistung, Kraft, Arbeit, kinetische und potenzielle Energie explizit angeführt (siehe Aue et al. 2019, S. 19–20). Bei den Erprobungen der Aufgaben beschwerten sich die Schüler*innen nie über physikalische Kontexte. Das lässt sich vielleicht auf die anfängliche Motivation zurückführen, wenn auch gleichzeitig betont wird, dass Physik nicht zu den Lieblingsfächern zählt (siehe Abschn. 6.1.1).

Nach Maaß und Grafenhofer (2019) sollen mathematische Modellierungen Folgen haben. In anderen Worten es soll eine Rückwirkung auf den Menschen bzw. den*die Schüler*in haben, die sich zum Beispiel als neue Einsicht manifestieren kann. Im Fall der Modellierungen rund um den Weltraumlift ist diese Einsicht die Ablehnung der kompletten Absurdität hin zur möglichen Durchführbarkeit des Vorhabens, wie sie die Schüler*innen selbst formuliert haben:

> „Am Ende dieses Berichts fragten wir uns natürlich, ob solch ein Lift in den Weltraum wirklich realisierbar ist. Unsere Berechnungen und Studien der NASA zeigen, dass es theoretisch möglich wäre, die benötigten Materialien jedoch noch nicht vollständig entwickelt sind." (Groß et al. 2008, S. 60)

Zusammenfassend schlussfolgern wir, dass sich (zumindest) die (erprobten) Aufgaben für einen Einsatz im Schulunterricht eignen.

Literatur

Artsutanov, Y.: V Kosmos na Eletrovoze. Komsomolskaya Pravda. https://digitaltimewarp.com/Writing/Entries/2005/11/18_Entry_1_files/Artsutanov_Pravda_SE.pdf (1960). Zugegriffen: 21 Feb 2020

Aue, V., Frebort, M., Hohenwarter, M., Liebscher, M., Sattlberger, E., Schirmer, I., … Steinlechner-Wallpach, G.: Die standardisierte schriftliche Reifeprüfung in Mathematik. Inhaltliche und organisatorische Grundlagen zur Sicherung mathematischer Grundkompetenzen. Bundesministerium für Bildung, Wissenschaft und Forschung. https://www.matura.gv.at/fileadmin/user_upload/downloads/Begleitmaterial/MA/srp_ma_grundkonzept_2020-09-10.pdf (2019). Zugegriffen: 18 Sept 2020

Blum, W.: Einkommensteuern als Thema des Analysisunterrichts in der beruflichen Oberstufe. Die berufsbildende Schule, Zeitschrift des Berufsverbandes der Lehrer an beruflichen Schulen 30(11), 642–651 (1978)

Blum, W.: Modellierungsaufgaben im Mathematikunterricht – Herausforderungen für Schüler und Lehrer. In: Büchter, A., Humenberger, H., Hußmann, S., Prediger, S. (Hrsg.) Realitätsnaher Mathematikunterricht – vom Fach aus für die Praxis. Festschrift zum 60. Geburtstag für H.-W. Henn, S. 8–23. Franzbecker, Hildesheim (2006)

Bruner, J.: The process of education. Harvard University Press, Cambridge (1960)

Büchter, A.: Das Spiralprinzip. Begegnen – Wiederaufgreifen – Vertiefen. mathematik lehren 182, 2–9 (2014)

Borrmeo Ferri, R.: Wege zur Innenwelt des mathematischen Modellierens. Kognitive Analysen zu Modellierungsprozessen im Mathematikunterricht. Vieweg+Teubner Verlag, Wiesbaden (2011)

Clarke, A.C.: The Fountains of Paradise. Harcourt Brace Jovanovich, New York (1978)

Edwards, B.C., Westling, E.A.: The Space Elevator. A Revolutionary Earth-To-Space Transportation System. BC Edwards, Twin Hills (2002)

Groß, G., Haselmann, G., Kleinschuster, J., Seidl, R., Triebl, R., von Berg, L.: Project Space Elevator. https://imsc.uni-graz.at/modellwoche/2008/Broschuere-2008.pdf (2008). Zugegriffen: 21. Feb 2020

Jablonka, E.: Was sind „gute" Anwendungsbeispiele? In: Maaß, J., Schlöglmann, W. (Hrsg.) Materialien für einen realitätsbezogenen Mathematikunterricht 5, S. 65–74. Franzbecker, Hildesheim (1999)

Heugl, H., Klinger, W., Lechner, J.: Mathematikunterricht mit Computeralgebra-Systemen – Ein didaktisches Lehrbuch mit Erfahrungen aus dem österreichischen DERIVE-Projekt. Addison-Wesley, Bonn (1996)

Humenberger, H.: Modellierungsaufgaben im Unterricht – selbst Erfahrungen sammeln. In: Humenberger, H., Bracke, M. (Hrsg.) Neue Materialien für einen realitätsbezogenen Mathematikunterricht 3, S. 107–118. Springer, Wiesbaden (2017)

Maaß, J., Grafenhofer, I.: Einige Überlegungen zum Modellieren. In: Maaß, J., Grafenhofer, I. (Hrsg.) Neue Materialien für einen realitätsbezogenen Mathematikunterricht 6, S. 1–6. Springer, Wiesbaden (2019)

Winter, H.W.: Entdeckendes Lernen im Mathematikunterricht. Einblick in die Ideengeschichte und ihre Bedeutung für die Pädagogik. Springer, Wiesbaden (2016)

Internetadressen

https://futurezone.at/science/japan-weltraumlift-in-36-000-km-hoehe-geplant/24.576.762

https://derstandard.at/2000086702882/Japanische-Forscher-testen-erstmals-Weltraumaufzug-im-Erdorbit

https://www.bernd-leitenberger.de/shuttle-kosten.shtml

https://imsc.uni-graz.at/modellwoche/2008/probleme.html

https://imsc.uni-graz.at/modellwoche/2008/Broschuere-2008.pdf

„Mathematik im Schulgarten" – Anlässe für fächerverbindenden und anwendungsorientierten Mathematikunterricht in der Sek. I

Frank Förster und Konstantin Klingenberg

1 Was ist ein Schulgarten und warum passt er zum Mathematikunterricht?

„Schule + Garten = Schulgarten"?
Das Kompositum in fächerverbindendem Verständnis

Bereits seit einigen Jahren wird von Seiten der FAO (Food and Agriculture Organisation of the UN) der Wert der Schulgärten herausgestellt (Abb. 1). Besonders der Bereich des Anwendens und Entwickelns von Problemlöseansätzen sowie des Zusammenarbeitens sind dabei wichtige Bereiche des Schulgartenunterrichts, die für den Mathematikunterricht genutzt werden können. Doch zunächst ein kurzer Blick auf die wechselhafte **Geschichte des Schulgartens.**

Schulgärten waren ursprünglich nicht als Lernort, sondern als Ort der Kontemplation konzipiert, als Gegenpol zum anstrengenden Lernen – wie in Furttenbachs Skizze des „Paradiesgärtleins" (1663, zit. n. Winkel 1997) erkennbar. Aber so wie Schulen stets Reformen und Strömungen unterliegen, haben sich seit der ersten Erwähnung bei Comenius (1657) auch die Schulgärten und die Schwerpunktsetzungen des Lehrens und Lernens im Schulgarten verändert. Formal kann ein Schulgarten eine große Fläche mit vielen Beeten sein. Auf der Weltausstellung 1873 in Wien waren solche Muster-Schulgärten vertreten (Walder 2002) und traten in Zeiten der zweiten Schulgartenbewegung um 1900 nahezu noch flächendeckend in Deutschland auf. Seit Beginn der dritten Schulgartenbewegung parallel zur Ökologiebewegung in den 1980er Jahren wurden Schulgärten multifunktional genutzt. Als Biotopgärten sind sie noch heute sichtbar (vgl. Abb. 2), aber im Kontext des „Urban Gardenings" gibt es neue Entwicklungslinien. Selbst mobile Gartenelemente entwickeln sich zu einer wichtigen Ergänzung des Schulgartens (Klingenberg 2020).

Das Schulgärten-„Diskontinuum": als Prozess und als Produkt fächerübergreifenden Unterrichtens

Beim Planen, Erstellen und der weiteren Pflege des Schulgartens ergibt sich oft, ganz unabhängig von örtlichen Vorgaben, eine Besonderheit, die diesen Lernort charakterisiert: Die Art und Weise wie wir über den Garten denken, sei es als Paradiesgärtlein, Systematik- oder Ökogarten, bestimmt immer das, was an Möglichkeiten für eine pädagogische Nutzung aus dem Garten zurückkommen wird. Wenn wir Garten als fertiggestellten Biotopgarten sehen, so wird dies ein bzw. das Ergebnis sein. Nicht allein eine Biotop-, Grün- und Gartenfläche ist ein „Schulgarten", wir sollten uns daher zunehmend vom Bild des Schulgartens in dieser typisierten Assoziation lösen. Unabhängig von Beetformen, Biotopen oder Pflanzenvielfalt existieren unterschiedlichste **Konzepte für Schulgärten** (Winkel 1997; Birkenbeil 1999; FAO 2005; Bucklin-Sporer und Pringle 2010; Klingenberg 2014 und 2020).

Ein letzter allgemeiner Gedanke, bevor wir uns der Mathematik zuwenden: Im Schulgarten ist, wie kaum an einem anderen Ort, ein Erleben von (kleinräumigen) Naturumgebungen und unmittelbaren Erfahrungen beim Lernen möglich. Schulgartenunterricht sollte selbstverständlich draußen stattfinden oder zumindest wesentlichen Bezugs- bzw. Ausgangspunkt haben. Als Lern- und Erfahrungsort werden Gärten aber heute nicht allein nur fachspezifisch oder vorwiegend im Biologieunterricht genutzt. Schulgärten sollten offen, mehr als Prozess denn als Produkt, gedacht werden, um auch zukünftige Schulgartenentwicklungen sinnvoll antizipieren zu können (Klingenberg und Rauhaus 2005) und weiterhin fächerübergreifend vielfältige pädagogische Zielsetzungen zu ermöglichen (Klingenberg 2020). Über die ökologische Dimension hinaus besitzen Schulgärten auch immer die soziale Dimension: Gärten sind Orte der Vielfalt und Orte der Begegnung. Für die Veranschaulichung

F. Förster (✉)
TU Braunschweig, Institut für Didaktik der Mathematik und Elementarmathematik, Braunschweig, Deutschland
E-Mail: f.foerster@tu-bs.de

K. Klingenberg
Dorstadt, Deutschland
E-Mail: info@klingenberg.cloud

© Der/die Autor(en), exklusiv lizenziert durch Springer-Verlag GmbH, DE, ein Teil von Springer Nature 2021
H. Humenberger und B. Schuppar (Hrsg.), *Neue Materialien für einen realitätsbezogenen Mathematikunterricht 7*, Realitätsbezüge im Mathematikunterricht, https://doi.org/10.1007/978-3-662-62975-8_3

Abb. 1 Wert der Schulgärten (Grafik: FAO; o. J.)

und Zugänglichkeit vielfältiger Themen sind gerade deshalb moderne Schulgärten zentrale Lernorte (Klingenberg 2014). Neben typischen biologischen Themen wie Naturbegegnung und biologischer Formenkenntnis und den im Folgenden dargestellten Inhalten für den Mathematikunterricht, bietet der Schulgarten somit auch allgemeinpädagogische Möglichkeiten wie Bildung für nachhaltige Entwicklung, Angebote für Ganztagsschulen und gerade in der Mitarbeit der Schüler*innen im Schulgarten, neben weiteren Aspekten, auch Raum für Prävention gegen Gewalt durch Identifikation (Abb. 3). Heute verstehen wir den Begriff Schulgarten also nicht ausschließlich als einen abgegrenzten Bereich mit Beet- oder Biotopflächen auf dem Schulgelände, sondern vielmehr als einen Erfahrungs- und Denkraum für die Schüler*innen. Dieser verbindet, über fachliche Kompetenzen hinausgehend, Theorie und Praxis unter einer Bildungsprämisse.

Mathematikhaltiges Arbeiten im Schulgarten
Mathematik und Biologie „leben" für die Schüler*innen oft separat in den Schubladen der verschiedenen Schulfächer.

In der realen Welt vermischen sich die Inhalte dieser und weiterer Wissenschaften aber selbstverständlich. Zum Verständnis der Gesamtsituation ist die Integration der fachspezifischen Wissenskontexte notwendig, also **Anwendung als Modellbildung über das Fach hinaus** und als eine mögliche sinnstiftende Maßnahme für den Mathematikunterricht. Deswegen ist „im Mathematikunterricht der Lebensweltbezug des Faches deutlich herauszustellen und die Relevanz mathematischer Modelle für die Beschreibung der Umwelt […] aufzuzeigen." (Kerncurriculum Realschule Niedersachsen 2014, S. 7).

Nach Winter (1996) soll der Mathematikunterricht, im Spannungsfeld zwischen Anwendungsorientierung und Strukturorientierung, die folgenden Grunderfahrungen vielfältig verknüpft ermöglichen: Anwendung von Mathematik in der Lebenswelt, Mathematik als geistige Wissenschaft und Mathematik als „Schule des Denkens". Auch wenn der Schwerpunkt sicherlich auf Anwendung liegt, bietet der Schulgarten Möglichkeiten, die anderen Aspekte mit dieser zu verbinden, da der anwendungsorientierte Unterricht

Abb. 2 Schulgartenanlage und Biotopelemente

stände der angewandten Mathematik, Wissen über Größen und Umgang mit Größen), Lernprinzip (Erprobungsbereich für mathematische Begriffe und Verfahren) und Lernziel (Mittel und Beitrag zur Umwelterschließung, Modellieren und Anwendungskompetenz).

Das Lösen eines außermathematischen Problems, wie die Bestimmung der Höhe eines Baumes, verbindet das Anwenden von Mathematik mit dem Lehren und Lernen von Standardmodellen. Wie z. B. bei der Betrachtung der Messfehler, als notwendige Bausteine für qualitätsvolle Anwendungen, wenn diese über reine ad-hoc-Modellierungen hinausgehen sollen. Die außermathematische Situation kann aber auch Ausgangspunkt für innermathematische Überlegungen werden, wie bei der Optimierung von Bienenwaben, und mathematisches Problemlösen und Argumentieren in konkreten Kontexten ermöglichen. Anlass zu innermathematischen Aktivitäten kann aber auch schlicht das Vorhandensein einer Sandfläche im Schulgarten sein, die zum „Geometrietreiben wie die Griechen" mit Schnüren und Stöcken einlädt. „Mathematik anwenden heißt Modellbilden" (Förster 2000, S. 134) und alle in diesem Beitrag behandelten Beispiele sind Anwendungen der Mathematik. Wenn wir hier und im Folgenden also auch von Problemlösen oder sogar innermathematischem Arbeiten reden, so sind hiermit aber stets auch die immanenten Modellbildungsaspekte der Anwendungsprobleme mitgemeint.

im Fach Mathematik „ein bewusstes Arbeiten mit und Erarbeiten von Modellen" (Förster 2000, S. 133) beabsichtigen sollte. Deutlich wird dies, wenn man die didaktischen Funktionen von Anwendungen nach Winter (1994, in der für die Sek. I adaptierten Version nach Förster 2000) betrachtet: Anwendungen als Lernstoff (elementare Gegen-

Fächerverbindende Themengebiete des Mathematikunterrichts in der Sek I, die den Schulgarten nutzen

Die folgende Aufzählung (vgl. auch Förster und Klingenberg 2015) fokussiert auf mögliche Beobachtungen (Pflanzen, Tiere, …), Arbeiten, die üblicherweise im Schulgarten anfallen (Anlegen und Bepflanzen von Beeten oder Teichen,

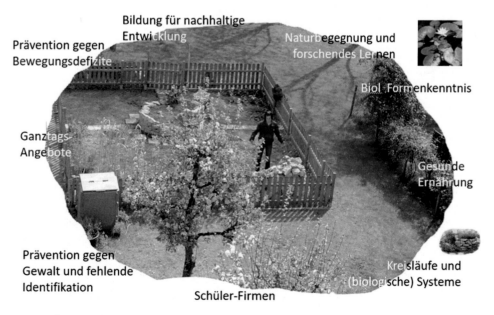

Abb. 3 Aspekte pädagogischer Angebote und fächerverbindenden Unterrichts im Schulgarten

Unterhalt des Bienenstocks, …) oder Unterrichtsthemen der Biologie (Keimversuche, Modelle in der Ökologie, …), die zudem mathematikhaltig sind.

Es geht uns dabei um **authentische Problemstellungen als Anregungen für Modellierungen** und weitergehende theoretische Überlegungen. Die einzelnen Themen sind unterrichtlich, in Lehrer*innenfortbildungen und universitären Veranstaltungen im Schulgarten erprobt, sie sind für den Beitrag aber so ausgewählt und dargestellt, dass sie auch ohne Schulgarten im Mathematikunterricht eingesetzt werden können. Leider geht damit natürlich ein ganz wesentlicher Charme, nämlich des Anschauens der konkreten Dinge und teilweise die Authentizität der Problemstellungen etwas verloren.

Wir haben uns in diesem Artikel dazu entschlossen, in Abschn. 3.2 (**Rund um Bienen**) zunächst **ein Thema ausführlich** zu behandeln, um zu zeigen, wie vielfältig dieses mit weiteren Inhalten des Mathematik- und Biologieunterrichts verknüpft ist. In Abschn. 3.3 (**Rund um Bäume, Beete und Teiche**) gehen wir darauf ein, wie der Schulgarten genutzt werden kann, **Standardinhalte des Mathematikunterrichts** anwendungs- und handlungsorientiert umzusetzen. Der Abschn. 3.4 (**Rund um Pflanzen**) zeigt schließlich an zwei Bespielen, wie der Schulgarten den **Mathematikunterricht** darüber hinaus **an- und bereichern** kann.

Erprobte fächerverbindende Themengebiete:

Klasse 5/6*: Geometrie – *Flächen- und Volumenberechnung am Teich***; Beschreibende Statistik – *Wasseraufnahme bei der Quellung*; Argumentieren und Problemlösen – *Schwänzeltanz der Bienen.*

Klasse 7/8: Optimieren/Argumentieren – *Bienenwaben;* Geometrie – Symmetrie in der Blütenmorphologie und bei Tieren; Geometrie im Gelände: *Formen im Gelände (Beete), rechte Winkel,* Durchstoßpunkte, *Höhenmessungen,* Peilen und Fluchten, *Geometrie auf Sandflächen;* Stochastik – Populationsabschätzungen (Fang-Wiederfang-Methode).

Klasse 9/10: Geometrie (auf Sandflächen) – Goldener Schnitt, *Ellipsen, Phyllotaxis,* Durchmesser von Bäumen, Vermessung durch Triangulation, Polar-/Kugelkoordinaten (Bienen); Stochastik (gewichtetes Mittel) – Berechnung eines (Diversitäts-)Index; Modellieren – Populationsdynamik (Schwarmverhalten, Räuber-Beute-Modelle).

*Die Zuordnung zu den Klassenstufen variiert über die Schularten und (Bundes-) Länder. **Kursiv sind Themen, die im Beitrag ausgeführt sind.

2 Rund um Bienen

Das Thema Bienen ist aktuell und attraktiv für Schüler*innen. Die Entschlüsselung der Bienensprache bietet im Unterricht Platz sowohl für geometrische Standardinhalte, wie für die prozessbezogenen Kompetenzen Argumentieren und Problemlösen im Rahmen eines Modellbildungsprozesses in Klasse 5/6. Erweiterungen führen bei älteren Schüler*innen zu neuen Erkenntnissen über Koordinatensysteme, die Modellierung der Wabenform zu einem lohnenden Optimierungsproblem. Der Abschnitt endet mit einem Blick auf aktuelle (mathematische) Modellbildungen in der Biologie.

2.1 Der Schwänzeltanz der Bienen

Karl von Frisch, Verhaltensforscher an der Universität München, beschäftigte sich mit dem Sozialverhalten und den Sinneswahrnehmungen der Honigbiene. Unter anderem für die **Entschlüsselung des Bienentanzes** erhielt er 1973 den Nobelpreis. Den stark vereinfachten Darstellungen ist voranzustellen, dass die Orientierung der Bienen keineswegs in dieser schematischen Weise verläuft, sondern weitaus komplexer ist. Aus Platzgründen können wir nur darauf verweisen, dass Orientierung, Kommunikation und Zielfindung (Blüten) derzeit als von mehreren Faktoren abhängig betrachtet wird (Tautz 2014). Einer davon ist aber nach wie vor der Rund- bzw. Schwänzeltanz.

In der folgenden Aufgabenstellung geht es, neben einer Wiederholung des Messens und Abtragens von Winkeln, um Problemlösen und Argumentieren in Klasse 5 und 6. Natürlich ist es schöner, wenn man in einem sog. Beobachtungsstock die Bienen hinter einer Glasscheibe direkt beobachten kann, wir meinen aber, dass auch diese Arbeitsblattvariante wesentliche Aspekte der Modellierung des Bienentanzes darstellen kann. Als biologische Fakten sind zu klären, dass die Bienen auch bei trübem Wetter die Richtung der Sonne sowie den Winkel zwischen der Richtung der Futterquelle und der Sonnenrichtung wahrnehmen können. Dies muss nicht zu Beginn der Problemlösephase geschehen, sondern kann auch während dieser auf Nachfrage der Schüler*innen (z. B. mit Tippkarten) geschehen.

Aufgabenstellung 1: Wenn eine Kundschafterbiene eine ergiebige Nahrungsquelle gefunden hat, fliegt sie in den Bienenstock und teilt dort anderen Bienen den Fundort mit. Ist die Nahrungsquelle weniger als 100 m entfernt, führt sie einen **Rundtanz** auf (Abb. 4 links). Beim **Schwänzeltanz,** der bei größeren Entfernungen benutzt wird, findet das heftige Vibrieren des Hinterleibs (Schwänzeln) immer in derselben Richtung statt. Am Ende der „Schwänzelstrecke"

Abb. 4 Rund- und Schwänzeltanz der Kindschafterbiene

kehrt die Biene in einem Bogen (abwechselnd links und rechts) zum Anfang zurück (Abb. 4 rechts). Hiermit übermittelt die Biene die Entfernung und die Richtung, in der die Nahrungsquelle zu finden ist.

Auf den folgenden Bildern (Abb. 5) siehst du auf der linken Seite die Umgebung des Bienenstocks **von oben**. Eingezeichnet sind der Bienenstock sowie die Richtungen der Sonne und der Futterquelle. Auf der rechten Seite siehst du den Schwänzeltanz der Biene im Bienenstock **von vorne**.

Erkunde den Schwänzeltanz der Bienen. Wie lässt sich daraus die Richtung der Nahrungsquelle bestimmen?

Ein paar Bemerkungen zu dieser Aufgabenstellung: a) Die Tanzfiguren haben in der Realität einen „Radius" von 1–2 cm beim Rundtanz und 2–3 cm beim Schwänzeltanz. Die Bienen sind in Abb. 4 also verkleinert dargestellt. b) Besser als Worte und Zeichnungen zeigt ein Film, wie eine Biene im Stock tanzt. Dazu eignet sich ebenso der Originalfilm von Karl Frisch „Die Tänze der Bienen" in Auszügen, wie der kurze Film „Bienentanz (Schwänzeltanz)" (vgl. Onlinequellen). c) Die Situationen in Abb. 5 sind so gewählt, dass folgende problemlösende Schritte der Schüler*innen möglich sind (wenn auch nicht unbedingt in dieser Reihenfolge): 1) Die gleiche Situation (A und D) führt zu derselben Tanzrichtung: Die Richtung des Schwänzeltanzes ist also nicht zufällig. 2) Unterschiedliche Situationen können zur selben Tanzrichtung führen (A, C, D und F bzw. B und H bzw. E und G): Die Tanzrichtung ist also keine direkte Richtungsangabe. Spätestens hier wird den Schüler*innen klar, dass dies ohnehin nicht sein kann, da die Biene ja nicht in der Ebene der Umgebung, sondern auf einer dazu vertikalen Ebene tanzt. 3) Bei Tanzrichtung „nach oben" liegt die Nahrungsquelle in Sonnenrichtung (E und G): Der Tanz in Richtung des Pfeiles gibt also die Richtung der Sonne vor. 4) Liegt die Nahrungsquelle in einem Winkel „links" bzw. „rechts" von der Sonnenrichtung (A, C, D und F bzw. B und H), dann tanzt die Biene entsprechend auch nach „links-" bzw. „rechts-" gedreht von der Vertikalen im Stock. 5) Liegt die Nahrungsquelle 90° bzw. −90° (im mathematisch positiven Sinn) von der Sonnenrichtung, tanzt die Biene auch 90° bzw. −90° bzgl. der Vertikalen (A, C, D

und F bzw. B und H). Die genaue Abweichung von der Vertikalen entspricht schließlich der genauen Abweichung von der Sonnenrichtung.

Über den Vergleich unterschiedlicher Situationen ergibt sich also die **Modellierung der Richtungsangabe.** Um die Problembearbeitung komplexer zu gestalten, können auch andere Winkelgrößen mitberücksichtigt werden, dann sind erfahrungsgemäß aber mehr Vergleichssituationen zum Erschließen des Schwänzeltanzes nötig. Die genaue Messung und das Zeichnen von Winkelgrößen ergibt sich aus den weiterführenden Aufgabenstellungen und ist somit nicht unbedingt in der Problemlösephase notwendig. Die Aufgabenstellungen 2 bis 4 (aus Platzgründen ist jeweils nur eine Situation dargestellt) können und sollen mit dem Geodreieck bearbeitet werden, passend zum Geometrieunterricht in den Klassen 5 und 6.

Aufgabenstellung 2: *Zeichne die Nahrungsquelle ein* (siehe Abb. 6).

Aufgabenstellung 3: *Wie tanzt die Biene?* (siehe Abb. 7)

Aufgabenstellung 4: *Wo liegt die Nahrungsquelle?*

Die Entfernung der Nahrungsquelle wird über das Tanztempo übermittelt. Je mehr Umläufe die Biene in einem festgelegten Zeitraum macht, umso näher ist die Futterquelle (Tab. 1).

In einer jeweils lokal angepassten Karte mit Standort des Bienenstocks und Vorgabe der Sonnenrichtung können die Schüler*innen Winkel und Entfernung eintragen.

Die Behandlung der Tanzintensität als Codierung der **Entfernung der Nahrungsquelle** kann in Klasse 9/10 zu mathematischen Erweiterungen führen. Naheliegend ist die Interpretation des Bienentanzes als Polarkoordinaten (Winkelangabe plus Entfernungsangabe), ggf. lassen sich hiervon ausgehend auch Kugelkoordinaten thematisieren. Darüber hinaus lässt sich auch die Darstellung der Entfernungsdaten als Potenzfunktion mit Hilfe einer Regression (hier: $y \approx 73x^{-0,42}$ in Abb. 8) behandeln und als rein beschreibende Modellbildung auch ggf. problematisieren (vgl. Förster 2000).

Genau genommen übermittelt der Schwänzeltanz keine genauen Koordinaten, sondern eher ein Zielgebiet der Futterstelle. Wie beim Rundtanz werden die „letzten Meter" mithilfe erfahrener Sammelbienen oder durch den Geruch der Blütenpflanzen gemeistert. Zudem muss die Tanzintensität für die Entfernung der jeweiligen Situation angepasst werden, da nach Tautz (2001) „die Tanzbiene als Maß für den Weg zum Futter nicht eine Entfernung, sondern eine Summe von Bildern an[gibt]. […] Darum sucht eine Biene, die über eintönige Weizenfelder fliegt, in viel weiterer Entfernung als ihre Genossin, die sich über einer abwechslungsreicheren Landschaft bewegt – und das, obwohl beide ihre Informationen von derselben Tänzerin bekommen haben." (Vgl. auch Esch et al. 2001).

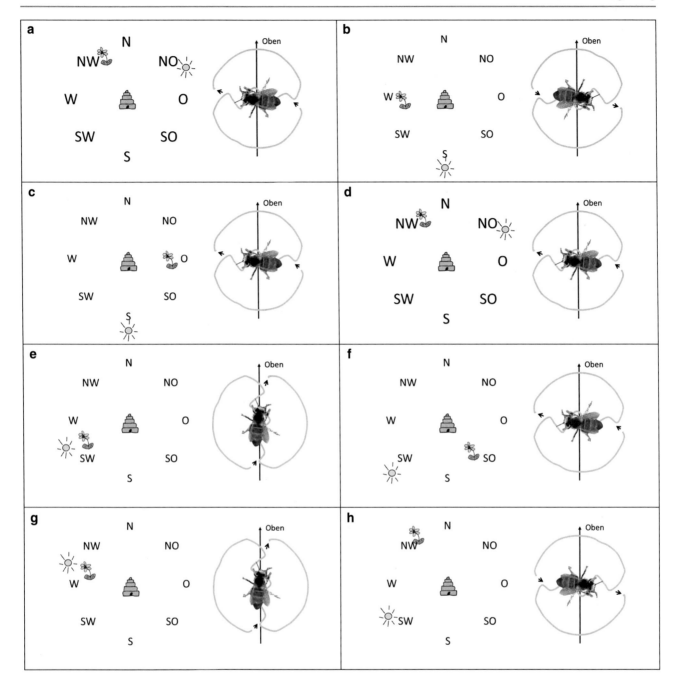

Abb. 5 Zu Aufgabenstellung 1: Erkunde den Schwänzeltanz der Bienen

Als Quellen für weitere **Vertiefungen** zu diesem Thema empfehlen wir: 1) Die interaktiven Experimentiersituationen von Mallig, 2) HOBO (HOneyBee Online Studies) von Tautz, sowie 3) den Artikel von Fred C. Dyer (2002): The Biology of the Dance Language (vgl. Onlinequellen).

2.2 Die Form der Bienenwaben

Eine weitere faszinierende Tatsache: Die **Optimalität der Sechseckwaben** – in dem Sinne, dass ein Minimum an Material (Wachs) für ein Maximum an Fläche (bzw. Volumen)

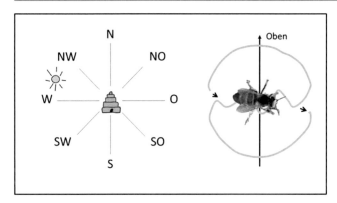

Abb. 6 Zu Aufgabenstellung 2: Zeichne die Nahrungsquelle ein

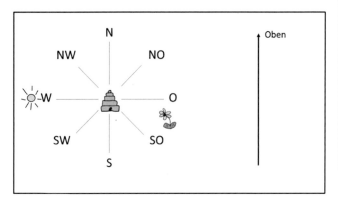

Abb. 7 Zu Aufgabenstellung 3: Wie tanzt die Biene

Tab. 1 Codierung der Entfernung durch Tanzintensität

Entfernung / m	Umläufe / 15 s
100	10
200	8
500	6
1000	4
2000	3
10.000	1,5

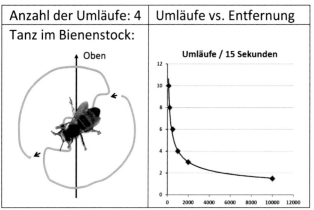

Abb. 8 Zu Aufgabenstellung 4: Wo liegt die Nahrungsquelle?

für die Zellen der Brut eingesetzt wird. Die Größe der Zellen variiert dabei zwischen ca. 5,3 mm Durchmesser bei einer Tiefe von ca. 11 mm für Arbeiterinnen und 6,9 mm bei einer Tiefe von 14 mm bei Drohnen. Da diese Zellenarten im Brutraum aber gehäuft und zudem geordnet vorkommen, kann man als sehr gute Näherung die Optimierung dieser Zellen auf eine Optimierung einer Parkettierung der Ebene mit regulären n-Ecken zurückführen.

Die Frage, mit welchen regulären Vielecken man die Ebene lückenlos füllen kann, führt zu einem lohnenswerten geometrischen Problem, bei dem die Schüler*innen der Klassen 7/8 diese Parkette konstruieren und dabei die Werte der folgenden Tabelle messen und berechnen können (Tab. 2). Mit der Spalte „Vollwinkel" ist dabei gemeint, wie viele n-Ecke in einem Punkt lücken- und überschneidungslos zusammenkommen können (bzw. müssten).

(Ebene) **Parkettierungen** ergeben sich also nur für Drei-, Vier- und Sechsecke. Fünfecke führen zu einer räumlichen Ecke, ab dem Siebeneck überlappen sich drei Polygone bereits, da die Innenwinkel größer als 120° sind. Die Anschlussfrage, nach der Möglichkeit mit drei Polygonen eine räumliche Ecke zu bilden, kann zu platonischen Körpern führen.

Die folgende Tabelle (Tab. 3) gibt bei einer Seitenlänge von $s = 1$ (bzw. Radius $r = 1$) den Umfang U, also den Materialaufwand an Wachs für die Waben, die Fläche A, sowie die Verhältnisse Fläche pro Materialaufwand (A/U) und Materialaufwand pro Fläche (U/A) für ein (gleichseitiges) Dreieck, Quadrat und (reguläres) Sechseck. Die „Biene als Mathematiker" hat also das Optimum unter den möglichen Polygonen „gewählt": Das Verhältnis von Materialaufwand und Fläche, und somit auch für das Volumen, ist am günstigsten beim Sechseck.

Einfacher zu interpretieren ist der isoperimetrische Ansatz mit konstantem Umfang, da dies zu direkt vergleichbaren Ergebnissen führt. Bei gleichem Umfang ist das Vieleck mit der größeren Fläche günstiger (Tab. 4).

Diesen Zusammenhang kann man in einem **Experiment** zeigen (Abb. 9): Ein festes geschlossenes Kunststoffband (ca. 1 m) wird zunächst zu einem gleichseitigen Dreieck gespannt. Dann werden kleine (in Bezug auf den Umfang) farbige Kugeln in das Dreieck geschüttet, bis das Dreieck ausgefüllt ist. Daraufhin wird das Dreieck in ein Quadrat umgespannt. Es entsteht freie Fläche, in die Kugeln (am besten einer anderen Farbe) gefüllt werden können. Zuletzt wird das Kunststoffband zu einem regelmäßigen Sechseck gespannt. Es wird wieder Fläche frei und in diese Fläche

Tab. 2 Parkettierung der Ebene mit regulären n-Ecken

	Innenwinkel-summe	Innenwinkel-größe	Anz. d. Ecke für „Vollwinkel"	Parkettierung	(räumliche Ecke)
Dreiecke	180°	60°	6	Ja	Ja
Vierecke	360°	90°	4	Ja	Ja
Fünfecke	540°	108°	$3\frac{1}{3}$	Nein	Ja
Sechsecke	720°	120°	3	Ja	Nein
Sieben- (8-, 9-, …) -ecke	$\geq 900°$	$\geq 128\frac{4°}{7}$	< 3	Nein	Nein

Tab. 3 Fläche in Abhängigkeit des Umfangs (konstante Seitenlänge $s = 1$)

	U	A	A/U	U/A
Dreieck	3	$\frac{1}{4} \cdot \sqrt{3}s^2 = \frac{1}{4} \cdot \sqrt{3}$	$\frac{\sqrt{3}}{12} \approx 0{,}144$	$\approx 6{,}928$
Quadrat	4	$s^2 = 1$	$\frac{1}{4} = 0{,}25$	4
Sechseck	6	$\frac{3}{2} \cdot \sqrt{3}s^2 = \frac{3}{2} \cdot \sqrt{3}$	$\frac{3\sqrt{3}}{12} \approx 0{,}433$	$\approx 2{,}309$
Kreis	2π	$\pi r^2 = \pi$	$\frac{\pi}{2\pi} = 0{,}5$	2

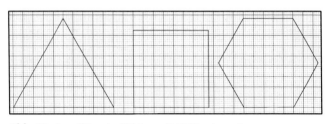

Abb. 10 Auszählen der Flächen mit Millimeterpapier

Tab. 4 Fläche in Abhängigkeit des Umfangs (konstanter Umfang $U = 1$)

	U	s	A
Dreieck	1	$\frac{1}{3}$	$\frac{1}{36} \cdot \sqrt{3} \approx 0{,}04811$
Quadrat	1	$\frac{1}{4}$	$\frac{1}{16} = 0{,}0625$
Sechseck	1	$\frac{1}{6}$	$\frac{3}{72} \cdot \sqrt{3} \approx 0{,}07216$
Kreis	$1 = 2\pi r$	$r = \frac{1}{2\pi}$	$\frac{1}{4\pi} \approx 0{,}07957$

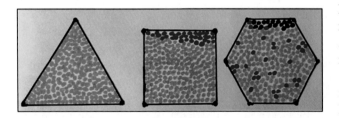

Abb. 9 Isoperimetrie: Füllexperiment mit farbigen Kugeln

können wieder Kugeln gefüllt werden. (Idee: WDR 2010; Kopfball Folge 92).

Alternativ kann man auch die zu vergleichenden Vielecke mit gleichem Umfang vor einem Koordinatensystem grafisch darstellen und die kleinen Quadrate im Gitter auszählen lassen (Abb. 10).

Die Frage nach der flächengrößten Figur mit konstantem Umfang führt in der Ebene bekanntlich als Lösung des klassischen isoperimetrischen Problems zum Kreis. Aber selbst mit optimal gelegten Kreisen lassen sich nur 90,7 %

der Fläche bedecken (Lagrange 1773, vgl. z. B. Nebe o. J.). Somit ergibt sich ausgehend vom Wert des Kreises in der Tab. 4 mit $0{,}07957 \cdot 0{,}907 = 0{,}07217$ bis auf $0{,}1‰$ das gleiche Ergebnis wie beim Sechseck.

2.3 Können Bienen tatsächlich optimieren? Und: Ein kurzer Blick auf weitere Fragestellungen

Bienenwaben stellen offensichtlich ein mathematisch optimales Sechseckparkett dar. Haben Bienen tatsächlich einen „mathematischen Verstand", den der Astronom und Mathematiker Johannes Kepler (1571–1630) ihnen zuschrieb?

Tatsächlich ist die Präzision der Wabenherstellung faszinierend und es gibt mehrere Theorien, die diese Genauigkeit zu erklären versuchen. Eine Erklärung fußt direkt auf dem Bauverhalten, wobei zwei Baubienen jeweils nur eine Seite einer Zellwand bearbeiten. Beide drücken das Wachs mit ihren Fühlern und schaben diesen kontinuierlich ab, bis die Wanddicke stimmt. Demnach hätten Bienen eine instinktive Vorstellung davon, wieweit die Wand diesem Druck nachgeben darf (vgl. Martin und Lindauer 1966; Bauer und Bienefeld 2013). Neuere Forschungsansätze nutzen Wärmebildkameras und beobachten direkt den Bauprozess (Pirk et al. 2004). Die Bienen stellen zunächst runde Wachsröhren und keine Sechseckprismen her, „stapeln" diese Röhren aber bereits als Kreispackungen, optimal „auf Lücke". In diese Zellen schlüpfen nun gleichzeitig Heizerbienen, die durch das schnelle Zittern ihre Muskeln die Wände und

Böden auf eine Temperatur von über 40 Grad Celsius bringen. Das durch die Wärme geschmeidige Wachs einer Röhre dehnt sich nun gleichmäßig aus, aber gleichzeitig wirken symmetrisch verteilt sechs Kraftquellen von außen, sodass jede der dicht gepackten Zellen auf Grund der mechanischen Spannung die geraden Wände der Bienenwabe ausbildet.

Zeigen Bienenwaben also „nur" ein ähnliches Phänomen wie zusammenstoßende Seifenblasen, die auch von selbst ebene Wände zwischen ihnen erzeugen? Irrte also Kepler mit dem mathematischen Verstand der Bienen? Nach Oeder und Schwabe (2017) kann diese Form aber nicht auf diese Weise entstehen, weil hierzu Temperaturen knapp unterhalb des Schmelzpunktes von Wachs liegen müssten. Sie vermuten, dass die Bienen direkt in ganzheitlicher Weise die Minimalfläche (vgl. z. B. Walser 2011) bauen. Das letzte Wort zum Thema Bienenwaben scheint also noch lange nicht gesprochen zu sein. Mit diesem Thema wären wir aber in jedem Fall über den Weg biologischer Theoriebildung wieder bei einem spannenden mathematischen Thema gelandet. Zum Abschluss nur der Hinweis, dass es weitere interessante mathematikhaltige Bezüge gibt, wie das Schwarmverhalten der Bienen und anderes mehr.

3 Rund um Bäume, Beete und Teiche

In diesem Abschnitt zeigen wir, wie typische Aktivitäten, die im Schulgarten regelmäßig auftreten, eingesetzt werden können, um Standardthemen des Mathematikunterrichts anwendungs- und handlungsorientiert zu unterrichten. Wir haben uns dabei auf Themen beschränkt, die nicht auf ganz bestimmte Pflanzen oder Tiere rekurrieren und zum größten Teil auch ohne einen Schulgarten durchgeführt werden können.

3.1 Höhenbestimmung von Bäumen

Motivation für die Bestimmung von Baumhöhen im Schulgarten kann natürlich die Frage sein, ob ein zu kaufender Baum in der Höhe zu den bereits stehenden passt. Erfahrungsgemäß benötigen die Schüler*innen aber keine explizite Motivation, um sich mit dieser Frage auseinanderzusetzen.

Es gibt zahlreiche Methoden, die Höhe eines Baumes zu bestimmen: Die Schattenmethode, Peilungen mit dem Daumen, einem einfachen Stock, Jakobsstab, Försterdreieck oder Theodoliten. Allen Methoden liegen stets mehr oder weniger deutlich die Strahlensätze oder trigonometrische Berechnungen zugrunde, lassen sich aber auch bereits mit maßstäblichen Zeichnungen durchführen. Je nach Vorkennt-

nissen können alle Vorgehensweisen in unterschiedlichsten Klassenstufen sinnvoll in den Mathematikunterricht einbezogen werden.

Ein Schwerpunkt sollte dabei immer wieder auf der **Fehleranalyse,** also der Frage der Genauigkeit dieser Messungen, liegen – auch im Vergleich unterschiedlicher Methoden. Hiermit ist, insbesondere in der Sek. I, keine klassische Fehlerrechnung gemeint. Wesentlicher ist es mit den Schüler*innen zu klären, dass: 1) jede Messung mit einem Messfehler behaftet ist, also stets nur eine Näherung an den „wahren Wert" einer Größe darstellt; 2) zu jeder Messung auch eine Abschätzung des Fehlers gehört, die ein Intervall angibt, in dem der wahre Wert liegt; 3) die Frage, ob ein absoluter Fehler groß oder klein ist, davon abhängt, wie groß die zu bestimmende Größe ist und mit welcher Genauigkeit man diese bestimmen möchte; 4) **Doppelrechnungen** eine gute Methode darstellen, auf einfache Weise eine Fehlerabschätzung durchzuführen, indem man neben der Rechnung mit dem gemessenen Wert auch weitere mit der theoretisch bestimmten größten Abweichung nach unten und oben (wahrer Wert ist tatsächlich kleiner/größer) durchführt.

Wir erläutern dies am Beispiel der **Höhenbestimmung einer Tanne mit Hilfe des Försterdreiecks,** d. h. eines gleichschenklig rechtwinkligen Dreiecks, mit dem die Krone des Baumes über die Hypotenuse angepeilt wird, indem man solange vom Baum weggeht, bis die Baumspitze bei waagerecht gehaltenem Dreieck „getroffen" wird (vgl. Abb. 11). Tannen oder Fichten eignen sich für erste Versuche, da man ihre Krone im Gegensatz zu Laubbäumen gut erkennen kann. Dreiecke lassen sich im Klassensatz sehr kostengünstig und einfach aus etwas stärkerem Papier falten und mit einer Miniwasserwaage bestücken. Auch ein Holzdreieck mit einem „Zielrohr" oder einfach zwei Nä-

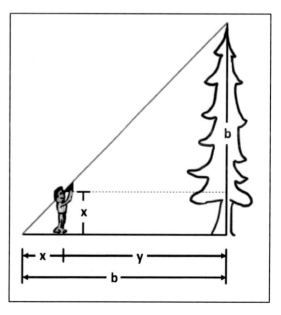

Abb. 11 Höhenmessung mit dem Försterdreieck

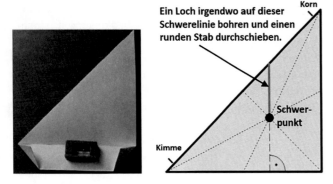

Abb. 12 Peilwinkel als Papier- und Holzmodell

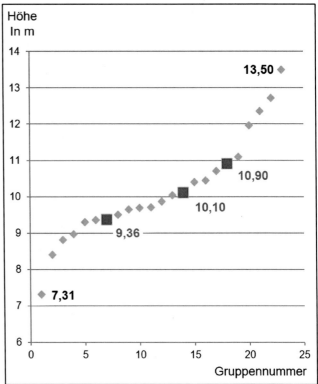

Abb. 13 Messergebnisse an der „Tanne" von 21 Gruppen

geln als „Kimme und Korn" für die Peilung lässt sich einfach herstellen und sollte auf Grund der größeren Genauigkeit der Peilung vorhanden sein (vgl. Abb. 12). Zu einer weiteren mathematischen Fragestellung kommt man, wenn man oberhalb des Dreiecksschwerpunktes bohrt und einen runden Stab durch dieses Loch steckt. Hält man das Dreieck an diesem Stab, dann sollte es sich von selbst richtig einpendeln – trotzdem ist eine Wasserwaage zur Kontrolle sinnvoll.

Wodurch kommt nun ein Messfehler zustande? Schüler*innen benennen sofort den Fehler bei der Bestimmung der Strecken x und y. Auch eine Abschätzung der absoluten Fehler (hier z. B. $\Delta x = 5$ cm und $\Delta y = 10$ cm) gelingt i. d. R. durch mehrfaches Messen. Hiermit lässt sich die Grundidee der **Doppelrechnung** einfach verdeutlichen: Eine Gruppe von Schüler*innen hat als Mittelwerte Strecken von $x = 1{,}20$ m und $y = 9{,}50$ m erhalten. Als minimale bzw. maximale Höhe für den Baum ergibt sich $b_{\min} = (1{,}20\ \text{m} - 0{,}05\ \text{m}) + (9{,}50\ \text{m} - 0{,}10\ \text{m}) = 10{,}55\ \text{m}$ bzw. $b_{\max} = (1{,}20\ \text{m} + 0{,}05\ \text{m}) + (9{,}50\ \text{m} + 0{,}10\ \text{m}) = 10{,}85\ \text{m}$. Die Höhe des Baumes müsste also im Intervall [10,55 m; 10,85 m] liegen. Eine zweite Gruppe ermittelt ein Intervall von [10,40 m; 10,70 m]. Diese Intervalle überlappen einander, man könnte das also auf ein gemeinsames Intervall [10,55 m; 10,70 m] einschränken. Aber eine dritte Gruppe bestimmt ein Intervall von [10,00 m; 10,30 m]. Was nun?

Die folgende Abb. 13 zeigt die (gemittelten und geordneten) Messergebnisse von 21 Gruppen (Fehlerintervalle sind der Übersichtlichkeit wegen nicht mit abgebildet) bei einer Tanne, deren Höhe von 10,10 m sorgfältig mit einem Theodoliten gemessen wurde (s. mittleres Quadrat). Die Ergebnisse der Gruppen müssten mit den ermittelten Fehlern $\Delta x = 5$ cm und $\Delta y = 10$ cm auf Grundlage der durchgeführten Doppelrechnung zwischen 9,95 m und 10,25 m liegen. Größere Abweichungen scheinen also nicht ungewöhnlich zu sein. Erst jetzt sind die Schüler*innen sensibilisiert

zu erkennen, dass weitere Fehlerquellen vorhanden sein müssen.

Tatsächlich entsteht der größte Fehler bei der Peilung des Winkels, unter dem die Spitze des Baumes gesehen wird – selbst dann, wenn beim Försterdreieck scheinbar (!) gar kein Winkel gemessen wird. Weitere Messungen, insb. von verschiedenen Personen, zeigen, dass Abweichungen des Winkels um bis zu 2 Grad nicht ungewöhnlich sind. Mit Hilfe einer maßstäblichen Zeichnung mit den Winkeln $43°$, $45°$ und $47°$, d. h. wiederum einer Doppelrechnung mit dem kleinsten und größten möglichen Peilwinkel, lässt sich das Fehlerintervall [9,36 m; 10,90 m] bestimmen (s. linkes und rechtes Quadrat in Abb. 13). Steht Trigonometrie zu Verfügung, können die Schüler*innen dies auch rechnerisch ermitteln. Hiermit lässt sich auch die Beobachtung, dass das Fehlerintervall nicht symmetrisch um den Messwert liegt, mit der Nichtlinearität der trigonometrischen Funktionen begründen.

Eine mathematisch spannende Ergänzung ist die Frage nach dem optimalen Peilwinkel, wenn man Winkel variabel messen kann – z. B. mit einem Theodoliten. Die Höhe ergibt sich dann im Wesentlichen aus der gemessenen Strecke zum Theodolit und dem Tangens des Peilwinkels. Steht man „zu weit weg" vom Baum, misst man einen kleinen Winkel und erhält damit einen großen relativen Peilfehler. Geht man aber „zu nahe" heran, um den Peilwinkel möglichst groß zu machen, wird der relative Fehler bei der Streckenmessung groß. Tatsächlich liegt der optimale Messwinkel nahe bei 45 Grad (vgl. Humenberger 1999). Das Försterdreieck ist also ein adäquates Messgerät.

3.2 Rechte Winkel, Kreise und Ellipsen

Die Anlage oder Bepflanzung von Beeten führt Schüler*innen in vielfältiger Weise zu den Fragen der Formen bzw. der Anordnungen von Formen. Die typische und vorherrschende Beetform im (Schul-) Garten ist rechteckig. Ungewöhnliche Formenvielfalt entwickelte sich in Barockgärten, wie z. B. den Herrenhäuser Gärten in Hannover, doch zum größten Teil sind auch diese Formen aus wenigen und einfachen Grundkonstruktionen zusammengesetzt: Rechte Winkel, Kreise und Ellipsen sowie Strecken (vgl. Lageplan der Herrenhäuser Gärten von 1763, s. Online-Quellen). Wir werden uns im Wesentlichen diesen Basiselementen widmen. Insbesondere beim Anlegen von Beeten und neuen Teilen des Schulgartens haben diese Konstruktionen einen authentischen Anlass, aber auch das Nachvollziehen dieser Konstruktionen motiviert Schüler*innen, über diese nachzudenken. Mit den später vorgestellten, erweiterten Möglichkeiten lassen sich insbesondere in höheren Klassen anspruchsvolle Anwendungen erzielen. Wir behandeln mehrere Methoden und benutzen diese parallel im Schulgarten. Auch wenn wir in diesem Abschnitt meist nicht mehr explizit auf Fehlerbetrachtungen eingehen, können diese hier ebenfalls sinnvoll behandelt werden.

Herstellen rechter Winkel

Zum Abstecken rechter Winkel in Beeten bietet sich das **Knotenseil** an, eine einfache und effektive Methode, die bereits im antiken Ägypten zum Ausmessen der Felder nach Nilhochwassern benutzt wurde und auf der Umkehrung des pythagoräischen Satzes fußt: Wenn die Seitenlängen eines Dreiecks ein pythagoräisches Tripel (x, y, z) bilden, d. h. $x^2 + y^2 = z^2$, dann ist dieses rechtwinklig. Kontenseile lassen sich aus ca. 1,5 m langen Seilstücken selbst herstellen, indem 13 äquidistante Knoten mit mind. 10 cm Abstand, um den relativen Fehler kleinzuhalten, geknotet werden. Der 13. Knoten ist sinnvoll, da es erfahrungsgemäß einfacher ist, den ersten und letzten Knoten aufeinanderzulegen, als einen gemeinsamen Knoten herzustellen – auch das notorische Verknoten bzw. Verdrillen der Seile löst sich so durch schlichtes Loslassen auf. Naturfasern sind ökologisch korrekt(er), wir empfehlen trotzdem gut sichtbare und wetterfeste Produkte, die üblicherweise bei Berufen wie Gartenbauer oder Steinsetzer Anwendung finden (Abb. 14).

Auch mit einem **Zollstock** (eigentlich Gliedermaßstab) lassen sich rechte Winkel abmessen. Hat der Zollstock 12 Glieder, kann man leicht ein pythagoräisches Tripel bilden. Während die üblichen Zollstöcke aus 10 Gliedern mit den

Abb. 14 Lehrer*innen messen mit dem Knotenseil

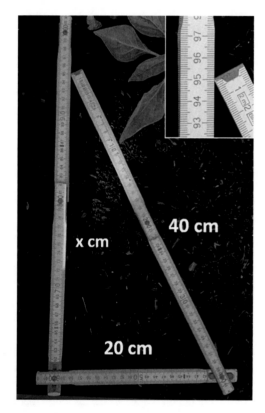

Abb. 15 Rechter Winkel mit einem Zollstock

Längen 20 cm (2-m-Stab) oder 10 cm (Meterstab) bestehen und gerade dies damit nicht ermöglichen, gibt es inzwischen ein größeres Angebot an 3 m-Versionen mit 15 Gliedern. Im Internet findet man Anleitungen der folgenden Art: „Biege die Gelenke vom Zollstock wie sie im Bild (vgl. Abb. 15). Stelle nun die Spitze vom ersten Glied so ein, dass die Spitze zwischen die 95-cm- und 95,1-cm-Markierung zeigt. Du erhältst an einer Ecke des Zollstocks einen rechten Winkel." Der Arbeitsauftrag „Begründe, warum sich ein rechter Winkel ergibt" liegt auf der Hand. Die Rechnung ergibt:

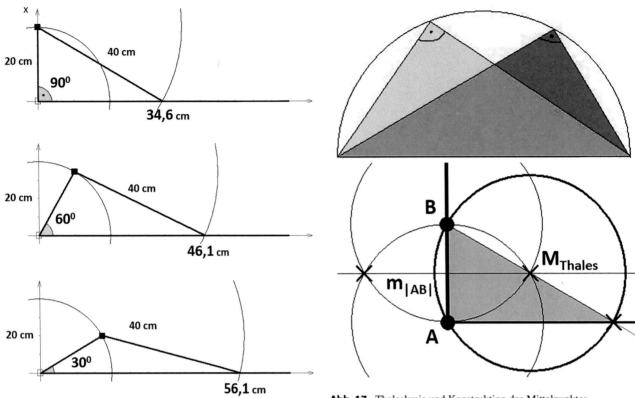

Abb. 16 Herstellung eines Winkels mit 90°, 60° bzw. 30°

Abb. 17 Thaleskreis und Konstruktion des Mittelpunktes

$(20 \text{ cm})^2 + x^2 = (40 \text{ cm})^2$, also $x^2 = (40 \text{ cm})^2 - (20 \text{ cm})^2$ und somit $x \approx 34{,}64$ cm. Der berechnete Ort auf der Skala ist also 60 cm + 34,64 cm = 94,64 cm. Das sind fast, aber eben nicht ganz, die angegebenen 94,(1)cm. Die Klärung, warum das Internet mit etwas anderen Maßen arbeitet, ist das nächste (aber leicht zu lösende) mathematische Problem.

Die Frage, wie sich auch andere Winkel mit einem Zollstock herstellen lassen, führt zunächst weg aus dem konkreten Anwendungsgebiet im Schulgarten, aber direkt zu nichtlinearen funktionalen Abhängigkeiten zwischen Winkel und Streckenlängen – und somit ggf. zu einer propädeutischen Vorbereitung trigonometrischer Überlegungen (vgl. Abb. 16). Die Möglichkeiten, weitere Winkel abzumessen, können für Beete benutzt werden – auch eine Übertragung dieser Verhältnisse auf ein Knotenseil ist möglich.

Auch der **Satz des Thales** führt zu einfach konstruierten und sehr genauen rechten Winkeln (vgl. Abb. 17). Interessant ist die Umkehrung: Wenn ich an einer bestimmten Stelle A im Beet einen rechten Winkel mit dem Schenkel AB erzeugen möchte, wie kann ich dann den Mittelpunkt M und den zweiten Schenkel des rechten Winkels anlegen? Eine (!) mögliche Konstruktion ist in Abb. 17 dargestellt.

Mittels der **Diagonalengleichheit** lässt sich die Genauigkeit der im Beet erzeugten Rechtecke gut überprüfen. Als letzte Methode möchten wir das Arbeiten mit einer ggf.

selbstgebauten **Winkelscheibe** oder einem **Theodoliten** erwähnen (vgl. Abb. 18): Das Peilen und Einstellen der 0°-Linie, dem Einstellen von 90° und erneutes Peilen ist eine adäquate Methode bei großen Entfernungen, auch um das Aufnehmen einer Peilung mit der Hilfe von Messlatten zu üben.

Herstellen von Kreisen und Ellipsen

Jede Mathematiklehrkraft hat schon von der sogenannten **Gärtnerkonstruktion der Ellipse** (Abb. 19) gehört, aber, so unsere Erfahrungen von Fortbildungen: fast niemand hat sie jemals durchgeführt.

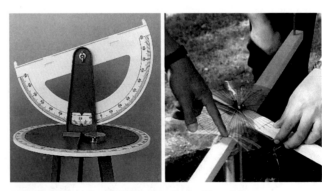

Abb. 18 Theodolit und Winkelscheibe im Unterricht

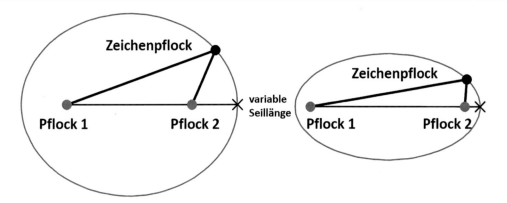

Abb. 19 Verschiedene Ellipsen mit der Gärtnerkonstruktion

An kaum einer anderen Stelle ist der Aphorismus von Johann Wolfgang von Goethe „Denken ist interessanter als Wissen, aber nicht als Anschauen" so berechtigt wie hier (Goethe 1907). Geometrie „wie die Griechen" auf einer Sandfläche zu betreiben, wird zwar meist nur als ein Bonus gesehen, den ein Schulgarten bieten kann, aber gerade in dieser Möglichkeit zeigt sich etwas, was in vielen Unterrichtsanlässen – nicht nur in Mathematikstunden – oft fehlt: Die greifbare Faszination in den Gesichtern der Schüler*innen, aber auch der Mathematiklehrenden, wenn der Zeigepflock nach und nach die Formen einer Ellipse aus dem Sand herausholt (Abb. 20). Und: Die in den Sand gezeichneten Figuren lassen, eher als mit dem Computer hergestellte scheinbar vollkommene Zeichnungen, das von Euklid postulierte Verhältnis zwischen einem gezeichneten und damit grundsätzlich unvollkommenen Bild eines Kreises und der nur im Geiste existierenden vollkommenen Idee des Kreises spürbar machen.

Auch der **Kreis** als geometrischer Ort mit konstanter Entfernung von einem (Mittel-)Punkt wird von Schüler*innen neu erlebt, wenn die „technische Konstruktion" mit Hilfe eines Zirkels durch einen festen Pflock, den Zeichenpflock und ein einfaches Seilstück ersetzt wird. Die Frage, was bei zwei festen Pflöcken und einer hinreichend langen Schnur zwischen diesen beiden „passiert", führt manchmal tatsächlich zur Entdeckung der Ellipsen. Welche Figuren sich bei drei oder mehr Pflöcken ergeben, führt zu weiteren faszinierenden, wenn auch nicht vollständig durchdringbaren, Fragestellungen. Letzteres ist nur realisierbar, wenn man Doppelseile, also Schlingen, verwendet. Diese sind aber auch bei der Herstellung der Ellipsen schon sinnvoll, da man mit einem einfachen, an die beiden Pflöcke angebundenen Schnur stets beim Zeichnen absetzen müsste.

Ein weiterer Vorteil besteht darin, dass selbst einfache Aufgabenstellungen durch die neue Perspektive und die vollständige Reduktion auf Zirkel und „Lineal" (Wie zeichnet man eigentlich Geraden bzw. Strecken, wenn man kein

Abb. 20 Geometrie auf der Sandfläche (Lehrer*innenfortbildung mit den Autoren)

Lineal hat?) eine neue Herausforderung bieten. Im großen Format müssen die Schritte bewusster durchgeführt werden, im Heft lassen sich Lösungen leichter vorausschauen und ggf. „schummelnd", d. h. mit nicht erlaubten Konstruktionsschritten, zeichnen.

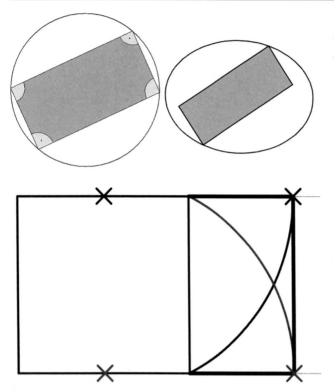

Abb. 21 Zu Aufgabenstellungen b), d) und e)

Wir starten meist mit folgenden Aufträgen: Legt euch ein Beet in den nachfolgenden Formen an:

a) Kreis, Quadrat, Rechteck, gleichseitiges Dreieck, gleichschenkliges Dreieck, …;
b) Kreis mit eingeschriebenem Rechteck (vgl. Abb. 21);
c) Quadrat, Rechteck, … mit ein- oder umbeschreibendem Kreis;
d) Ellipse, z. B. auch mit Rechteck mit zwei gegenüberliegenden Ecken auf der Ellipse (vgl. Abb. 21);
e) Nebenbei bemerkt: Auch ein Beet im Goldenen Schnitt lässt sich anlegen (vgl. Abb. 21).

Die Lösungen im Sand sind in der Regel kreativer, die Schüler*innen motivierter, sich modellierend mit diesen eigentlich rein innermathematischen Fragestellungen auseinanderzusetzen.

Diese Konstruktionen lassen sich auch auf frisch geharkten, zur Aussaat bzw. Bepflanzung vorgesehenen Beeten realisieren – und selbst mit Straßenmalkreide statt des Zeichenpflocks auf dem Schulhof durchführen. Das Konstruieren im Sand ist aber die schönste und eleganteste Art, da falsche Ansätze sich einfach durch die feinkörnige Struktur leichter wegrechen lassen und die wieder neu geglättete Fläche auf einen neuen Ansatz wartet … Hier empfiehlt sich der Einsatz von gebranntem, feinkörnigem Quarzsand (Baustoffhandel oder Baumärkte), der auch beim Verfugen von Pflaster zum Einsatz kommt. Ein letzter Praxistipp für den Einsatz auf dem Schulhof: Wenn man die Fläche mit Holz- oder Metalleinfassungskanten begrenzt, kann ggf. nach Ende der Unterrichtssequenz alles zur Wiederverwendung für den nächsten Durchgang einlagert werden.

3.3 Flächen- und Volumenbestimmung am Schulteich

Der ganze Schulgarten, aber insbesondere der Lebensraum in und um den Schulteich regt zu faszinierenden biologischen bzw. naturwissenschaftlichen Beobachtungsaufgaben an. Hierzu zählen etwa das Beobachten von Wasserläufern und Libellen sowie Amphibien oder sogar Fischen in ihrem Lebensraum. Auch weitere Tiergruppen wie Säuger oder Vögel nutzen das Biotop und lassen sich hier oft beobachten. Die Bestimmung von Populationsgrößen ist mit Hilfe von Wiederfangmethoden (Capture-Recapture) grundsätzlich durchführbar (vgl. Förster und Klingenberg 2017). Bereits beim Anlegen eines Teiches im Schulgarten, aber auch bei dessen Pflege, treten zahlreiche mathematische Berechnungen auf, wie Volumenabschätzung des Teiches, Materialverbrauch, zu erwartende Kosten und vieles mehr. Wir behandeln hier exemplarisch die Flächen- und Volumenbestimmung eines Schulteiches als Anwendungsgebiet des

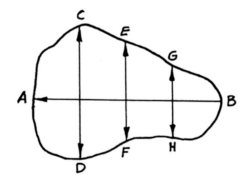

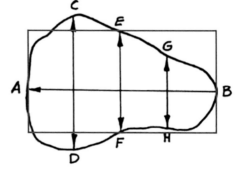

Abb. 22 Flächenbestimmung am Teich (AID 2005, Bearb. FF)

inhaltsbezogenen Bereiches Messen und Größen. Der Lebensraum „Wasser im Garten" sollte daher in einem zeitgemäßen ökologischen Schulgarten nicht fehlen und bietet Anknüpfungsmöglichkeiten für mathematische Themen.

Um das Volumen des Teiches abschätzen zu können, muss zunächst dessen **Oberfläche** bestimmt werden. In AID (2005) findet sich folgende Methode: „Bei der Bestimmung der Größe der Wasserfläche sind die Mathematiker gefragt. Mit zwei oder drei Maßbändern können die Strecken für Länge und Breite gemessen und in einen grob gezeichneten Teichplan eingetragen werden. Da die Strecken bei der Breite meist unterschiedlich sind, muss hier der Mittelwert bestimmt und mit der Länge multipliziert werden." (S. 21) Hierzu wird folgendes Beispiel angegeben (Abb. 22). Mit den Längen $|AB| = 12$ m, $|CD| = 8$ m ,$|EF| = 6$ m und $|GH| = 4$ m ergibt sich ein Mittelwert von 6 m in der Breite und mit der Rechnung $12\,\text{m} \cdot 6\,\text{m} = 72\,\text{m}^2$ eine Teichfläche „abzüglich der Rundungen [von] $65 - 70\,\text{m}^2$" (ebd.).

Spätestens dieser letzte Satz wirft die Frage auf, wie genau dieses Verfahren zur Bestimmung der Fläche des Teiches ist. Was meint „abzüglich der Rundungen"? Abb. 22 zeigt im Rechteck die berechnete Fläche von 72 m². Tatsächlich liegen einige Flächen des Teichs außerhalb des Rechtecks, aber größere Flächen innerhalb des Rechtecks gehören nicht zum Teich. Insofern ist es plausibel, dass die Teichfläche kleiner als diese 72 m² ist, aber wie kommt die Schätzung $65 - 70\,\text{m}^2$ zu Stande? Die Beantwortung dieser Frage führt zu der weiterführenden Überlegung, für welche Flächenformen diese Näherung „Längere Seite mal Mittelwert aus drei Messungen der kürzeren Seite" eine adäquate Näherung ergibt. Muss der Abstand der Breitenmessungen äquidistant sein? Und wie lässt sich die Korrektur des Ergebnisses quantifizieren? Zum anderen wirft sie aber auch die Frage nach einer genaueren Methode auf.

Gedacht ist hier in der Sek. I eher an die Verwendung eines Quadrasters für die Bestimmung der Oberfläche (Abb. 23): Unproblematisch ist die Messung der Längen (evtl. bis auf die Frage, wo hört der Rand des Teiches auf, wo fängt die Wasserfläche an, bei schilfigem Ufer). Wie aber erreiche ich die Parallelität bzw. Orthogonalität der Messstrecken? Wieder ein spannendes und authentisches geometrisches Problem, das aber letztlich mit Hilfe des Messens und Erzeugens von rechten Winkeln in hinreichender Genauigkeit bewältigbar ist.

Mit Hilfe von einfachem Auszählen (für das Innere des Teiches ist auch die Verwendung eines gröberen Rasters, ggf. auch in Form von Rechtecken, denkbar) und Maßstabs-rechnung ergibt sich ein hinreichend guter Näherungswert für die Teichfläche. Die in Abb. 22 skizzierte Form des Teiches beruht letztlich auf nur acht Datenpunkten, die „Pi mal Daumen" zu einer Teichform ergänzt wurden. Die

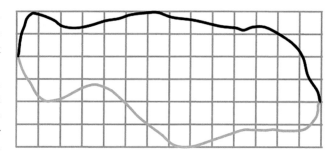

Abb. 23 Flächenbestimmung am Teich mit Quadratraster

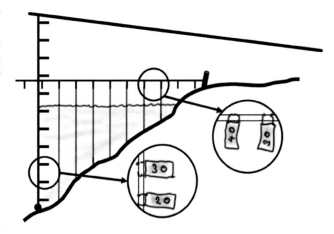

Abb. 24 Tiefenmessung am Teich

Größe dieses Fehlers hängt stark von der Form des Teiches ab und ist somit kaum quantifizierbar, bei der zuletzt angesprochenen Methode dagegen schon. Wenn die Messpunkte hinreichend fein gesetzt sind (oder die Lehrperson benutzt Google-Earth), kann man in der Sek. II die Umrisse des Teiches auch nachmodellieren und die Fläche per Integration bestimmen.

Will man zusätzlich das **Volumen** des Teiches bestimmen – biologisch betrachtet meist die relevantere Fragestellung – so reicht eine einfache „Angel" (d. h. ein fester Stock) mit einer wasserfesten Angelschnur, einem Lotgewicht (meist reichen 100 g) und äquidistanten laminierten Markierungen (Abstand z. B. 10 cm) als Messinstrument aus (Abb. 24). Die Messpunkte des Rasters können so zur Tiefenlinie ergänzt werden.

Mit hinreichend vielen Messungen lässt sich das Volumen über die Volumina einzelner Quader berechnen – oder sehr einfach mit einer Tabellenkalkulation modellieren (Abb. 25): Die Tabelle entspricht dem ermittelten Raster mit Eintragungen der gemessenen Tiefe. Die Darstellung als Säulendiagramm ohne Lücken zwischen den Säulen führt (nach 3-D Drehung) zu einer räumlichen Ansicht des Teiches.

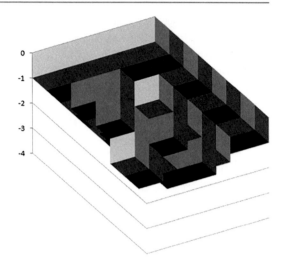

1	2	3	4	5	6	7	8
-1	-1	-1	-1	-1	-1	-1	-1
-1	-2	-2	-2	-2	-2	-2	-1
-1	-3	-4	-4	-3	-3	-2	-1
-1	-1	-2	-3	-2	-3	-2	-1
-1	-1	-1	-1	-1	-1	-1	-1

Abb. 25 Tabelle mit Raster der Messpunkte und Modell des Teiches mit einer Tabellenkalkulation gezeichnet

3.4 Ein kurzer Blick auf weitere Fragestellungen

Auch das sogenannte **Fluchten** kommt im Schulgarten vor: Dies kann je nach Problemstellung die Verlängerung einer Geraden bzw. Strecke bei geraden Wegen, aber auch das Ausrichten von Punkten entlang einer Geraden sein, wenn beispielsweise Bäume in einer Reihe gepflanzt werden sollen. Besonders interessant sind diese Fragestellungen, wenn Hindernisse die direkte Peilung verhindern und Durchstoß-punkte ermittelt oder Parallelen konstruiert werden müssen. Aber selbst das Schneiden einer Hecke in einheitlicher Höhe wird zur problemlösend und praktisch erlebten Geometrie für die Schüler*innen.

Eine weitere sehr schöne Aufgabenstellung kann die **Triangulation** des Geländes und damit die Herstellung eines maßstäblichen Planes des Geländes sein. Diese lässt sich mit hinreichender Genauigkeit mit Winkelscheibe oder Theodolit durchführen – hat durch die alltägliche Zugänglichkeit von Vogelperspektivaufnahmen (Google Maps) aber leider kaum noch Relevanz. Trotzdem: Schafft man es, die Schüler*innen anfänglich dafür zu motivieren, „läuft es" erfahrungsgemäß unproblematisch weiter.

Wann kann man aus einem meist leicht zu ermittelnden Umfang eines Baumes auf dessen **Durchmesser** schließen? Wenn der Stamm des Baumes kreisförmig ist, entspricht der Durchmesser des Baumes dem des Kreises. Es fällt aber schnell auf, dass der Begriff Durchmesser bei einem Baum alles andere als klar ist. Die übliche Definition in der Baumwirtschaft als „kleinster Abstand plus größter Abstand geteilt durch 2" wirft Fragen auf: Was heißt Abstand und warum gerade kleinster plus größter? Bei Ellipsen führt eine analoge Definition bzgl. der Halbachsen zur näherungsweisen Flächenberechnung $A = \pi \cdot a \cdot b \approx \pi \cdot ((a + b)/2)^2$

und im Spezialfall $(a = b = r)$ zum exakten Wert beim Kreis.

4 Rund um Pflanzen

In diesem Abschnitt zeigen wir, wie Standardthemen des Biologieunterrichts den Mathematikunterricht bereichern können. Wir beschränken uns auf Pflanzen, die üblicherweise im Schulgarten vorkommen, aber auch ohne Schulgarten einfach zu beschaffen sind – insbesondere einfacher als Tiere des Schulgartens. Die Themen sind zum Teil komplex, aber kognitiv aktivierend, wenn es gelingt, das Material stets nur soweit vorzustrukturieren, dass die Schüler*innen auf ihrem jeweiligen Niveau Zusammenhänge selbst entdecken und zumindest ansatzweise begründen können. Im Sinne einer natürlichen Differenzierung muss nicht jeder Lernende alles selbst entdecken, muss nicht alles lernen, was das Thema zu bieten hat: Fördern durch Fordern, Lernchancen gewähren, aber den Einzelnen nicht überfordern, indem klar definiert wird, was als Basiswissen von allen Schüler*innen gelernt werden soll und was als „Add-On" von einigen zusätzlich gelernt werden kann.

4.1 Wasseraufnahme bei der Quellung

Das Vorquellen von Saatgut ist eine gängige Methode, um die Entwicklung der Keimlinge zu beschleunigen und die Zeit bis zur Reifung zu verkürzen. Diese Gartenroutine kann im Mathematikunterricht für systematische Untersuchungen genutzt werden. Wir haben Versuche mit Feuerbohnen (in Österreich auch Käferbohne genannt) und der Buschbohne „Saxa" durchgeführt, die ca. 24 h in Pet-

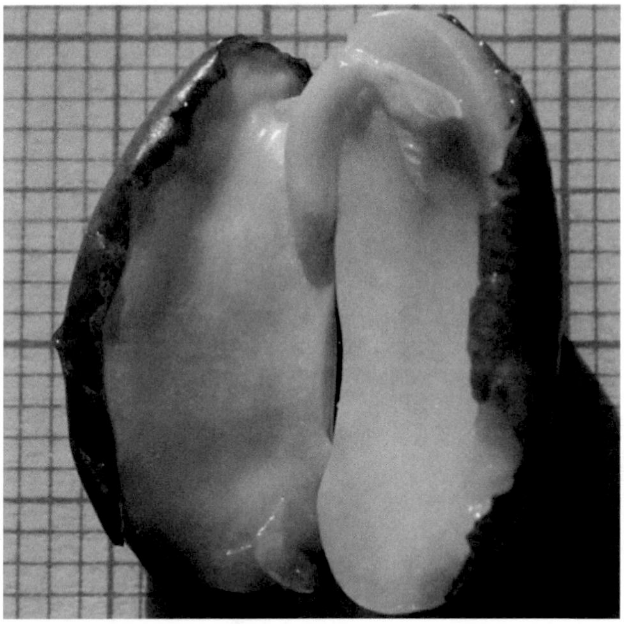

Abb. 27 Innenansicht eines geöffneten Bohnensamens

Abb. 26 Gequollene Bohnensamen („Saxa") in einer Petrischale

rischalen in Wasser eingelegt wurden (vgl. Abb. 26). Dieser erste Schritt der Individualentwicklung von Samenpflanzen kann als fächerverbindende Zusammenarbeit bereits in der Klasse 5 bzw. 6 mit dem Ziel einer statistischen Beschreibung erfolgen. Auch die Kerncurricula für Biologie (bzw. Naturwissenschaften) sehen die Keimung als Thema vor.

Pflanzensamen sind vielzellig und besitzen als komplexe Überdauerungsorgane der Pflanzen(gruppe) einen bereits entwickelten Pflanzenembryo. Aus tier- oder humanzentrierter Sicht ist der Zustand der „Samenruhe" schwer vorstellbar: Ein Individuum im embryonalen Entwicklungsstadium wird durch sukzessiven Wasserentzug in der weiteren Entwicklung gehemmt. Samen enthalten meist nur noch 5 bis 15 Gewichtsprozent Wasser – sind aber nicht „tot"! Diese Austrocknung ermöglicht es der zukünftigen Pflanze erst, Monate oder Jahre in einer Phase extrem niedriger Stoffwechselraten zu überdauern. Bei gequollenen Bohnensamen ist der bereits entwickelte Pflanzenembryo wieder leicht zu erkennen (Abb. 27).

Die Zeitspannen möglicher Entwicklungsvorteile der Pflanzen durch die Vorquellung unterscheiden sich erheblich zwischen den Pflanzenarten, was daran begründet liegt, dass die Samen sehr verschieden gebaut sind. Die folgende Tabelle gibt die Gewichte für eine Versuchsreihe im trockenen und gequollenen Zustand an (Tab. 5). An Daten wie diesen können **grundlegende Methoden der beschreibenden Statistik** behandelt werden: Das Ordnen der Urliste und deren grafische Darstellung, die Bestimmung von Lage- sowie ggf. auch Streuparametern, die Darstellung zweidimensionaler Datensätze als Punktdiagramm und **Re-**

gression in höheren Klassenstufen. Wir zeigen einige wenige dieser Punkte an diesem Datensatz.

Als erstes können die Daten der Größe nach geordnet und die Mediane (1,335 g bzw. 0,32 g) ermittelt werden. Die arithmetischen Mittel liegen mit 1,36 g bzw. 0,32 g sehr nahe an den Medianen (relative Abweichung ca. 1,8 % bzw. 0 %). Ein mathematischer Exkurs zeigt die Übereinstimmung von Median und arithmetischem Mittel bei eher symmetrischen Verteilungen sowie deren Abweichung bei links- oder rechtsschiefen. Ebenso kann man sehen, und hiermit auch plausibel mathematisch begründen, dass sich die mit Vorzeichen versehenen Abweichungen vom Mittelwert gerade ausgleichen.

Nach der Wasseraufnahme zeigt sich folgendes Bild (Abb. 28). Es ist (im Gegensatz zur Saxa) auffallend, dass die Daten bei den Feuerbohnen deutlich „schwanken" und die Masse nicht linear in Abhängigkeit von der Trockenmasse steigt. Diese Beobachtung führt zu der Idee, die Zunahme funktional darzustellen und eine lineare Regression durchzuführen (Abb. 29). Die Datenpunkte bei Saxa liegen „sehr gut" auf der Ausgleichsgeraden (Korrelationskoeffizient $r \approx 0{,}98$), weichen bei den Feuerbohnen aber deutlich ab ($r \approx 0{,}72$).

Bei der Feuerbohne nimmt die relative Massezunahme mit größerer Trockenmasse deutlich ab, bei der Bohne Saxa aber nur leicht. Das könnte am Verhältnis von Oberfläche zu Volumen liegen, das bei der kleineren Saxa günstiger als bei der Feuerbohne ist. Darum könnte jene in der gegebenen Zeit besser Wasser aufnehmen (vgl. Experimente von Louf

Tab. 5 Feuerbohne und Bohne „Saxa" trocken und nach der Wasseraufnahme in der Petrischale

Feuerbohne	trocken [g]	nach Quellung [g]	Saxa	trocken [g]	nach Quellung [g]
1	1,66	3,43	1	0,26	0,59
2	1,33	2,19	2	0,37	0,82
3	1,71	3,02	3	0,28	0,63
4	1,58	2,78	4	0,39	0,87
5	1,32	2,87	5	0,34	0,74
6	1,32	2,82	6	0,31	0,67
7	1,37	3,03	7	0,33	0,74
8	0,99	2,38	8	0,26	0,63
9	0,98	2,32			
10	1,34	2,45			

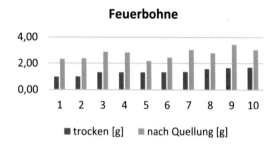

Abb. 28 Feuerbohnen und Saxa im trockenen und gequollenem Zustand

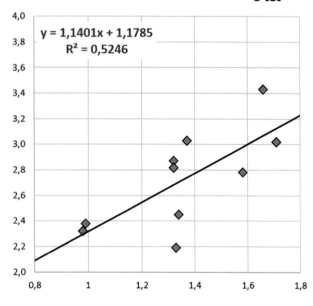

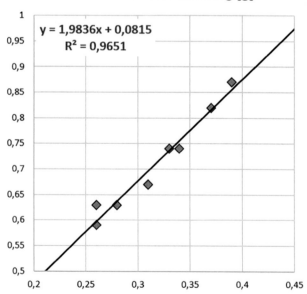

Abb. 29 Regressionsgeraden – Feuerbohnen und Saxa im trockenen und gequollenem Zustand

et al. 2018 an Sojasamen). Da Bohnen im Wesentlichen aber nur über einen einzigen „Punkt", den Nabel, Wasser aufnehmen, kann diese Vermutung nicht zutreffen, wie ein Experiment zeigt. Wenn man diesen Nabel z. B. mit Knete abdichtet, quellen die Bohnen nicht. Vermutlich hat also nur die Zeit zur vollständigen Quellung für die Feuerbohnen nicht ausgereicht. Vielleicht sind die Ergebnisse aber auch nur Artefakte, die sich aus der geringen Anzahl der Messdaten ergeben. Mathematik führt hier zu einem Thema, das sich für weiteres forschendes Lernen eignet, gerade, weil es kaum empirische Daten dazu gibt.

4.2 Phyllotaxis und der goldene Winkel

Betrachtet man die Blattstellung (Phyllotaxis) unterschiedlicher Pflanzen, so fällt auf, dass die Blätter nicht zufällig angeordnet sind. Die grundsätzlichen Wachstumsarten, die wir hier besprechen, sind bei den üblichen im Schulgarten (auch wild) wachsenden Pflanzenarten gut zu erkennen. Wir haben hier überall häufig vorkommende Pflanzenarten als Beispiele in Übersichts- bzw. Detailaufnahmen dargestellt. Die später folgende Einordnung in die biologische Taxonomie sollte natürlich nicht am Anfang der Beschäftigung stehen, sondern aus dem Untersuchen und Kategorisieren verschiedenster Pflanzen im Schulgarten entstehen.

Grundsätzlich kann man unterscheiden, ob dem Knoten am Spross genau ein Blatt entspringt (wechselständig) oder mehrere Blätter einem Knoten entspringen können (gegenständig). Da bei den wechselständigen Blättern keines der Blätter auf der gleichen Höhe steht und das nächsttiefere Blatt in der Regel nach dem gleichen (Divergenz-) Winkel aus dem Spross wächst, entsteht hier ein spiraliges oder disperses Wachstum (vgl. Abb. 30). Der häufig auftretende Spezialfall mit dem Divergenzwinkel von 180 Grad wird alternierend genannt, da die Spirale der Blätter hier auf ein „Springen" zwischen den Sprossseiten reduziert wird (vgl. Abb. 31).

Beim gegenständigen Wachstum stehen sich meist zwei Blätter gegenüber (vgl. Abb. 32). Sind diese in der nächs-

Abb. 31 Süßgras; alternierende Blattstellung (je 180 Grad versetzt)

ten Ebene um 90 Grad gedreht, spricht man von kreuzgegenständig (Abb. 33). Entspringen mehr als zwei Blätter aus demselben Knoten, spricht man, in Anlehnung an einen Küchenquirl, auch von quirligem (wirteligem) Wuchs (Abb. 34).

Im Unterricht können die verschiedenen Wachstumsarten in **Blattstellungsdiagrammen** (Abb. 35, vgl. Ortlieb et al. 2013) codiert werden: Man schaut von oben auf den Spross (Mitte). Die Kreise entsprechen jeweils einem Knoten und geben von innen nach außen die Richtung der Blätter von der Spitze der Pflanze nach unten an.

Das Messen und Zeichnen der Winkel ist ebenso mathematikhaltig wie das Entwickeln dieser (oder ähnlicher von den Schüler*innen vorgeschlagener!) Darstellungsarten. Kriterium ist neben dem leichten und schnellen Herstellen der Diagramme, bei der praktischen Arbeit im Garten, auch das leichte Verstehen des mathematischen Codes und die korrekte Rekonstruktion der Pflanzenstellung. Spätestens bei der Herstellung der Diagramme zum spiraligen Wachstum wie z. B. in Abb. 36 (links) bei einem Divergenzwinkel von 135°-Winkel, geht es um möglichst genaues Messen und Darstellen der Winkelgrößen. Eine Diagrammvorlage (Abb. 36 rechts) hilft beim Messen und je nach Pflanzenart kann man die Aufnahme der Winkelgrößen auch handelnd durchführen: Die Schüler*innen ziehen die Pflanze Knoten für Knoten durch ein Loch in der Mitte der Diagrammvorlage (festes Papier!), notieren die Blätter und entfernen diese dann, um zum nächsthöheren Knoten weiterzuschieben.

Das spiralige Wachstum ist mit seinen weitreichenden Bezügen z. B. zu den **Fibonaccizahlen** und dem **goldenen**

Abb. 30 Knoblauchsrauke Alliaria petiolata; spiralige Blattstellung (je ca. 120 Grad versetzt)

Abb. 32 Rote Lichtnelke Silene dioica; gegenständige Blattstellung

Abb. 33 Gefleckte Taubnessel Lamium maculatum; kreuzgegenständige Blattstellung

Abb. 34 Kletten-Labkraut Galium aparine; wirtelige Blattstellung

Schnitt ein „Wunder der Mathematik", das keiner Schülerin und keinem Schüler vorenthalten werden sollte (vgl. z. B. den Film Nature by Numbers). Der Divergenzwinkel wird im Allgemeinen als Divergenzbruch, d. h. als Anteil des Vollwinkels angegeben. Beispielsweise entspricht der Winkel von 120° (z. B. Sauergräser) dem Divergenzbruch $\frac{1}{3}$. Zähler und Nenner geben nun die Anzahl der Umläufe an, bevor 2 Blätter wieder genau übereinanderstehen, und die Anzahl der Blätter, die bis dahin spiralig durchlaufen werden. Der Divergenzbruch $\frac{3}{8}$ kann also so interpretiert

werden, dass nach 3 Umläufen und 8 Blättern eine Periode erreicht ist (z. B. bei Astern). In Tab. 6 sind Beispiele für Pflanzen mit spiraligem Wachstum aufgelistet (Tab. 6) – genau genommen ist es die sogenannte Schimper-Braun'sche Hauptreihe der Blattstellungen, die Anfang des 19. Jahrhunderts zu dieser Theorie geführt hat (vgl. Adler et al. 1997). In der Spalte der Divergenzbrüche fällt auf, dass Zähler und Nenner jeweils Folgen von aufeinander folgenden Fibonaccizahlen sind. Die Folge konvergiert gegen den **goldenen Winkel** $\Psi \approx 137{,}51°$. Noch deutlicher sieht man den Zusammenhang mit dem goldenen Schnitt, wenn man berücksichtigt, dass jede Drehung um $\frac{z}{n}$ in eine Richtung auch einer Drehung um $\frac{n-z}{n} = 1 - \frac{z}{n}$ in die Gegenrichtung entspricht. So betrachtet hat man eine fortlaufende Quotientenfolge der Fibonaccizahlen $\frac{F(i)}{F(i+1)}$, die bekanntermaßen gegen $1 - \Phi = \frac{1}{\Phi}$, den Kehrwert des goldenen Schnittes konvergiert.

Neben vielen Abbildungen findet man auch immer wieder Computersimulationen im Netz, mit denen man experimentieren und komplexe Blattstellungsdiagramme herstellen kann (Abb. 37).

Wie bei jeder mathematischen Modellbildung in der Biologie reden wir auch hier von idealisierten Werten: „In real plants, however, the spiral pattern is not always perfect. The observed disturbances in the pattern are believed to reflect the presence of random fluctuations – regarded as noise – in phyllotaxis." (Rafahi et.al. 2016). Trotzdem: Der goldene Winkel bzw. die Näherungen an diesen führen zu einer (nahezu) optimalen Nutzung des Sonnenlichtes zur Photosynthese. Es ergibt sich, ähnlich wie bei den Bienenwaben, die Frage: Wie führt die „Pflanze als Mathematikerin" diese Optimierung durch? Auch für die Phyllotaxis gibt es neben

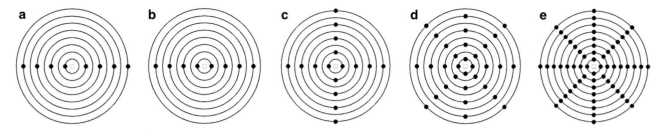

Abb. 35 Blattstellungsdiagramme **a** alternierend, **b** gegenständig, **c** kreuzgegenst., **d** wirtelig-kreuzg., **e** wirtelig-geg

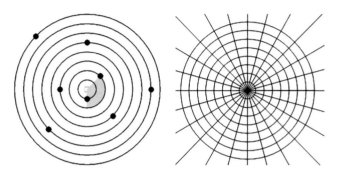

Abb. 36 spiralig/dispersiv 135° und Vorlage zum Aufnehmen des Diagramms

rein deskriptiven auch kausale (und stochastische) biologische Modelle (vgl. z. B. Hellwig und Neukirchner 2010).

4.3 Ein kurzer Blick auf weitere Fragestellungen

Pflanzen, Pilze und Tiere mit **Symmetrien,** mit einer, zwei, vielen Symmetrieachsen oder Symmetriepunkten, sind ebenfalls ein wichtiges und authentisch im Schulgarten zu unterrichtendes Thema des Mathematikunterrichts. Wir nutzen Material aus dem Garten (Abb. 38) sowie Spiegel, halbdurchlässige Spiegel, Zirkel und Lineal oder auch DGS zum Erzeugen und Überprüfen von Symmetrien. Auch hier

die Erkenntnis: Perfekte Symmetrie gibt es nicht in der Realität, sondern nur in der Ideenwelt der Mathematik.

5 Ein kurzes Fazit

Schulgärten werden sich auch in der Zukunft verändern, aber sie werden immer Möglichkeiten für fächerübergreifenden und anwendungsorientierten Mathematikunterricht bieten. Es gibt zwar viele Anwendungen der Mathematik, die leider durch das Internet und mathematische Programme (scheinbar) trivialisiert sind, da Ergebnisse ohne jegliche Anstrengung online ermittelt werden können. In der Umgebung des Schulgartens erhalten diese Aufträge aber neues Leben, werden wieder zu spannenden authentischen Problemstellungen.

Wir haben hoffentlich mit unseren wenigen Beispielen gezeigt, dass es auf jedem Niveau möglich ist, sowohl Standardthemen, die ohnehin im Mathematikunterricht vorkommen, als auch mathematisch und biologisch interessante Erweiterungen mit Hilfe eines Schulgartens noch anschaulicher und schülerorientierter zu gestalten. Die Handlungs- und Anwendungsorientierung garantiert natürlich nicht eine automatische Differenzierung, vereinfacht diese aber in jedem Fall, indem stets eine realistische Situation zu Beginn steht und diese natürlich differenzierend auf unter-

Tab. 6 Schimper-Braun'sche Hauptreihe der Blattstellungen, Quelle (ergänzt): Ellenbracht und Langenbruch (2003)

Pflanzenbeispiele	Anz. d. Umläufe	Divergenzbruch $\frac{z}{n}$	Divergenzwinkel	$\frac{n-z}{n} = 1 - \frac{z}{n}$
Gräser, Liliengewächse	1	$\frac{1}{2}$	180°	$\frac{1}{2}$
Sauergräser	1	$\frac{1}{3}$	120°	$\frac{2}{3}$
Rose, Hasel, Birke	2	$\frac{2}{5}$	144°	$\frac{3}{5}$
Aster, Kohl, Wegerich	3	$\frac{3}{8}$	135°	$\frac{5}{8}$
Hauswurz, Zapfen der Weymouthskiefer	5	$\frac{5}{13}$	138,5°	$\frac{8}{13}$
Zapfen der Waldkiefer, Schwarzkiefer, Fichte	8	$\frac{8}{21}$	137,1°	$\frac{13}{21}$
Korbblütler	13	$\frac{13}{34}$	137,6°	$\frac{21}{34}$
Gänseblümchen	21	$\frac{21}{55}$	137,46°	$\frac{34}{55}$
Sonnenblume	34	$\frac{34}{89}$	137,53°	$\frac{55}{89}$

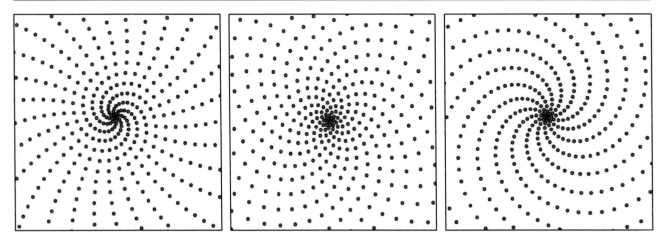

Abb. 37 Computersimulationen mit den Divergenzwinkeln 136,5°, 137,5° und 138° (Programm Phyllotaxis s. Onlinequelle)

Abb. 38 Symmetrien bei Pflanzen, Pilzen und Tieren

schiedliche Weise von den Schüler*innen wahrgenommen und bearbeitet werden kann.

Last but not least wollen wir den Leserinnen und Lesern noch etwas mitgeben: Respekt vor fachübergreifendem Unterrichten ist verständlich und auch vernünftig, da man sicheres Terrain verlässt und plötzlich nicht mehr die Fachfrau oder der Fachmann im Mathematikunterricht ist. Aber

ebenso wie bei diesem Autorenteam: Sie können sich an der Schule Partner*innen suchen und mit gemeinsamer Planung viele dieser Unwägbarkeiten und Hindernisse positiv in gemeinsames Lernen umsetzen. Vielleicht hat Ihre Schule ja schon einen Schulgarten, vielleicht warten die Biologiekolleginnen und -kollegen aber auch nur auf Sie, um einen solchen zu realisieren. Wagen Sie den ersten Schritt!

Literatur

Adler, I., Barabe, D., Jean, R.V.: A history of the study of phyllotaxis. Ann Bot **80**(3), 231–244 (1997). https://doi.org/10.1006/anbo.1997.0422

Bauer, D., Bienefeld, K.: Hexagonal comb cells of honeybees are not produced by a liquid equilibrium process. Naturwissenschaften **100**, 45–49 (2013). https://doi.org/10.1007/s00114-012-0992-3

Birkenbeil, H.: Schulgärten, planen und anlegen; erleben und erkunden; fächerverbindend nutzen. Ulmer, Stuttgart (1999)

Bucklin-Sporer, A., Pringle, K.R.: How to grow a school garden. Timber Press, Portland (2010)

Comenius, J. A.: Große Didaktik: Die vollständige Kunst, alle Menschen alles zu lehren. In: Flitner, A. (ed.) Klett-Cotta, Stuttgart (2008/2018)

Dyer, F. C.: The biology of the dance language. Annu. Rev. Entomol. **47**, 917–949 (2002). https://www.msu.edu/user/fcdyer/pubs/Dyer-DanceRev.pdf. Accessed: 2. April 2020

Esch, H., Zhang., S., Srinivasan, M., Tautz, J.: Honeybee dances communicate distance by optic flow. Nature. **411**, 581–583 (2001). https://www.ncbi.nlm.nih.gov/pubmed/11385571. Accessed: 2. April 2020

Ellenbracht, F., Langenbruch, B.: Architektur des Lebens. Volk und Wissen, Berlin (2003)

FAO – Food and Agriculture Organization of the United Nations (ed.): Setting up and running a school garden. Rome, pp. 208 (2005). https://www.fao.org/3/a0218e/A0218E04.htm#ch3. Accessed: 2. April 2020

Förster, F.: Anwenden, Mathematisieren, Modellbilden. In: Tietze, U.-P. u. a. (eds.) Mathematikunterricht in der Sekundarstufe II., S. 121–150. Vieweg, Braunschweig (2000)

Förster, F., Klingenberg, K.: Naturwissenschaftliche Kompetenzen fördern: Biologie und Mathematik fächerverbindend im Schulgarten unterrichten. In: Gebhard, U., Hammann, M., Knälmann, B. (eds.) Bildung durch Biologieunterricht (2015). https://www.biodidaktik.de/upload/downloads/1443164473.pdf. Accessed: 2. April 2020

Förster, F., Klingenberg, K.: Wie viele Bänderschnecken gibt es? Mit einem mathematischen Modell Populationsgrößen bestimmen. Unterricht Biologie **41**(423), 17–23 (2017)

Goethe, J. W. v.: *Maximen und Reflexionen. Aphorismen und Aufzeichnungen*. Nach den Handschriften des Goethe- und Schiller-Archivs hg. von Max Hecker, Verlag der Goethe-Gesellschaft, Weimar 1907. Aus dem Nachlass. Über Natur und Naturwissenschaft

Hellwig, H., Neukirchner, T.: Phyllotaxis – Die mathematische Beschreibung und Modellierung von Blattstellungsmustern. Math. Semesterber. **57**(1), 17–56 (2010). https://doi.org/10.1007/s00591-009-0064-8

Humenberger, H.: Längen- und Winkelmessungen bei der Höhenbestimmung von Türmen. Optimierung und Fehlerbetrachtungen. In: Maaß, J., Blum, W. (Hrsg.) Materialien für einen realitätsbezogenen Mathematikunterricht. Schriftenreihe der ISTRON-Gruppe Band 5, S. 51–64. Franzbecker, Hildesheim (1999)

Infodienst, A.I.D.: Lernort Schulgarten – Projektideen aus der Praxis. 3939. Medien-Haus Plump, Bonn (2005)

Klingenberg, K., Rauhaus, E. K.: Schulgartenunterricht in Lehrer- und Schülerurteil: Ergebnisse einer empirischen Untersuchung zu Interessen, Zielen, Kompetenzerwerb und transferiertem Wissen. [www.ifdn.tu-bs.de/didaktikbio/projekte/schulgarten/forschung/Klingenberg+Rauhaus_2005.pdf (2005). Accessed: 2. April 2020

Klingenberg, K.: Aktuelle Schulgartenarbeit in Forschung und Praxis: von Querschnittsthemen bis zur Fächervielfalt. URL/doi: www.digibib.tu-bs.de/?docid=00056263 (2014). Accessed: 2. April 2020

Klingenberg, K.: Biodiversität schaffen und vermitteln durch mobiles Schulgärtnern. Möglichkeiten und Perspektiven. In: Jäkel, L., Frieß, S., Kiehne, U. (Hrsg.) Biologische Vielfalt. Erleben, wertschätzen, nachhaltig nutzen, durch Bildung stärken, S. 105–124. Shaker, Hamburg (2020)

Louf, J.-F., Zheng, Y., Kumar, A., Bohr, T., Gundlach, C., Harholt, J., Poulsen, H.F., Jensen, K.H.: Imbibition in plant seeds. Phys. Rev. E **98**, 042403 (2018). https://doi.org/10.1103/PhysRevE.98.042403.Accessed02April2020

Martin, H., Lindauer, M.: Sinnesphysiologische Leistungen beim Wabenbau der Honigbiene. Z. Vergl. Physiol. **53**(3), 372–404 (1966). https://doi.org/10.1007/BF00298103

Nebe, G.: Dichte Kugelpackungen: [https://www.math.rwth-aachen.de/homes/Gabriele.Nebe/papers/Kugelpackungen.pdf (o.J.). Accessed: 2. April 2020

Oeder, R., Schwabe, D.: Evidence that no liquid equilibrium process is involved in the comb building of honey bees (Apis Mellifera). Oberhess Naturwiss Zeitschr. **67**, 8–27 (2017)

Ortlieb, C.P., Dresky, C., Gasser, I., Günzel, S.: Mathematische Modellierung. Springer, Wiesbaden (2013)

Pirk, C.W.W., Hepburn, H.R., Radloff, S.E., Tautz, J.: Honeybee combs: construction through a liquid equilibrium process? Naturwissenschaften **91**(7), 350–353 (2004). https://doi.org/10.1007/s00114-004-0539-3

Tautz, J.: Tanzsprache: Lügende Bienen enthüllen die Wahrheit. https://idw-online.de/de/news35065 (2001). Accessed: 2. April 2020

Tautz, J.: Die Erforschung der Bienenwelt. Neue Daten – neues Wissen. Audi-Stiftung, Ingolstadt (2014)

Walder, F.: Der Schulgarten in seiner Bedeutung für Unterricht und Erziehung. Klinkhardt, Bad Heilbrunn (2002)

Walser, H.: *Modell der Minimalfläche im Oktaeder*. https://www.walser-h-m.ch/hans/Miniaturen/M/Minimalflaeche/Minimalflaeche.pdf (2011). Accessed: 2. April 2020

Winkel, G.: Das Schulgartenhandbuch. Kallmeyer, Seelze (1997)

Winter, H.: Mathematik entdecken Neue Ansätze für den Unterricht in der Grundschule. Cornelsen Scriptor, Frankfurt a. M. (1994)

Winter, H.: Mathematikunterricht und Allgemeinbildung (1996). ISTRON-Schriftenreihe **8**, 6–15 (2003)

Online-Quellen

Bienentanz (Schwänzeltanz) https://www.youtube.com/watch?v=u-ULhPpC-Osk. Accessed: 2. April 2020

Christóbal Vila: Nature by Numbers (2010). https://www.youtube.com/watch?v=kkGeOWYOFoA. Accessed: 2. April 2020

HOneyBee Online Studies von Prof. Dr. Jürgen Tautz (Universität Würzburg) https://www.hobos.de/de/. Accessed: 2. April 2020

Karl Frisch: Die Tänze der Bienen (1949). https://www.mediathek.at/portaltreffer/atom/1F19F37F-2D4-0025A-00001549-1F1948AD/pool/BWEB/. Accessed: 2. April 2020

Lageplan der Herrenhäuser Gärten 1763. https://de.wikipedia.org/wiki/Herrenh%C3%A4user_G%C3%A4rten#/media/Datei:Herrenh%C3%A4user_G%C3%A4rten_1763.jpg. Accessed: 2. April 2020

Mallig – interaktive Experimentiersituationen. https://www.mallig.eduvinet.de/bio/7insekt/7btanz1.htm. Accessed: 2. April 2020

Programm Phyllotaxis (Hartmut Rehlich): https://www.remath.de/xhomepage/Fibonacci/Phyllotaxis.exe. Accessed: 2. April 2020

Lebensversicherungen im Mathematikunterricht als Beitrag zur Verbraucherbildung

Gerd Hinrichs

1 Idee von Versicherungen

Versicherungen sind ein relevantes Thema mit großer Zukunftsbedeutung für alle Schülerinnen und Schüler. Zwar hat die Bedeutung der klassischen Kapitallebensversicherung in den letzten Jahren wegen des anhaltend sehr geringen Zinsniveaus am Kapitalmarkt für Versicherungsunternehmen und Versicherte deutlich an Attraktivität verloren.[1] Risikolebensversicherungen sind jedoch zur Absicherung von größeren Darlehen (z. B. zur Immobilienfinanzierung) nach wie vor üblich. Auch zahlreiche andere Versicherungen bauen auf ähnlichen Methoden und Modellen auf (Ausgleich von erwarteten Versicherungsprämien und -leistungen bei privater Rentenversicherung, Berufsunfähigkeitsversicherung, Unfallversicherung u. a.).

Im Kern geht es bei **Versicherungen** darum, dass Einzelne sich gegen finanzielle Folgen persönlicher Risiken absichern, indem sie einem **Kollektiv** beitreten, aus dem der Schaden zumindest teilweise finanziell abgeschwächt wird. Wenn sich viele Personen in dem Kollektiv zusammentun, dann muss jeder für ein relativ unwahrscheinliches persönliches Risiko nur einen relativ geringen Beitrag (die Versicherungsprämie) zahlen.[2] Voraussetzung ist, dass sich der Scha-

den statistisch abschätzen lässt, damit auf der Basis versicherungsmathematischer Methoden berechnet werden kann, welche Prämien von den Versicherten zu zahlen sind, damit das Versicherungsunternehmen sein Leistungsversprechen erfüllen kann. Bei anderen Produkten (z. B. Kauf eines Gegenstandes – ein PKW oder ein Smartphone) ist üblicherweise die wesentliche Leistung bekannt, sodass auch die Gegenleistung einfacher ausgehandelt werden kann. Bei Versicherungen geht es jedoch um Leistungen in der Zukunft; der Versicherte erkauft mit seinen **Versicherungsprämien** ein gewisses **Leistungsversprechen** des Versicherungsunternehmens, von dem bei Vertragsabschluss noch nicht bekannt ist, ob oder wann die Leistung fällig wird und wie lange die Versicherungsprämien gezahlt werden: stirbt ein Versicherter einer Lebensversicherung kurz nach Abschluss der Versicherung, werden nur wenige Prämien an das Versicherungsunternehmen gezahlt, die vereinbarte Leistung wird aber schnell fällig. Erreicht ein Versicherter einer Berufsunfähigkeitsversicherung das Rentenalter gesund, hat er lange Versicherungsprämien gezahlt, ohne überhaupt eine Leistung vom Versicherungsunternehmen zu erhalten. Versicherungsprämien können daher ohne **stochastische Modelle** nicht kalkuliert werden. Dennoch muss jede Person selbst abwägen, wie hoch für sie **subjektiv** ein möglicher finanzieller Schaden wäre und ob sie bereit ist, die von dem Versicherungsunternehmen verlangte Prämie zu zahlen.

2 Zinsen vorwärts und rückwärts – Barwerte

Fundamental für viele Modellierungen in der Finanzmathematik ist die Berechnung von **Zinsen** und **Zinseszinsen**; diese bilden auch den Ausgang der Modellierung von Lebensversicherungen, um Zahlungen, die zu verschiedenen Zeiten erfolgen, miteinander vergleichen zu können:

Wird ein Anfangskapital von z. B. 1.000€ für ein Jahr mit einem Zinssatz von $p\%$ (p.a.) verzinst, so ist es nach einem

---

[1]Der amtlich festgelegte Höchstrechnungszins für Lebensversicherungen, den die Versicherungsunternehmen höchstens zur Berechnung von Deckungsrückstellungen verwenden dürfen, liegt seit Februar 2017 bei 0,9 %, vgl. https://de.wikipedia.org/wiki/Höchstrechnungszins (geprüft am 27.09.2020).

[2]In sogenannten Rückversicherungen können sich Versicherungsunternehmen selbst auch wieder in einem Kollektiv von Versicherungsunternehmen gegen unerwartete Häufungen von Schadensfällen absichern und von der Versicherungsaufsicht (überwacht von der BaFin) geforderte Eigenmittel kollektivieren (vgl. Schmidt 2012, Kap. 9).

G. Hinrichs (✉)
Studienseminar Leer für das Lehramt an Gymnasien, Leer, Deutschland
E-Mail: gerd.hinrichs@ulricianum-aurich.de

Jahr auf $1.000€ \cdot \left(1 + \frac{p}{100}\right)$ angewachsen. (Abbildung erstellt mit GeoGebra):

1000 €   ? €
+———————————————+
t=0   t=1

$\cdot \left(1 + \frac{p}{100}\right)$

Wird ein Anfangskapital von z. B. 1.000€ für mehrere Jahre bei gleichem Zinssatz $p\%$ (p.a.) angelegt, so wächst das Kapital nach z. B. vier Jahren auf $1.000€ \cdot \left(1 + \frac{p}{100}\right)^4$ an. Allgemein wächst ein Kapital K_0 nach n Zinsperioden bei einem Zinssatz von $p\%$ auf $K_n = K_0 \cdot \left(1 + \frac{p}{100}\right)^n$ an. (Abbildung erstellt mit GeoGebra):

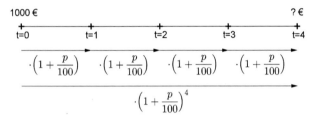

Bei Lebensversicherungen zahlt der Versicherte unter Umständen über einen langen Zeitraum Versicherungsprämien, die über Zinseszinseffekte weiter anwachsen. Die Gegenleistung des Versicherungsunternehmens erfolgt eventuell erst in ferner Zukunft. Um die Zahlungen vergleichbar zu machen, berechnet man in der Finanzmathematik den Barwert von Zahlungsströmen, die zu einem gemeinsamen Zeitpunkt aufgezinst werden, wenn die Zahlungen in der Vergangenheit liegen bzw. abgezinst werden, wenn sie in der Zukunft liegen. Der **Barwert** ist also der aktuelle Wert von Zahlungen zu verschiedenen Zeitpunkten unter Berücksichtigung von Zinseszinsen. Weil die konkrete Laufzeit einer Lebensversicherung nicht bekannt ist, erscheint es sinnvoll, sämtliche Zahlungen auf den Beginn der Versicherung **abzuzinsen** (zu diskontieren); man erhält dann die Barwerte der Leistung und der Gegenleistung am Beginn der Versicherung. Die Berechnung von Barwerten ist nun eine einfache Umkehraufgabe zur obigen Zins- und Zinseszinsberechnung:

Soll ein Kapital nach einem Jahr bei Verzinsung mit einem Zinssatz von $p\%$ (p.a.) z. B. 1.000€ hoch sein, so ist dafür ein Anfangskapital von $\dfrac{1.000€}{1 + \frac{p}{100}}$ nötig, dies ist der entsprechende Barwert des Kapitals (Abbildung erstellt mit GeoGebra):

? €   1000 €
+———————————————+
t=0   t=1

$: \left(1 + \frac{p}{100}\right)$

Analog sieht die Situation aus, wenn z. B. nach vier Jahren ein Kapital 1.000€ betragen soll. Bei einer Verzinsung mit dem Zinssatz $p\%$ (p.a.) ist dafür ein Anfangskapital von $1.000€ \cdot \left(1 + \frac{p}{100}\right)^{-4}$ nötig, allgemein ist der Barwert eines Kapitals K_n nach n Zinsperioden bei einem Zinssatz von $p\%$ gleich $K_0 = K_n \cdot \left(1 + \frac{p}{100}\right)^{-n}$. (Abbildung erstellt mit GeoGebra):

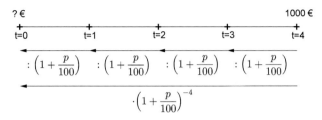

Wird ein Kapital aus mehreren Zahlungen zu unterschiedlichen Zeitpunkten gebildet, so ist der Barwert des Kapitals gleich der Summe der einzeln abgezinsten Barwerte der Zahlungen (Abbildung erstellt mit GeoGebra):

? €   100 €   500 €   200 €   1000 €
+————+————+————+————+
t=0   t=1   t=2   t=3   t=4

$\cdot \left(1 + \frac{p}{100}\right)^{-1}$

$\cdot \left(1 + \frac{p}{100}\right)^{-2}$

$\cdot \left(1 + \frac{p}{100}\right)^{-3}$

$\cdot \left(1 + \frac{p}{100}\right)^{-4}$

Nimmt man z. B. einen gleichbleibenden Zinssatz von 3% (p.a.) an, so lässt sich der Barwert eines Kapitals, das aus Zahlungen von 100€ nach einem Jahr, von 500€ nach zwei Jahren, von 200€ nach drei Jahren und von 1.000€ nach vier Jahren besteht, wie folgt berechnen:

$$K_0 = 100€ \cdot 1{,}03^{-1} + 500€ \cdot 1{,}03^{-2} + 200€ \cdot 1{,}03^{-3}$$
$$+ 1000€ \cdot 1{,}03^{-4} = 1.639{,}90€$$

3   Berücksichtigung unterschiedlicher Sterbewahrscheinlichkeiten

Jüngere Menschen haben tendenziell ein geringeres Sterberisiko als ältere Menschen. Dies muss bei der Kalkulation von Lebensversicherungen berücksichtigt werden. Bei Le-

Tab. 1 Auszug aus Periodensterbetafeln und Unisex-Modellierung (Statistisches Bundesamt 2017)

Alter	Lebende männlich	Lebende weiblich	Lebende gemischt (50:50)		Alter	Lebende männlich	Lebende weiblich	Lebende gemischt (50:50)		Alter	Lebende männlich	Lebende weiblich	Lebende gemischt (50:50)
20	99.347	99.479	99.413		36	98.453	99.063	98.758		52	95.442	97.350	96.396
21	99.302	99.460	99.381		37	98.365	99.019	98.692		53	95.033	97.116	96.075
22	99.260	99.443	99.352		38	98.267	98.973	98.620		54	94.575	96.858	95.717
23	99.214	99.426	99.320		39	98.165	98.914	98.540		55	94.058	96.570	95.314
24	99.173	99.406	99.290		40	98.058	98.856	98.457		56	93.490	96.252	94.871
25	99.126	99.389	99.258		41	97.934	98.787	98.361		57	92.859	95.904	94.382
26	99.081	99.371	99.226		42	97.804	98.715	98.260		58	92.173	95.523	93.848
27	99.035	99.351	99.193		43	97.663	98.636	98.150		59	91.405	95.102	93.254
28	98.986	99.329	99.158		44	97.508	98.547	98.028		60	90.570	94.655	92.613
29	98.937	99.304	99.121		45	97.332	98.448	97.890		61	89.670	94.148	91.909
30	98.880	99.278	99.079		46	97.136	98.337	97.737		62	88.690	93.609	91.150
31	98.823	99.247	99.035		47	96.922	98.214	97.568		63	87.626	93.035	90.331
32	98.756	99.215	98.986		48	96.687	98.076	97.382		64	86.477	92.415	89.446
33	98.688	99.181	98.935		49	96.423	97.919	97.171		65	85.243	91.738	88.491
34	98.616	99.146	98.881		50	96.130	97.744	96.937		66	83.923	91.006	87.465
35	98.538	99.105	98.822		51	95.803	97.559	96.681		67	82.542	90.211	86.377

bensversicherungen sind nämlich sowohl die Prämien der versicherten Person an das Versicherungsunternehmen (wie lange wird die Person zahlen?) als auch die Leistungen des Versicherungsunternehmens **ungewiss** (tritt bei einer Risikolebensversicherung überhaupt der Leistungsfall ein, dass nämlich die versicherte Person stirbt? Wann muss das Unternehmen zahlen?). Versicherungsmathematiker verwenden **Sterbetafeln,** um solche stochastischen Unsicherheiten bei Lebensversicherungen zu modellieren. Die folgenden Berechnungen nutzen die vom Statistischen Bundesamt veröffentlichten Periodensterbetafeln 2015/17 (siehe Statistisches Bundesamt 2017), weil sie einfach als EXCEL-Tabelle im Internet zugänglich sind (siehe Tab. 1). Um die Rolle von Sterbetafeln bei der Modellierung von Lebensversicherungen deutlich zu machen, werden im Folgenden statt Überlebenswahrscheinlichkeiten Anzahlen von Überlebenden im Alter x (Jahre) genutzt, wobei von fiktiven 100.000 Geborenen ausgegangen wird. Diese Reduktion führt dazu, dass – für Schülerinnen und Schüler deutlich konkreter und anschaulicher – fiktive absolute Anzahlen von Menschen als Grundlage der Berechnung dienen.[3]

Da seit Dezember 2012 nur noch **Unisex-Tarife** angeboten werden dürfen, wurde für die weiteren Berechnungen aus den Sterbetafeln für Männer und Frauen eine gemeinsame Sterbetafel bestimmt, die von einem Männer- und Frauenanteil von je 50% ausgeht.

4   Wann sind Versicherungsprämien fair?

Fair sind Vereinbarungen dann, wenn Leistungen und Gegenleistungen einander entsprechen. Neben den reinen Zahlungen entstehen den Versicherungsunternehmen **Kosten** (für Marketing, Provisionen, Personal, Verwaltung, Immobilien, ...), die auf die Versicherten umgelegt werden. Die **Brutto-Versicherungsprämien** eines Versicherten, also die maximal an das Versicherungsunternehmen zu zahlenden Beiträge, lassen sich bei Risikolebensversicherungen aufteilen in

- einen **Kostenanteil,** um die Kosten des Versicherungsunternehmens zu decken und
- einen **Risikoanteil,** um die erwartete Leistung des Versicherungsunternehmens für den Todesfall des Versicherten zu erwirtschaften,

bei Kapitallebensversicherungen kommt noch hinzu:

- ein **Sparanteil,** um die Leistung des Versicherungsunternehmens im Erlebensfall am Ende der Vertragslaufzeit zu erwirtschaften.[4]

---

[3]vgl. Wassner, Biehler, Martignon 2007 zur Begründung absoluter Häufigkeiten („natürliche Häufigkeiten") im Stochastikunterricht

[4]Ggf. anfallende Versicherungssteuern wären hier ebenfalls noch zu berücksichtigen. Lebensversicherungsprämien werden in Deutschland allerdings nicht besteuert, konnten sogar früher/ können für Altverträge noch immer steuerlich geltend gemacht werden.

Die **Netto-Versicherungsprämien** der Versicherten an das Versicherungsunternehmen umfassen den Risikoanteil und ggf. den Sparanteil; Kosten und anfallende Versicherungssteuern bleiben hierbei unberücksichtigt, um das mathematische Modell möglichst einfach zu halten.

Nun kann die Ausgewogenheit von Leistung und Gegenleistung als **versicherungsmathematisches Äquivalenzprinzip** präziser formuliert werden:

> Der Barwert der zu erwartenden Netto-Versicherungsprämien, die eine versicherte Person an ein Versicherungsunternehmen zahlen wird, ist gleich dem Barwert der zu erwartenden Leistungen, die das Versicherungsunternehmen an die versicherte Person zu zahlen hat.

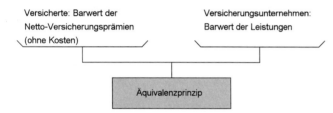

5 Verschiedene Lebensversicherungen – noch aktuell?

Nun kann es an die Modellierung von Lebensversicherungen gehen. Es gibt grundsätzlich zwei Arten von Lebensversicherungen:

- die **Risikolebensversicherung** zur Versicherung des Sterberisikos, die nur im Todesfall während der Versicherungslaufzeit die vereinbarte Leistung an die Familie des Versicherten auszahlt,
- die **Kapitallebensversicherung** zur Versicherung des Sterberisikos, die im Todesfall während der Versicherungslaufzeit, aber auch im Erlebensfall bei Ablauf der Versicherung die vereinbarte Leistung an den Versicherten/ seine Familie auszahlt.

Das **Geschäft mit Lebensversicherungen** ist nach wie vor von großer Bedeutung: Trotz deutlicher Rückgänge bei den Neuzugängen wurden im Jahr 2017 in Deutschland etwa 466.300 klassische Kapitallebensversicherungen und 488.300 Risikolebensversicherungen neu abgeschlossen (siehe Gesamtverband der Deutschen Versicherungswirtschaft 2018, S. 38). Der Bestand an Lebensversicherungsverträgen (im weiteren Sinne) in Deutschland lag im Jahr 2017 bei immer noch 84,1 Millionen Verträgen – nach 92,8 Mio Verträgen im Jahr 2008 (siehe Gesamtverband der deutschen Versicherungswirtschaft 2018, S. 30), also durchschnittlich bei mehr als einem Vertrag pro Einwohner.

6 Modellierung von Risikolebensversicherungen

Bei einer Risikolebensversicherung zahlt ein Versicherter in regelmäßigen Abständen bis zu seinem Tod bzw. bis zum Ende der Versicherungslaufzeit Prämien an das Versicherungsunternehmen. Als Leistung zahlt Letzteres nur bei Tod des Versicherten während der Versicherungslaufzeit eine vereinbarte Summe aus. Genutzt wird diese Versicherung oft, um Hinterbliebene finanziell abzusichern, wenn die Hauptverdienerin/ der Hauptverdiener einer Familie stirbt, oder um große Darlehen gegenüber der Bank (z. B. für ein Eigenheim) abzusichern.

Wir gehen exemplarisch von folgenden **Bedingungen** aus:

- Aus der Sterbetafel (siehe Tab. 1 vierte Spalte) liest man ab, dass von 100.000 Geborenen 99.413 Personen 20 Jahre alt werden. Wir gehen davon aus, dass diese alle an ihrem 20. Geburtstag zu gleichen Bedingungen beim gleichen Versicherungsunternehmen eine Risikolebensversicherung abschließen, deren Laufzeit sofort beginnt.
- Die Laufzeit beträgt 6 Jahre, also sind die Versicherten bei Ablauf der Versicherung gerade noch 25 Jahre alt.
- Stirbt ein Versicherter innerhalb der Versicherungslaufzeit, zahlt das Versicherungsunternehmen *am Tag vor dem jeweils nächsten Geburtstag* (**nachschüssig**) die vereinbarte Leistung von 10.000€ an die Familie des Toten. Erlebt ein Versicherter das Ende der Versicherungslaufzeit, muss das Versicherungsunternehmen nichts zahlen.
- Der Zinssatz, mit dem gerechnet wird, (**Rechnungszinssatz**) betrage 0,90% (p.a.), was dem aktuellen Höchstbetrag für den Rechnungszins für Versicherungen entspricht; er wird vom Bundesfinanzministerium festgelegt.
- Die Versicherten zahlen innerhalb der Versicherungslaufzeit jährlich **vorschüssig** (also *jeweils am Geburtstag*), sofern sie noch leben, eine bestimmte Versicherungsprämie P an das Versicherungsunternehmen.
- Es werden nur Netto-Beträge ohne Kosten und Überschussbeteiligungen berücksichtigt.

Der Barwert (symbolisiert durch den Index „0") der erwarteten Netto-Versicherungsprämien *für alle* 99.413 *Versicherten* lässt sich nun unter Berücksichtigung der Werte aus Tab. 1 (vierte Spalte) wie folgt berechnen:

$$P_0(P) = 99.413 \cdot P + 99.381 \cdot P \cdot 1{,}009^{-1}$$
$$+ 99.352 \cdot P \cdot 1{,}009^{-2} + 99.320 \cdot P \cdot 1{,}009^{-3} +$$
$$+ 99.290 \cdot P \cdot 1{,}009^{-4} + 99.258 \cdot P \cdot 1{,}009^{-5}$$
$$\approx 582.885{,}04 \cdot P,$$

denn alle 99.413 Versicherten zahlen die erste Prämie P, 99.381 Versicherte überleben das erste Versicherungsjahr und zahlen auch die zweite Prämie, die um ein Jahr abzuzinsen ist, 99.352 Versicherte überleben auch das zweite Versicherungsjahr und zahlen die dritte Prämie, die um zwei Jahre abzuzinsen ist, usw.

Für den Barwert der erwarteten Leistungen des Versicherungsunternehmens für diese Versicherten ergibt sich analog:

$$L_0 = 32 \cdot 10.000€ \cdot 1{,}009^{-1} + 29 \cdot 10.000€ \cdot 1{,}009^{-2}$$
$$+ 32 \cdot 10.000€ \cdot 1{,}009^{-3} + +30 \cdot 10.000€ \cdot 1{,}009^{-4}$$
$$+ 32 \cdot 10.000€ \cdot 1{,}009^{-5} + 32 \cdot 10.000€ \cdot 1{,}009^{-6}$$
$$\approx 1.812.179{,}53€,$$

da im ersten Versicherungsjahr 32 der Versicherten sterben und das Versicherungsunternehmen die Leistung von jeweils 10.000€ zu erbringen hat (nachschüssig, daher wird einmal abgezinst), im zweiten Jahr sterben 29 der Versicherten usw. Die Vorfaktoren entsprechen also den Differenzen der Vorfaktoren im Term zu $P_0(P)$. Nach dem versicherungsmathematischen Äquivalenzprinzip müssen die Netto-Versicherungsprämien so bestimmt werden, dass Barwerte der erwarteten Leistung und Gegenleistung übereinstimmen:

$$P_0(P) = L_0 \Leftrightarrow P = \frac{L_0}{P_0(1)} \approx \frac{1.812.179{,}53€}{582.885{,}04} \approx 3{,}11€$$

Die jährlichen Netto-Versicherungsprämien der Versicherten betragen somit für diese Bedingungen etwa 3,11€. Die Versicherungsprämien wirken recht günstig. Dies lässt sich durch die sehr geringe Sterbewahrscheinlichkeit im betreffenden Alter sowie die ungewöhnlich kurze Versicherungslaufzeit erklären.[5]

---

[5]Natürlich sichert sich das Versicherungsunternehmen in den Versicherungsbedingungen so ab, dass voraussehbare (Mord, Selbstmord) bzw. sehr wahrscheinliche Todesfälle (Krankheit, hohes Unfallrisiko) von Versicherungsleistungen möglichst ausgeschlossen sind.

Aus der Gleichung $P_0(P) = L_0$ kann man nun zwei wichtige Einsichten gewinnen, die später bei Versicherungen mit längeren Laufzeiten analog gelten:

- Damit die Modellierung konkreter wird, wurde die Gleichung für 99.413 gleichartige Versicherungen aufgestellt. Dividiert man die gesamte Gleichung durch 99.413, werden die Vorfaktoren zu Schätzwerten von Überlebenswahrscheinlichkeiten bzw. Sterbewahrscheinlichkeiten, und man nutzt das Äquivalenzprinzip für einen einzigen Versicherungsfall. Daher ist die gewonnene Lösung auch für einzelne Versicherungsverträge plausibel, wobei das Versicherungsunternehmen natürlich weniger an einzelnen Versicherungsverträgen als an der Risikoabsicherung im Kollektiv interessiert ist.
- Analysiert man die Terme, so erkennt man, dass $P_0(P)$ proportional zur Netto-Versicherungsprämie P und L_0 proportional zur Leistung durch das Versicherungsunternehmen, hier 10.000€, ist. Also führt eine andere Versicherungsleistung $\overline{L}$ auf eine proportionale Weise zu anderen Netto-Versicherungsprämien: $\overline{P} \approx \frac{3{,}11€}{10.000€} \cdot \overline{L}$

Besonders übersichtlich lässt sich diese Modellierung mit einer Tabellenkalkulation wie EXCEL umsetzen (Abb. 1, überflüssige Zeilen sind ausgeblendet).

Die Daten in Spalte B (Überlebende) der Tabelle stammen aus der hier verwendeten Sterbetafel, die Daten in Spalte C (Sterbende im Jahr) sind Differenzen von aufeinanderfolgenden Werten in Spalte B. Die Summe der Prämien ergibt sich z. B. in Zelle E35 so: $99.413 \cdot 3{,}11€ \approx 309.073{,}30€$. (Die jährliche Prämie ist gerundet ausgegeben, intern wird mit 3,108…€ gerechnet.) Die Barwerte der Gesamtprämien (Spalte F) sind die Summen der Prämien (Spalte E) abgezinst auf den Beginn der Versicherung (20. Geburtstag der Versicherten) unter Berücksichtigung des Zinssatzes in Zelle B6 des Tabellenblattes; z. B. für Zelle F40: $308.591{,}41€ \cdot \left(1 + \frac{0{,}9}{100}\right)^{-(25-20)} \approx 295.072{,}00€$.

Die Summe der Leistungen ergibt sich z. B. für Zelle H35 so: $32 \cdot 10.000{,}00€ = 320.000{,}00€$. In der letzten Spalte der Tabelle werden diese Summen der Leistungen wieder abgezinst auf den Abschluss-Zeitpunkt der Versicherung, z. B. Zelle I40: $320.000{,}00€ \cdot \left(1 + \frac{0{,}9}{100}\right)^{-(25-20)-1} \approx 303.251{,}52€$; hier ist der Exponent um 1 geringer als beim Barwert der Gesamtprämien, weil die Prämien am Anfang des Jahres ge-

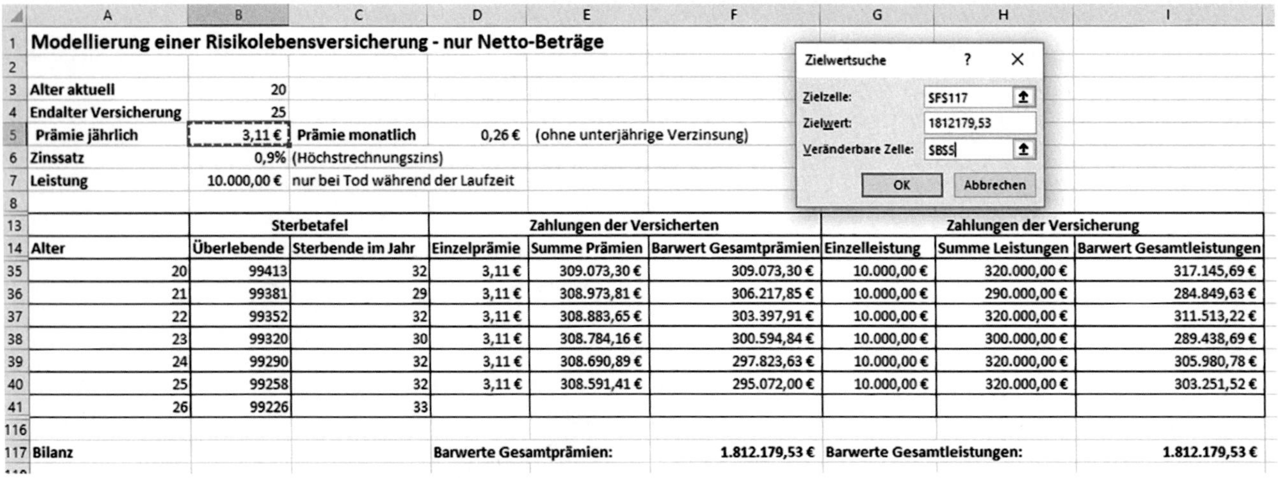

	A	B	C	D	E	F	G	H	I
1	**Modellierung einer Risikolebensversicherung - nur Netto-Beträge**								
2									
3	Alter aktuell	20							
4	Endalter Versicherung	25							
5	Prämie jährlich	3,11 €	Prämie monatlich	0,26 €	(ohne unterjährige Verzinsung)				
6	Zinssatz	0,9%	(Höchstrechnungszins)						
7	Leistung	10.000,00 €	nur bei Tod während der Laufzeit						
8									
13			Sterbetafel		Zahlungen der Versicherten			Zahlungen der Versicherung	
14	Alter		Überlebende	Sterbende im Jahr	Einzelprämie	Summe Prämien	Barwert Gesamtprämien	Einzelleistung	Summe Leistungen	Barwert Gesamtleistungen
35	20	99413	32	3,11 €	309.073,30 €	309.073,30 €	10.000,00 €	320.000,00 €	317.145,69 €
36	21	99381	29	3,11 €	308.973,81 €	306.217,85 €	10.000,00 €	290.000,00 €	284.849,63 €
37	22	99352	32	3,11 €	308.883,65 €	303.397,91 €	10.000,00 €	320.000,00 €	311.513,22 €
38	23	99320	30	3,11 €	308.784,16 €	300.594,84 €	10.000,00 €	300.000,00 €	289.438,69 €
39	24	99290	32	3,11 €	308.690,89 €	297.823,63 €	10.000,00 €	320.000,00 €	305.980,78 €
40	25	99258	32	3,11 €	308.591,41 €	295.072,00 €	10.000,00 €	320.000,00 €	303.251,52 €
41	26	99226	33						
116									
117	Bilanz				Barwerte Gesamtprämien:	1.812.179,53 €	Barwerte Gesamtleistungen:		1.812.179,53 €

Zielwertsuche ? ✕
Zielzelle: F117
Zielwert: 1812179,53
Veränderbare Zelle: B5
OK Abbrechen

Abb. 1 Risikolebensversicherung von Anfang 20 bis Ende 25, Zinssatz 0,9 %

zahlt werden (vorschüssige Verzinsung), die Versicherungsleistungen aber am Ende des Jahres, sodass sie einmal mehr abgezinst werden müssen (nachschüssige Verzinsung).

Die nötige jährliche Netto-Versicherungsprämie lässt sich in EXCEL mit der Zielwertsuche bestimmen, deren Anwendung in der Abbildung ebenfalls demonstriert ist; es ergeben sich wieder etwa 3,11€.

Völlig analog kann man nun realistischere Versicherungsmodalitäten mit deutlich längerer Laufzeit modellieren, z. B. ab dem Alter 20 bis zum Alter 64 mit einer Netto-Versicherungsprämie von 220,38€ für eine Leistung von 100.000€ (Abb. 2, nicht wesentliche Zeilen sind ausgeblendet).

Ebenso kann man Risikolebensversicherungen für andere Randbedingungen modellieren:

- Vom Alter 30 bis zum Alter 64 ergibt sich eine Netto-Versicherungsprämie von ca. 287,28€.
- Vom Alter 30 bis zum Alter 74, also wie in Abb. mit einer Laufzeit von 45 Jahren (Anfang 30 bis Ende 74), ergibt sich eine jährliche Netto-Versicherungsprämie von ca. 515,37€.

Man erkennt, dass bei gleicher Versicherungslaufzeit ein früherer Beginn in Jahren geringerer Sterbewahrscheinlichkeiten zu günstigeren Netto-Versicherungsprämien führt, weil länger Prämienzahlungen zu erwarten sind und weniger Leistungen vom Versicherungsunternehmen erbracht werden müssen. Man erkennt weiterhin, dass ein späterer Beginn trotz kürzerer Laufzeit dennoch wesentlich höhere Versicherungsprämien bewirken kann.

	A	B	C	D	E	F	G	H	I
1	**Modellierung einer Risikolebensversicherung - nur Netto-Beträge**								
2									
3	Alter aktuell	20							
4	Endalter Versicherung	64							
5	Prämie jährlich	220,38 €	Prämie monatlich	18,36 €	(ohne unterjährige Verzinsung)				
6	Zinssatz	0,90%	(Höchstrechnungszins)						
7	Leistung	100.000,00 €	nur bei Tod während der Laufzeit						
8									
13			Sterbetafel		Zahlungen der Versicherten			Zahlungen der Versicherung	
14	Alter		Überlebte	Sterbende im Jahr	Einzelprämie	Summe Prämien	Barwert Gesamtprämien	Einzelleistung	Summe Leistungen	Barwert Gesamtleistungen
35	20	99413	32	220,38 €	21.908.524,24 €	21.908.524,24 €	100.000,00 €	3.200.000,00 €	3.171.456,89 €
36	21	99381	29	220,38 €	21.901.472,11 €	21.706.117,06 €	100.000,00 €	2.900.000,00 €	2.848.496,34 €
37	22	99352	32	220,38 €	21.895.081,13 €	21.506.227,03 €	100.000,00 €	3.200.000,00 €	3.115.132,18 €
38	23	99320	30	220,38 €	21.888.029,00 €	21.307.532,36 €	100.000,00 €	3.000.000,00 €	2.894.386,94 €
78	63	90331	885	220,38 €	19.907.043,37 €	13.542.118,65 €	100.000,00 €	88.500.000,00 €	59.666.691,40 €
79	64	89446	955	220,38 €	19.712.008,08 €	13.289.833,93 €	100.000,00 €	95.500.000,00 €	63.811.784,66 €
80	65	88491	1026						
116									
117	Bilanz				Barwerte Gesamtprämien:	798.116.664,57 €	Barwerte Gesamtleistungen:		798.116.664,57 €

Zielwertsuche ? ✕
Zielzelle: F117
Zielwert: 798116644,57
Veränderbare Zelle: B5
OK Abbrechen

Abb. 2 Risikolebensversicherung von Anfang 20 bis Ende 64, Zinssatz 0,9 %

7 Validierung durch einen Vergleich in Online-Vergleichsportalen

Bei einem Online-Vergleich ergibt eines der günstigsten Angebote für eine Risikolebensversicherung mit 100.000€ Versicherungssumme für einen 20-jährigen Studierenden (**Nichtraucher**) mit 45-jähriger Laufzeit eine **Effektivprämie** von 87,30€ pro Jahr (von der Hannoversche Lebensversicherung AG).[6] Im „Kleingedruckten" erfährt man, dass zukünftige Überschussbeteiligungen zur Senkung der Versicherungsprämie berücksichtigt wurden und die Brutto-Versicherungsprämie auf bis zu 194,00€ pro Jahr ansteigen könne (weitgehender Wegfall von Überschussbeteiligungen). Unsere Modellierung oben mit 0,9% Rechnungszins ergab eine Jahres-Netto-Versicherungsprämie von 220,38€. Mit diesen Diskrepanzen werden wir uns nun etwas genauer befassen.

8 Was sind Überschussbeteiligungen?

Weil die Versicherungsunternehmen vorsichtig rechnen (müssen), erwirtschaften sie mit den von Versicherten eingenommenen Prämien Überschüsse, an denen die Versicherten wieder zu beteiligen sind (sogenannte Überschussbeteiligung):

- **Zinsüberschuss:** Am Kapitalmarkt erwirtschaftet das Versicherungsunternehmen mit dem zu verwaltenden Kapital evtl. höhere Renditen als beim Vertragsabschluss angenommen.
- **Risikoüberschuss:** Die tatsächliche Lebenserwartung der Versicherten wurde bei Vertragsabschluss etwas negativer eingeschätzt, als sie tatsächlich ist, sodass Leistungen teilweise gar nicht oder später von dem Versicherungsunternehmen zu erbringen sind und mehr Prämienzahlungen eingehen.
- **Kostenüberschuss:** Kosten des Versicherungsunternehmens fallen geringer aus als bei Vertragsabschluss angesetzt.

Jährlich vom Versicherungsunternehmen zu berechnende Überschussanteile werden genutzt, um die Brutto-Versicherungsprämien des Versicherten zu reduzieren oder um spätere Leistungen der Versicherungsunternehmen zu erhöhen, sie kommen so zu einem großen Teil den Versicherten zugute (§ 153 VVG). Überschüsse werden daneben von Versicherungsunternehmen genutzt, um Rücklagen für „schlechtere Zeiten" zu bilden, z. B. bei fallenden Zinsen am Kapitalmarkt. Hinzu kommt, dass aus den Überschüssen zunächst ältere Versicherungsverträge mit vertraglich vereinbarten höheren Zinsen bedient werden müssen (Höchstrechnungszinssatz von bis zu 4% zwischen den Jahren 1994 und 2000).

9 Auswirkungen von Überschussbeteiligungen und besonderen Risiken

Im Internet findet man zum Vergleich der **Überschussbeteiligungen verschiedener Lebensversicherungsunternehmen** Übersichten der laufenden Verzinsungen.[7] Für 2019 wird die durchschnittliche laufende Verzinsung mit 2,36% angegeben (für klassische Lebensversicherungen). Die Hannoversche Lebensversicherung AG, von der das obige Online-Angebot stammt, gibt die laufende Verzinsung für 2019 mit 2,25% an.

Lässt man EXCEL mit diesem Zinssatz die jährliche Versicherungsprämie für unser Beispiel ermitteln, kommt man auf eine Netto-Versicherungsprämie von 181,11€ (Abb. 3).

Hier erkennt man zudem, dass höhere Rechnungszinsen zu günstigeren Netto-Versicherungsprämien führen (beim Rechnungszins von 0,9% betrug die Netto-Versicherungsprämie 220,38€), da die Barwerte späterer Leistungen des Versicherungsunternehmens sinken und Zinseszinseffekte bei Versicherungsprämien stärker wirken.

Wie kann es sein, dass diese Versicherungsprämien sich so drastisch von der Effektivprämie aus dem Online-Angebot von 87,30€ unterscheiden? – Dies liegt daran, dass Versicherungsunternehmen trotz geringer Zinsen am Kapitalmarkt sehr deutliche **Risikoüberschüsse** erwirtschaften, wenn weniger Todesfälle eintreten als bei der ursprünglichen Berechnung angenommen.[8] Versicherungsunternehmen müssen jährlich einen **Geschäftsbericht** vorlegen (§ 40 VAG). In dem Geschäftsbericht der Hannoverschen

---

[6]Abruf bei www.check24.de am 31.05.2019; ein alternatives Vergleichsportal ist www.verivox.de.
Es gab zu diesem Zeitpunkt noch ein günstigeres Angebot der EUROPA Versicherung AG, das allerdings – im Kleingedruckten – einen Body-Mass-Index von maximal 25 forderte und dann eigentlich andere Sterbetafeln zur Modellierung benötigte.

[7]z. B. https://www.nachrichten.wiki/ueberschussbeteiligungen-der-lebensversicherer/ (geprüft am 27.09.2020)

[8]Bis etwa 2007 überwog bei den erwirtschafteten Überschüssen noch deutlich der Zinsanteil, seither liegt dieser deutlich unter dem Risikoüberschuss der Lebensversicherungswirtschaft (siehe Führer und Grimmer 2010, S. 145).

	A	B	C	D	E	F	G	H	I
1	**Modellierung einer Risikolebensversicherung - nur Netto-Beträge**								
2									
3	Alter aktuell	20							
4	Endalter Versicherung	64							
5	Prämie jährlich	181,11 €	Prämie monatlich		15,09 €	(ohne unterjährige Verzinsung)			
6	Zinssatz	2,25%	(laufende Verzinsung)						
7	Leistung	100.000,00 €	nur bei Tod während der Laufzeit						
8									

Zielwertsuche ? ✕
Zielzelle: F117
Zielwert: 508741153,55
Veränderbare Zelle: B5
OK Abbrechen

	A	B	C	D	E	F	G	H	I
13			Sterbetafel			Zahlungen der Versicherten		Zahlungen der Versicherung	
14	Alter	Überlebende	Sterbende im Jahr	Einzelprämie	Summe Prämien	Barwert Gesamtprämien	Einzelleistung	Summe Leistungen	Barwert Gesamtleistungen
35	20	99413	32	181,11 €	18.004.395,25 €	18.004.395,25 €	100.000,00 €	3.200.000,00 €	3.129.584,35 €
36	21	99381	29	181,11 €	17.998.599,82 €	17.602.542,61 €	100.000,00 €	2.900.000,00 €	2.773.775,86 €
37	22	99352	32	181,11 €	17.993.347,72 €	17.210.177,10 €	100.000,00 €	3.200.000,00 €	2.993.367,43 €
38	23	99320	30	181,11 €	17.987.552,29 €	16.826.047,84 €	100.000,00 €	3.000.000,00 €	2.744.530,04 €
78	63	90331	885	181,11 €	16.359.581,01 €	6.284.193,65 €	100.000,00 €	88.500.000,00 €	33.247.373,08 €
79	64	89446	955	181,11 €	16.199.301,27 €	6.085.697,32 €	100.000,00 €	95.500.000,00 €	35.087.636,97 €
80	65	88491	1026						
116									
117	Bilanz				Barwerte Gesamtprämien:	508.741.153,55 €	Barwerte Gesamtleistungen:		508.741.153,55 €
118									

Abb. 3 Risikolebensversicherung von Anfang 20 bis Ende 64, Zinssatz 2,25 %

Lebensversicherung AG für 2018 (siehe VHV Vereinigte Hannoversche Versicherung 2019) liest man, dass der „Beitragsgewinnanteil in % des laufenden Beitrags der Hauptversicherung" für ab Juni 2018 abgeschlossene Verträge der Risikoversicherungen bei 55,0% liegt; bei dem oben vorausgesetzten Rechnungszins von 2,25% wären also statt 181,11€ unter Berücksichtigung der aktuellen Überschussbeteiligungen nur 45%, also 81,50€ jährlich an das Versicherungsunternehmen zu zahlen. Zukünftige Überschussanteile sind nicht garantiert, die zu zahlende **Effektivprämie,** also die tatsächlich zu zahlende Versicherungsprämie, kann bei vollständigem Wegfall der Überschussbeteiligung maximal bis zur Brutto-Versicherungsprämie ansteigen, die im Versicherungsangebot ausgewiesen werden muss. Dass die online angebotene Effektivprämie von 87,30€ größer ist, hängt u. a. damit zusammen, dass die **Kosten** des Versicherungsunternehmens an die Versicherten weitergegeben werden (5,80€ Differenz entsprechen hier einem Kostenanteil von gut 7% von 81,50€).[9] Das Versicherungsunternehmen wird allerdings andere Sterbetafeln verwenden und durch Gesundheitsfragen besonders „riskante Versicherte" ausschließen oder von ihnen höhere Prämien verlangen, sodass dieser Kostenanteil von etwa 7% nur grob modelliert sein kann. Vergleicht man Details verschiedener Versicherungsangebote aus dem Online-Vergleichsportal oder Versicherungsbedingungen aus dem Internet, so erkennt man durchaus beträchtliche Unterschiede hinsichtlich

der **Voraussetzungen,** wer in Verträgen versichert werden kann (z. B. Beschränkung auf Nichtraucher oder des BMI/ Ausschluss bestimmter Hobbys, wie Bergsteigen, oder Berufe, wie Dachdecker). Häufig sind im Basis-Vertrag ausgeschlossene Personen zwar durchaus versicherbar, allerdings nur gegen z. T. beträchtliche Prämien-Zuschläge. Versicherungsunternehmen fragen diese besonderen Risiken neben bekannten Krankheiten vor Abschluss eines Vertrages ab.

Nur zum Vergleich sei dies für einen **Raucher/** eine **Raucherin** im gleichen Online-Vergleichsportal mit sonst gleichen Daten illustriert: Es ergibt sich wieder bei der Hannoverschen Lebensversicherung AG eine Brutto-Versicherungsprämie von bis zu 454,00€ pro Jahr, bzw. eine Effektivprämie von 204,30€ unter Berücksichtigung von Überschussbeteiligungen – die Versicherungsprämien sind mehr als doppelt so hoch wie für einen Nichtraucher/ eine Nichtraucherin!

10 Modellierung von Kapitallebensversicherungen

Bei Kapitallebensversicherungen zahlt ein Versicherter in regelmäßigen Abständen bis zu seinem Tod bzw. bis zum Ende der Versicherungslaufzeit Prämien an das Versicherungsunternehmen, als Leistung zahlt das Versicherungsunternehmen bei Tod des Versicherten oder im Erlebensfall bei Ablauf der Versicherungslaufzeit eine vereinbarte Summe. Dass hierbei in jedem Fall eine Leistung erbracht wird, ist der entscheidende Unterschied zur Risikolebensversicherung. Die Verknüpfung von Risikoabsicherung und Kapitalaufbau wurde oft benutzt, um wie bei der Risikolebensversicherung Hinterbliebene beim Tod des Hauptverdieners finanziell abzusichern und um zusätzlich als Altersvorsorge Kapital anzusparen. Wegen der anhaltenden Niedrigzinsphase lohnen sich hierfür klassische Kapitallebensversiche-

---

[9]Seit 2008 sind Versicherungsunternehmen zur Offenlegung der Kosten verpflichtet (Verordnung über Informationspflichten bei Versicherungsverträgen, VVG-InfoV), der Bund der Versicherten e. V. kritisiert jedoch nach wie vor zu geringe Transparenz und Uneinheitlichkeit (https://www.bundderversicherten.de/files/merkblatt/1108-fonds-lebenrente.pdf, geprüft am 27.09.2020).

rungen heute nicht mehr. Zahlreiche Versicherungsunternehmen bieten daher fondsgebundene Lebensversicherungen bzw. Rentenversicherungen mit Investmentfondsanteilen zur Altersvorsorge und Todesfall-Absicherung an. Dabei als Altersvorsorge angesparte Beträge sind jedoch stark von zukünftigen Entwicklungen am Aktienmarkt abhängig; bei hohen Verlusten könnte bei Vertragsende deutlich weniger Kapital verfügbar sein als eingezahlt wurde. Vielfach werden daher Mischformen aus klassischen Kapitallebensversicherungen und fondsgebundenen Verträgen angeboten, bei denen gewisse Garantien zur Mindestleistung im Auszahlungsfall gegeben werden. Im Folgenden werden klassische Kapitallebensversicherungen als Beispiel variierter Situationen dennoch behandelt, weil aktuellere Versicherungsverträge darauf aufbauen, aber deutlich komplexere Modelle erfordern.

Für die Modellierung gehen wir exemplarisch von folgenden **Bedingungen** aus:

- Aus der Sterbetafel (Tab. 1) liest man ab, dass von 100.000 Geborenen 99.413 Personen 20 Jahre alt werden. Wir gehen wieder davon aus, dass diese alle an ihrem 20. Geburtstag zu gleichen Bedingungen beim gleichen Versicherungsunternehmen eine Kapitallebensversicherung abschließen, deren Laufzeit sofort beginnt.
- Die Laufzeit beträgt 6 Jahre, also sind die Versicherten bei Ablauf der Versicherung gerade noch 25 Jahre alt.
- Stirbt ein Versicherter innerhalb der Versicherungslaufzeit, zahlt das Versicherungsunternehmen *am Tag vor dem jeweils nächsten Geburtstag* (**nachschüssig**) die vereinbarte Leistung von 10.000€ an die Familie des Toten. Erlebt ein Versicherter das Ende der Versicherungslaufzeit, muss das Versicherungsunternehmen dann ebenfalls 10.000€ an ihn zahlen.
- Der Zinssatz, mit dem gerechnet wird, betrage wieder 0,90% (p.a.).
- Die Versicherten zahlen innerhalb der Versicherungslaufzeit jährlich **vorschüssig** (also *jeweils am Geburtstag*), sofern sie noch leben, eine bestimmte Versicherungsprämie P an das Versicherungsunternehmen.
- Es werden nur Netto-Beträge ohne Kosten und Überschussbeteiligungen berücksichtigt.

Der Barwert der erwarteten Netto-Versicherungsprämien für alle 99.413 Versicherten lässt sich wie bei der Risikolebensversicherung berechnen:

$$
\begin{aligned}
P_0(P) = {} & 99.413 \cdot P + 99.381 \cdot P \cdot 1{,}009^{-1} \\
& + 99.352 \cdot P \cdot 1{,}009^{-2} + 99.320 \cdot P \cdot 1{,}009^{-3} + \\
& + 99.290 \cdot P \cdot 1{,}009^{-4} + 99.258 \cdot P \cdot 1{,}009^{-5} \\
& \approx 582.885{,}04 \cdot P
\end{aligned}
$$

Für den Barwert der erwarteten Leistungen des Versicherungsunternehmens für diese Versicherten ergibt sich:

$$
\begin{aligned}
L_0 = {} & 32 \cdot 10.000€ \cdot 1{,}009^{-1} + 29 \cdot 10.000€ \cdot 1{,}009^{-2} \\
& + 32 \cdot 10.000€ \cdot 1{,}009^{-3} + \\
& + 30 \cdot 10.000€ \cdot 1{,}009^{-4} + 32 \cdot 10.000€ \cdot 1{,}009^{-5} \\
& + 32 \cdot 10.000€ \cdot 1{,}009^{-6} + \\
& + 99.226 \cdot 10.000€ \cdot 1{,}009^{-6} \approx 942.138.271{,}53€
\end{aligned}
$$

Man sieht schon jetzt, dass die Gesamtleistung des Versicherungsunternehmens beträchtlich größer ist als bei der Risikolebensversicherung; dies wird deutlich höhere Versicherungsprämien bewirken. Wieder entsprechen die Vorfaktoren der Anzahl der in einem Jahr Gestorbenen, also den Differenzen der Vorfaktoren im Term zu $P_0(P)$. Der letzte Summand von L_0 umfasst den Barwert der Leistungen des Versicherungsunternehmens im Erlebensfall an die 99.226 Versicherten, die ihr 25. Lebensjahr überleben (Zeile für das Alter 26 in der Sterbetafel). Nach dem versicherungsmathematischen Äquivalenzprinzip müssen die Netto-Versicherungsprämien so bestimmt werden, dass Barwerte der erwarteten Leistung und Gegenleistung übereinstimmen:

$$
P_0(P) = L_0 \Leftrightarrow P = \frac{L_0}{P_0(1)} \approx \frac{942.138.271{,}53€}{582.885{,}04} \approx 1.616{,}34€
$$

Die jährlichen Netto-Versicherungsprämien betragen somit für diese Bedingungen etwa 1.616,34€, unter Vernachlässigung unterjähriger Verzinsungen sind das monatlich etwa 134,69€. Die Versicherungsprämien wirken in diesem Fall recht hoch, weil von jedem Versicherten das Kapital für die Leistung im Erlebensfall in kurzer Zeit mit aufgebaut werden muss.

◢	A	B	C	D	E	F	G	H	I	J
1	Modellierung einer Kapitallebensversicherung - nur Netto-Beträge									
2										
3	Alter aktuell	20								
4	Endalter Versicherung	25								
5	Prämie jährlich	1.616,34 €	Prämie monatlich		134,69 €	(ohne unterjährige Verzinsung)				
6	Zinssatz	0,90%	(Höchstrechnungszins)							
7	Leistung	10.000,00 €	bei Tod oder Erleben							
8										
9										
13			Sterbetafel		Zahlungen der Versicherten			Zahlungen der Versicherung		
14	Alter	Überlebende	Sterbende im Jahr	Einzelprämie	Summe Prämien	Barwert Gesamtprämien	Einzelleistung	Summe Leistungen bei Tod	Summe Leistungen bei Erleben	Barwert Gesamtleistungen
35	20	99413	32	1.616,34 €	160.684.843,15 €	160.684.843,15 €	10.000,00 €	320.000,00 €		317.145,69 €
36	21	99381	29	1.616,34 €	160.633.120,39 €	159.200.317,53 €	10.000,00 €	290.000,00 €		284.849,63 €
37	22	99352	32	1.616,34 €	160.586.246,64 €	157.734.253,60 €	10.000,00 €	320.000,00 €		311.513,22 €
38	23	99320	30	1.616,34 €	160.534.523,87 €	156.276.956,81 €	10.000,00 €	300.000,00 €		289.438,69 €
39	24	99290	32	1.616,34 €	160.486.033,78 €	154.836.226,70 €	10.000,00 €	320.000,00 €		305.980,78 €
40	25	99258	32	1.616,34 €	160.434.311,02 €	153.405.673,74 €	10.000,00 €	320.000,00 €	992.260.000,00 €	940.629.343,52 €
41	26	99226	33							
116										
117	Bilanz				Barwerte Gesamtprämien:	942.138.271,53 €		Barwerte Gesamtleistungen:		942.138.271,53 €
118										

Zielwertsuche ? ×
Zielzelle: F117
Zielwert: 942138271,53
Veränderbare Zelle: B5
OK Abbrechen

Abb. 4 Kapitallebensversicherung von Anfang 20 bis Ende 25, Zinssatz 0,9%

Wie schon bei der Risikolebensversicherung überlegt man sich leicht, dass die Ergebnisse auch für einzelne Versicherte gelten und die Netto-Versicherungsprämien proportional zur vereinbarten Leistung des Versicherungsunternehmens sind.

Besonders übersichtlich lässt sich auch diese Modellierung mit einer Tabellenkalkulation wie EXCEL umsetzen (Abb. 4, überflüssige Zeilen sind ausgeblendet).

Der Aufbau des Tabellenblattes ist weitgehend analog zu dem für die Risikolebensversicherung. Hinzu kommt die Spalte I, weil das Versicherungsunternehmen im Erlebensfall eine Leistung erbringen muss, Zelle I40: $99.226 \cdot 10.000,00€ = 992.260.000,00€$ – es wird hier die Anzahl der Überlebenden am Anfang des Alters 26 verwendet, weil das Versicherungsunternehmen die Leistung am Ende des Jahres auszahlt, also hier unmittelbar vor dem 26. Geburtstag. Diese Leistung muss dann ebenfalls bei der Berechnung der Barwerte in Spalte J

berücksichtigt werden, z. B. Zelle J40 (wieder nachschüssige Verzinsung):

$$(320.000,00€ + 992.260.000,00€) \cdot \left(1 + \frac{0,9}{100}\right)^{-(25-20)-1}$$

$$\approx 940.629.343,52€$$

Für Kapitallebensversicherungen lassen sich einfach Modellierungen mit realistischen längeren Laufzeiten durchführen. Exemplarisch soll dies hier analog zum ersten Fall der Risikolebensversicherung in Abb. 2 geschehen (Abb. 5, überflüssige Zeilen sind ausgeblendet).

Weil bei dieser Kapitallebensversicherung auch für den Erlebensfall ein Kapital aufgebaut werden muss, liegt die jährliche Netto-Versicherungsprämie mit 1.853,06€ deutlich höher als die für die entsprechende Risikolebensversicherung mit 220,38€ pro Jahr. Bei Risikolebensversicherungen werden Überschussbeteiligungen häufig als Sofortrabatt

◢	A	B	C	D	E	F	G	H	I	J
1	Modellierung einer Kapitallebensversicherung - nur Netto-Beträge									
2										
3	Alter aktuell	20								
4	Endalter Versicherung	64								
5	Prämie jährlich	1.853,06 €	Prämie monatlich		154,42 €	(ohne unterjährige Verzinsung)				
6	Zinssatz	0,90%	(Höchstrechnungszins)							
7	Leistung	100.000,00 €	bei Tod oder Erleben							
8										
9										
13			Sterbetafel		Zahlungen der Versicherten			Zahlungen der Versicherung		
14	Alter	Überlebende	Sterbende im Jahr	Einzelprämie	Summe Prämien	Barwert Gesamtprämien	Einzelleistung	Summe Leistungen bei Tod	Summe Leistungen bei Erleben	Barwert Gesamtleistungen
35	20	99413	32	1.853,06 €	184.217.810,39 €	184.217.810,39 €	100.000,00 €	3.200.000,00 €		3.171.456,89 €
36	21	99381	29	1.853,06 €	184.158.512,61 €	182.515.869,78 €	100.000,00 €	2.900.000,00 €		2.848.496,34 €
37	22	99352	32	1.853,06 €	184.104.774,00 €	180.835.094,65 €	100.000,00 €	3.200.000,00 €		3.115.132,18 €
38	23	99320	30	1.853,06 €	184.045.476,22 €	179.164.370,66 €	100.000,00 €	3.000.000,00 €		2.894.386,94 €
78	63	90331	885	1.853,06 €	167.388.359,98 €	113.868.894,97 €	100.000,00 €	88.500.000,00 €		59.666.691,40 €
79	64	89446	955	1.853,06 €	165.748.405,82 €	111.747.559,10 €	100.000,00 €	95.500.000,00 €	8.849.100.000,00 €	5.976.658.523,92 €
80	65	88491	1026							
116										
117	Bilanz				Barwerte Gesamtprämien:	6.710.963.403,83 €		Barwerte Gesamtleistungen:		6.710.963.403,83 €
118										

Zielwertsuche ? ×
Zielzelle: F117
Zielwert: 6710963403,83
Veränderbare Zelle: B5
OK Abbrechen

Abb. 5 Kapitallebensversicherung von Anfang 20 bis Ende 64, Zinssatz 0,9 %

bei Effektivprämien berücksichtigt. Da es sich bei Kapitallebensversicherungen insbesondere um eine Kapitalanlage handelt, werden dort **Überschussanteile** häufig angesammelt (laufende Überschussbeteiligung und Schlussüberschuss) und zur Erhöhung der Versicherungsleistung am Ende der Versicherung (bei Tod oder im Erlebensfall) verwendet. Weil diese bei Vertragsabschluss unbekannten Überschussbeteiligungen von Versicherungsvermittlern häufig recht optimistisch angegeben wurden, waren und sind viele Versicherte von den tatsächlich am Ende erreichten Schlussüberschüssen sehr enttäuscht. Der Bund der Versicherten e. V. bezeichnet daher **Kapitallebensversicherungen als „legalen Betrug"** (siehe Bund der Versicherten 2016, S. 15 ff.). Verbraucherschützer raten mittlerweile von Kombinationen von Risikoabsicherung und Kapitalaufbau ab (siehe Bund der Versicherten 2016, S. 177).[10]

Aus Platzgründen sollen hier keine weiteren Fälle dargestellt werden, die analog modelliert werden können. Auch wenn zunehmend weniger Versicherungsunternehmen klassische Kapitallebensversicherungen anbieten, kann man auf der Internetseite des Gesamtverbands der Deutschen Versicherungswirtschaft e. V. (www.gdv.de) noch zahlreiche Unternehmen mit solchen Angeboten finden, um z. B. vor Ort eigene Berechnungen mit konkreten Versicherungsangeboten zu vergleichen, wie oben für die Risikolebensversicherung geschehen.

11 Verknüpfung zwischen Risiko- und Kapitallebensversicherung

Weil der Barwert der erwarteten Netto-Versicherungsprämien für alle betrachteten Versicherten, $P_0(P)$, proportional zu P ist, lassen sich die Netto-Versicherungsprämien in zwei Bestandteile aufteilen, wenn der Barwert der Leistung des Versicherungsunternehmens zerlegt wird in eine Leistung Lt_0 im Todesfall und eine Leistung Le_0 im Erlebensfall (wieder am Beispiel der Laufzeit von 6 Jahren ab dem 20. Geburtstag):

$$Lt_0 = 32 \cdot 10.000€ \cdot 1{,}009^{-1} + 29 \cdot 10.000€ \cdot 1{,}009^{-2}$$
$$+ 32 \cdot 10.000€ \cdot 1{,}009^{-3} +$$

$$+ 30 \cdot 10.000€ \cdot 1{,}009^{-4} + 32 \cdot 10.000€ \cdot 1{,}009^{-5}$$
$$+ 32 \cdot 10.000€ \cdot 1{,}009^{-6}$$

$$Le_0 = 99.226 \cdot 10.000€ \cdot 1{,}009^{-6}$$

Hierzu kann man die zwei Bestandteile der Netto-Versicherungsprämie bestimmen, einen Anteil Pt der Netto-Versicherungsprämie für den Todesfall (**Risikoanteil**) und einen Anteil Pe für den Erlebensfall (**Sparanteil**):[11]

$$Pt = \frac{Lt_0}{P_0(1)} \approx 3{,}11€ \text{ und } Pe = \frac{Le_0}{P_0(1)} \approx 1.613{,}23€.$$

Ihre Summe ist gleich der oben bestimmten Netto-Versicherungsprämie für unseren Fall. Der Risikoanteil Pt ist gleich der Netto-Versicherungsprämie der Risikolebensversicherung zu analogen Bedingungen in Abb. 1, und der Sparanteil Pe, der für den Kapitalaufbau im Erlebensfall nötig ist, überwiegt massiv, weil mit nur sechs Prämienzahlungen ein relativ großes Kapital angespart werden muss (bei geringem Zinssatz).

Von **Verbraucherschützern** und dem Bund der Versicherten e. V. wird seit Jahren **kritisiert,** dass die Beteiligung der Versicherten an Überschüssen und Rücklagen nicht angemessen transparent sei (vgl. Bund der Versicherten 2016, Kapitel A). Zudem wird bemängelt, dass Versicherte die Rendite ihrer Kapitallebensversicherungen nicht nachvollziehen können, solange die Versicherungsunternehmen die drei Anteile der Versicherungsprämien, Kosten-, Risiko- und Sparanteil, nicht transparent ausweisen, weil der im Versicherungsvertrag festgelegte Garantiezins sich lediglich auf den Sparanteil der Brutto-Versicherungsprämien bezieht. Die Überlegungen in den vorigen Absätzen zeigen, dass diese verschiedenen Anteile einfach zu trennen wären.

12 Rendite einer Kapitallebensversicherung im Erlebensfall

Vor der Niedrigzinsphase haben viele Versicherte Kapitallebensversicherungen als Altersvorsorge abgeschlossen. Mithilfe des obigen mathematischen Modells ist es recht ein-

---

[10]Die Verordnung über Informationspflichten bei Versicherungsverträgen aus dem Jahr 2007 (VVG-InfoV, § 2) legt fest, wie Modellrechnungen darzustellen sind.

[11]$P_0(1) = 582.885{,}04\ldots$

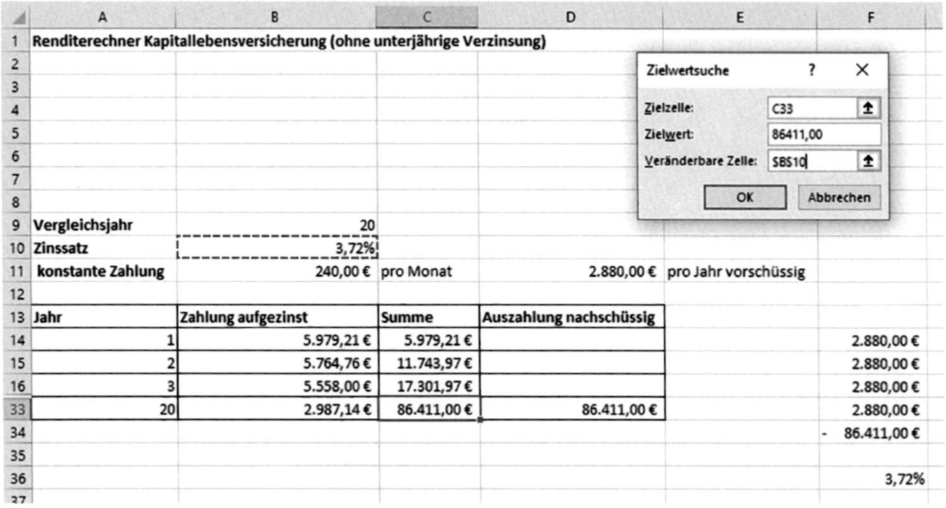

Abb. 6 Rendite einer Kapitallebensversicherung

fach möglich, für einen solchen Fall, dass nämlich ein Versicherter die vereinbarte Versicherungsdauer überlebt und die angesparte Versicherungsleistung ausbezahlt bekommt, die **effektive jährliche Rendite** zu bestimmen.

Als Beispiel wird folgende Situation angenommen:

- Versicherungsdauer: 20 Jahre
- Versicherungsprämie an die Versicherung: 2.880€ pro Jahr vorschüssig, d. h., zu Beginn des Jahres wird eingezahlt
- Am Ende der Laufzeit der Versicherung bekommt der Versicherte ein Kapital von 86.411€ (diesmal inklusive zuvor nicht seriös prognostizierbarer Überschussbeteiligungen) ausgezahlt.

Die Situation lässt sich einfach mit EXCEL modellieren. Weil nun der Zeitpunkt der Auszahlung und das dann ausgezahlte Kapital bekannt sind, ist es möglich, die Versicherungsprämien an das Versicherungsunternehmen zum Zeitpunkt der Auszahlung aufzuzinsen (Abb. 6, nicht wesentliche Zeilen sind ausgeblendet).

Den Wert z. B. in Zelle B14 berechnet man demnach so: $2.880,00€ \cdot \left(1 + \frac{0,9}{100}\right)^{20} \approx 5.979,21€$; in Spalte C werden die aufgezinsten Zahlungen lediglich nach und nach addiert.

Die Zielwertsuche liefert den effektiven Zinssatz, mit dem die Versicherungsprämien für die Dauer von 20 Jahren angelegt werden müssten, um das gleiche Kapital zu erhalten. Der effektive Zinssatz beträgt hier etwa 3,72%; dabei wurde außer Acht gelassen, dass ein Risikoanteil der Versicherungsprämien nötig war, damit das Versicherungsunternehmen im – erfreulicherweise nicht eingetretenen – Todesfall des Versicherten, ebenfalls die Versicherungssumme (inklusive Überschussbeteiligungen) hätte auszahlen können. Weiterhin wurde nicht berücksichtigt, dass ein gewisser Anteil des Kapitals bei Auszahlung zu **versteuern** ist und dann trotz Auszahlung real nicht zur Verfügung steht.[12]

Nur nebenbei sei angemerkt, dass EXCEL die **finanzmathematische Funktion** IKV anbietet, die die Aufzinsung einer Reihe von Zahlungen zu einheitlichen Zahlungsperioden automatisch vornimmt, um den effektiven Zinssatz zu ermitteln.[13] Der TI-Nspire CX CAS bietet mit tmvI eine vergleichbare Funktion.

Weil in diesem Beispiel konstante Einzahlungen vorgenommen wurden und keine Wahrscheinlichkeitsverteilung für Sterbewahrscheinlichkeiten berücksichtigt wird, lässt sich diese Situation einfacher algebraisch beschreiben als die obigen. Dem ausgezahlten Kapital von $L_{20} = 86.411,00€$ stehen nämlich die mit dem Prozentsatz $p\%$ aufgezinsten Einzahlungsbeträge gegenüber:

$$P_{20}(p) = 2.880€ \cdot \left(1 + \frac{p}{100}\right)^{20} + 2.880€ \cdot \left(1 + \frac{p}{100}\right)^{19} + \dots$$
$$+ 2.880€ \cdot \left(1 + \frac{p}{100}\right)^{1} = 2.880€ \cdot$$
$$\left[\left(1 + \frac{p}{100}\right)^{20} + \left(1 + \frac{p}{100}\right)^{19} + \dots + \left(1 + \frac{p}{100}\right)^{1}\right];$$

---

[12]vgl. für die Besteuerung von Lebensversicherungen: https://www.finanztip.de/lebensversicherung-versteuern/ (geprüft am 27.09.2020)

[13]Die EXCEL-Formel zu Zelle F36 lautet: „=IKV(F14:F34)".

die zu Beginn des ersten Jahres eingezahlten 2.880€ werden nämlich bis zum Ende des 20. Jahres der Versicherungslaufzeit mit Zinseszinsen verzinst und die zu Beginn des letzten Jahres eingezahlten 2.880€ werden einmal verzinst, bis das erreichte Kapital ausgezahlt wird.

Den Term in den eckigen Klammern erkennt man als **geometrische Reihe:**

$$\sum_{i=0}^{n-1} q^i = \frac{q^n - 1}{q - 1} \text{ bzw. } \sum_{i=1}^{n} q^i = \frac{q^{n+1} - q}{q - 1}$$

Es gilt also: $P_{20}(p) = 2.880€ \cdot \frac{\left(1+\frac{p}{100}\right)^{21} - \left(1+\frac{p}{100}\right)}{\frac{p}{100}}$.

Nun benutzt man das schon bei der Modellierung der Lebensversicherungen entscheidende Äquivalenzprinzip, um den effektiven jährlichen Zinssatz $p\%$ zu ermitteln:

$$L_{20} = P_{20}(p) \Leftrightarrow 86.411€ = 2.880€ \cdot \frac{\left(1 + \frac{p}{100}\right)^{21} - \left(1 + \frac{p}{100}\right)}{\frac{p}{100}}$$

Als (im Kontext einzige sinnvolle) Lösung erhält man z. B. mit einem Computer-Algebra-System wieder $p \approx 3{,}72\%$.

13 Sinnvolle weitere Variationen zu Lebensversicherungen

Für mögliche Vertiefungen bieten sich weitere Variationen an, die mit sehr analogen Modellen berechnet werden können:[14]

- Berechnungen mit anderen Rechnungszinsen zur Simulation von Überschussbeteiligungen (Hier sollten aber warnende Hinweise von Verbraucherschützern beachtet werden, um zu optimistische Prognosen zu entlarven. Ein Blick in die Verordnung über Informationspflichten bei Versicherungsverträgen, § 2 VVG-InfoV, gibt Auskunft, über welche Modellrechnungen Versicherungsunternehmen informieren müssen/ dürfen.)
- Weitere Variation der Laufzeiten und des Versicherungsbeginns – Anpassung an fiktive Lebensmodelle der beteiligten Schülerinnen und Schüler
- Modellierung mit Sterbetafeln von früher, um zu untersuchen, wie sich Sterbetafeln und Versicherungsprämien verändert haben: https://www-genesis.destatis.de Suchbegriff: „12.621" oder „Sterbetafel" (geprüft am 27.09.2020)
- Modellierung mit Sterbetafeln anderer Länder: https://www.lifetable.de/cgi-bin/data.php (geprüft am 27.09.2020)
- Obwohl seit Dezember 2012 Unisex-Tarife gesetzlich vorgeschrieben sind, kann man Modelle mit geschlech-

tergetrennten Versicherungsprämien durchrechnen, um zu analysieren, wer davon profitiert (vgl. Tab. 1).
- Modellierung von Vertragsänderungen (hierfür müssen die Kosten des Versicherungsunternehmens modellhaft festgelegt werden):
vorzeitige Beitragsfreistellung: Wie hoch fällt die Leistung des Versicherungsunternehmens aus, wenn ab einem Zeitpunkt von der versicherten Person keine weiteren Versicherungsprämien gezahlt werden können, die Versicherung aber dennoch weiterlaufen soll?
Rückkaufwert: Die Versicherung soll vor ihrem Ablauf gekündigt werden. Wie viel von den eingezahlten Versicherungsprämien und den erwirtschafteten Zinsen erhält die versicherte Person zurück?

14 Verbraucherbildung in Schulen

Die Kultusministerkonferenz hat 2013 Empfehlungen zur „Verbraucherbildung an Schulen" beschlossen. Darin heißt es (siehe Kultusministerkonferenz 2013, S. 2): „Die Verbraucherbildung ist als lebenslanger Prozess und zentrales Element einer Bildung zu verstehen, die sowohl auf aktuelle als auch künftige Herausforderungen im Privat- wie auch im Berufsleben vorbereitet." Außerdem werden in der Empfehlung folgende Ziele formuliert (siehe Kultusministerkonferenz 2013, S. 2): „Die Verbraucherbildung hat die Entwicklung eines verantwortungsbewussten Verhaltens als Verbraucherinnen und Verbraucher zum Ziel, indem über konsumbezogene Inhalte informiert wird und Kompetenzen im Sinne eines reflektierten und selbstbestimmten Konsumverhaltens erworben werden. Dabei geht es vor allem um den Aufbau einer Haltung, die erworbenen Kompetenzen im Zusammenhang mit Konsumentscheidungen als mündige Verbraucherinnen und Verbraucher heranzuziehen und zu nutzen."

In diesem Beitrag geht es exemplarisch um Lebensversicherungen. Vorgaben zu Versicherungen oder privater Absicherung finden sich – zumindest für Gymnasien in Niedersachsen – weder explizit in Kerncurricula für das Fach Politik-Wirtschaft noch für das Fach Mathematik. Studien belegen aber, dass Jugendliche an wirtschaftlichen Themen interessiert sind und dass dennoch deutliche Defizite hinsichtlich einer finanziellen Allgemeinbildung bestehen (siehe Kaminski und Friebel 2012, Kap. 2.2). Für den Mathematikunterricht lässt sich die Thematisierung von Versicherungen durchaus mit der Förderung prozessbezogener Kompetenzen sowie üblichen Allgemeinbildungskonzepten legitimieren.

---

[14]vgl. Winter 1989b, S. 59 f.

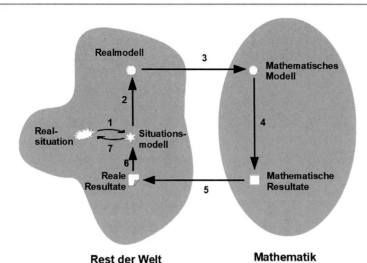

Abb. 7: Modellierungskreislauf nach Blum (2010, S. 42)

15   Verbraucherbildung im Kontext von Versicherungen

1976 wurde auf Initiative der Landeszentrale für politische Bildung Baden-Württemberg der „**Beutelsbacher Konsens**" erarbeitet, der bis heute geltender Standard für politisch-historischen Unterricht in Deutschland ist.[15] In Kürze:

- Überwältigungsverbot: Schülerinnen und Schülern darf keine Meinung aufgezwungen werden, sondern sie sollen in die Lage versetzt werden, sich eine eigene Meinung bilden zu können.
- Was in Wissenschaft und Politik kontrovers ist, muss auch im Unterricht kontrovers erscheinen.
- Schülerinnen und Schüler müssen in die Lage versetzt werden, eine politische Situation und die eigene Interessenlage zu analysieren.

Somit sollten die drei **wesentlichen Perspektiven** auf den Themenkomplex Versicherungen im Unterricht angemessen beleuchtet werden:

1. **Versicherungsunternehmen** streben mit den von ihnen angebotenen Produkten einen möglichst hohen Gewinn an.
2. **Versicherte** wollen möglichst günstig ihre persönlichen Risiken möglichst gut absichern – und von Versicherungsunternehmen fair behandelt werden.

3. Die Versicherungs**mathematik** entwickelt Formeln und Algorithmen, um Risiken, Prämien und Leistungen mit mathematischen Mitteln möglichst ausgewogen zu modellieren.

Materialien, die im Unterricht verwendet werden, um aktuelle Daten zu recherchieren, sollten daher nicht aus einseitigen Quellen stammen und neben Versicherungsunternehmen und Vergleichsportalen im Internet auch Informationen von z. B. Verbraucherzentralen, der Stiftung Warentest oder dem Bund der Versicherten e. V. nutzen. Authentische Daten lassen sich im Unterricht verwenden, wenn Schülerinnen und Schüler sich von verschiedenen Versicherungsunternehmen vor Ort Angebote für bestimmte Versicherungen erstellen lassen, um diese kritisch zu vergleichen; die entsprechenden Ausgangsbedingungen sollten zuvor allerdings festgelegt werden, um zumindest eine gewisse Vergleichbarkeit zu erreichen. Für Risikolebensversicherungen findet man schnell Vergleichsportale im Internet.

16   Rückblick auf Idealisierungen und Validierungen

Modellierungskompetenzen vermittelt man im Mathematikunterricht unter anderem dadurch, dass Sachkontexte wirklich ernst genommen werden (zumindest solche, die man ernst nehmen kann) und Wechselbeziehungen zwischen der Realität und der Mathematik reflektiert werden. In üblichen Modellierungskreisläufen sind dies die Phasen der **Vereinfachung** (Welche Annahmen und Vereinfachungen werden getroffen?) und der **Validierung** (Sind die Ergebnisse angemessen, bewähren sich die mathematischen Modelle?) (Abb. 7).

---

[15]vgl. https://www.lpb-bw.de/beutelsbacher-konsens.html (geprüft am 27.09.2020)

Es wurde gezeigt, dass der Kontext der Lebensversicherungen beim Einsatz digitaler Mathematikwerkzeuge geeignet ist, mit überschaubarem mathematischem Aufwand einen relevanten Sachkontext ernst zu nehmen und auf elementarer Ebene grundsätzlich zu durchschauen.

Beim Aufstellen der mathematischen Modelle wurden die folgenden **wesentlichen Vereinfachungen** genutzt:[16]

- Es wird angenommen, dass Versicherungsprämien vom Alter der Versicherten abhängen. (Das ist bei Sozialversicherungen wie der gesetzlichen Krankenversicherung nicht so.)
- Es werden Sterbetafeln für die Gesamtbevölkerung in Deutschland zur Prognose von Sterbewahrscheinlichkeiten verwendet.
- Sterbewahrscheinlichkeiten innerhalb eines Jahres werden als konstant angenommen.
- Es werden Netto-Versicherungsprämien weitgehend ohne Berücksichtigung von Kosten berechnet.
- Als Zinsperioden werden ganze Jahre angenommen, ohne unterjährige Zahlungen zu betrachten. Hier wird davon ausgegangen, dass Versicherungsverträge nur an Geburtstagen abgeschlossen werden.
- Es wird angenommen, dass Versicherungsprämien proportional zu Versicherungssummen sind.
- Um Prämien von Versicherten und Leistungen des Versicherungsunternehmens, welche zu völlig unterschiedlichen Zeiten erfolgen, vergleichen zu können, werden deren Barwerte unter Berücksichtigung eines Zinssatzes verglichen, der für die gesamte Vertragslaufzeit als konstant angenommen wird.
- Als Grundlage der Kalkulation für jeden Vertrag wird das versicherungsmathematische Äquivalenzprinzip verwendet (also kein Umlageverfahren, bei dem ggf. der Staat aushilft, und kein Solidaritätsprinzip mit Versicherungsprämien nach individuellen Möglichkeiten).
- Kumulierte Todesfallereignisse (z. B. Naturkatastrophen, Terroranschläge, große Unfälle, Krieg), bei denen in kurzer Zeit hohe Versicherungsleistungen zu erbringen sind, werden nicht berücksichtigt.

Die **Validierung** der Modelle und Ergebnisse wurde in diesem Beitrag exemplarisch durch einen Vergleich mit einem Online-Portal gezeigt und durch den Vergleich von Versicherungsangeboten angeregt. Bei Versicherungen geht es um die Absicherung persönlicher Risiken, insofern muss stets eine **subjektive Komponente** bei der Validierung der Modelle bzw. vor der Entscheidung für den Abschluss einer Versicherung berücksichtigt werden: Ist mir persönlich für die finanzielle Absicherung des Risikos die verlangte Zahlung der Versicherungsprämien wirklich wert?

Bei der Diskussion solcher Aspekte, beim Studium von Versicherungsbedingungen oder Info-Blättern von Verbraucherverbänden und bei Entscheidungen bzgl. der Modellparameter ergeben sich vielfältige Möglichkeiten, im Mathematikunterricht die **Verbraucherbildung** der Schülerinnen und Schüler zu entwickeln und zu vertiefen.

Der Autor stellt gerne auf Nachfrage verwendete EXCEL- und TI-Nspire CX CAS-Dateien sowie Materialien für eine im Unterricht erprobte Lernumgebung zur Verfügung (Grundkurs Jahrgang 12).

Literatur

Adelmeyer, M., Warmuth, E.: Finanzmathematik für Einsteiger. Vieweg, Wiesbaden (²2005)

Blum, W.: Modellierungsaufgaben im Mathematikunterricht. Herausforderung für Schüler und Lehrer. In: Praxis der Mathematik in der Schule, Heft 34, S. 42 – 48. Aulis Verlag, Hallbergmoos (2010)

Bund der Versicherten e. V. (Hrsg.): Leit-/ Leidfaden Versicherungen. Zu Klampen Verlag, Springe (2016)

Fachgrundsatz der Deutschen Aktuarvereinigung e. V.: Herleitung der Sterbetafel DAV 2008 T für Lebensversicherungen mit Todesfallcharakter. Richtlinie. https://aktuar.de/unsere-themen/lebensversicherung/sterbetafeln/2018-10-05_DAV-Richtlinie_Herleitung_DAV2008T.pdf (2018). Zugegriffen: 27. Sept. 2020

Führer, C., Grimmer, A: Einführung in die Lebensversicherungsmathematik. Verlag Versicherungswirtschaft GmbH, Karlsruhe (²2010)

Gesamtverband der Deutschen Versicherungswirtschaft e. V. (Hrsg.): Statistisches Taschenbuch der Versicherungswirtschaft 2018. GDV, Berlin (2018)

Grundmann, W., Luderer, B.: Finanzmathematik, Versicherungsmathematik, Wertpapieranalyse. Formeln und Begriffe. Vieweg+Teubner, Wiesbaden (³2009)

Kahlenberg, J.: Lebensversicherungsmathematik. Basiswissen zur Technik der deutschen Lebensversicherung. Springer Gabler, Wiesbaden (2018)

Kaminski, H., Friebel, S.: Arbeitspapier „Finanzielle Allgemeinbildung als Bestandteil der ökonomischen Bildung". Institut für Ökonomische Bildung an der Universität Oldenburg. https://www.ioeb.de/sites/default/files/img/Aktuelles/120814_Arbeitspapier_Finanzielle_Allgemeinbildung_Downloadversion.pdf (2012). Zugegriffen: 27. Sept. 2020

Kultusministerkonferenz: Verbraucherbildung an Schulen (Beschluss vom 12.09.2013). https://www.kmk.org/fileadmin/Dateien/veroeffentlichungen_beschluesse/2013/2013_09_12-Verbraucherbildung.pdf (2013). Zugegriffen: 27. Sept. 2020

Ortmann, K. M.: Praktische Lebensversicherungsmathematik. Mit zahlreichen Beispielen sowie Aufgaben plus Lösungen. Springer Spektrum, Wiesbaden (²2016)

Schmidt, K. D.: Versicherungsmathematik. Springer, Berlin (³2009)

Statistisches Bundesamt: Sterbetafel (Periodensterbetafel): Deutschland, Jahre, Geschlecht, Vollendetes Alter. https://www-genesis.destatis.de (Suchbegriff „12621" oder „Sterbetafel") (2017). Zugegriffen: 27. Sept. 2020

---

[16]vgl. Ortmann 2016, S. 119 f., und Winter 1989b, S. 53 f.

VHV Vereinigte Hannoversche Versicherung a.G.: GESCHÄFTSBE-
RICHT 2018: https://www.hannoversche.de/dam/unternehmen/
geschaeftsberichte/GB-2018-VHVG-Konzernbericht-gesamt.pdf
(2019). Zugegriffen: 27. Sept. 2020
Wassner, C., Biehler, R., Martignon, L.: Das Konzept der natürlichen
Häufigkeiten im Stochastikunterricht. In: Der Mathematikunterricht, Heft 3, S. 33 – 44. Friedrich Verlag, Seelze (2007)

Winter, H.: MatheWelt: Sterbetafel und Lebensversicherung. In: ma-
thematik lehren, Heft 20, S. 28–42 mit Kommentar auf S. 60f.
Friedrich Verlag, Seelze (1987)
Winter, H.: Entdeckendes Lernen im Mathematikunterricht. Vieweg,
Braunschweig (1989a)
Winter, H.: Lernen für das Leben? – Die Lebensversicherung. In: Der
Mathematikunterricht, Heft 6, S. 46 – 66. Friedrich Verlag, Seelze
(1989b)

Erkundungen und Abschätzungen bei Google-Maps-Bildern

Hans Humenberger

1 Datum und Uhrzeit der Aufnahme

Gewisse Standardprobleme zum Thema Schatten sind im Mathematikunterricht ja weit verbreitet, z. B. in der analytischen Geometrie, bei Sachaufgaben (Wie hoch ist ein Mast, wenn man seine Schattenlänge und den Einfallswinkel der Sonne kennt?), die erste Bestimmung des Erdumfangs nach Eratosthenes (um ca. 240 v. Chr.) etc. Mit neuer Technologie (Computertechnik) werden nun auch weitere interessante Aufgaben zu diesem Thema möglich. Bei Google-Maps und anderen ähnlichen Diensten findet man viele Bilder mit schattenwerfenden Objekten. Kann man bei solchen Bildern das Datum und die Uhrzeit der Aufnahme begründet abschätzen? Wenn ja, wie?

In Abb. 1 sieht man ein Haus (London), das einen Schatten wirft. Da ein Schornstein genau an der Hausmauer ist, kann man den zugehörigen „Bodenpunkt" gut ausmachen (lotrecht hinunter von der Schornsteinspitze zum Boden). Der Schattenpunkt der Schornsteinspitze ist gut zu sehen, und solche Karten haben immer eine Nord-Süd-Ausrichtung. Daher kann man relativ gut die Schattenrichtung am Boden sehen: ca. 10° von der Nordrichtung abweichend nach Westen, d. h. die Sonne steht momentan ca. 10° von der Südrichtung entfernt in Richtung Osten (knapp vor Mittag). Diesen Wert bezeichnet man als das **Azimut** a der Sonne: $a \approx -10°$. Das Azimut ist in östlichen Richtungen negativ, in westlichen Richtungen positiv, bei $a = 0°$ steht die Sonne genau im Süden, es ist also einfach die gewohnte **Himmelsrichtung,** mit dem Nullpunkt genau im Süden.

Das Azimut der Sonne ist eine Koordinate der Sonne im so genannten **Horizontsystem,** die andere ist die **Sonnenhöhe** h (Höhenwinkel der Sonne, auch **Elevation** genannt). Das Horizontsystem beschreibt den Sonnenstand vom Beobachter aus durch zwei Winkelkoordina-

ten: $-180° < a \le +180°$, $-90° \le h \le +90°$. Für $h < 0°$ ist die Sonne für den Beobachter nicht sichtbar (z. B. in der Nacht). Zu Mittag (genau im **Süden**) nimmt h das Maximum an („Sonnenhöchststand"), vgl. Abb. 2.

Wie kann man nun diese Sonnenhöhe ungefähr abschätzen? Dazu bräuchte man gute Schätzwerte von **Schattenlänge** und **Objekthöhe.** Die Schattenlänge (weiß hervorgehoben in Abb. 1b) ist hier leicht zu bekommen, weil der „Bodenpunkt" des Schornsteins[1] und der Schattenpunkt der Schornsteinspitze gut auszumachen sind, man kann diese Entfernung direkt in Google-Maps messen, dazu gibt es ein eigenes Tool zum Entfernungsmessen (rechte Maustaste), alternativ dazu kann man auch mit dem Lineal abmessen und die rechts unten eingeblendete Strecke von einer Länge von z. B. 20 m in Wirklichkeit verwenden („Maßstab"). Man erhält hier ungefähr 11 m als Schattenlänge. Man darf hier natürlich nicht den Abstand auf der Karte zwischen der wirklichen Schornsteinspitze und dem zugehörigen Schattenpunkt am Boden messen (auch wenn das in diesem Fall zufällig nur einen kleinen Unterschied machte), das wäre nur dann „erlaubt", wenn die Satellitenaufnahme[2] von einer Position „lotrecht über dem Boden" stattfände. Das ist hier aber nicht der Fall, was man z. B. daran sieht, dass die östlichen Hausmauern gut zu sehen sind.

Nun muss man noch die Gebäudehöhe (vom Boden bis zur Schornsteinoberkante) schätzen. Dazu bietet sich Google-Street-View an. Das in Rede stehende Haus von Abb. 1 ist in Abb. 3 mittels Google-Street-View zu sehen.

Hier kann man die Höhe relativ gut abschätzen, man kann z. B. die Ziegelreihen bis zur Rauchfangspitze zählen: ca. 110. Wenn man eine Ziegelhöhe von 6,5 cm (Eng-

---

[1] Gemeint ist damit die lotrechte Projektion der Schornsteinspitze auf die Erdoberfläche, sozusagen ihr „Grundriss".

[2] Z. B. mittels des Satelliten Landsat 8 (NASA | USGS): seit Februar 2013; Umlaufzeit: ca. 98 min („sonnensynchron", d. h. die „Orbitalebene" hat einen festen Winkel zur Linie Planet-Sonne, in einem Jahr dreht sich die Orbitalebene genau einmal um die Erde oder anders formuliert: „Die Erde nimmt diese Ebene bei der Rotation um die Sonne sozusagen mit"); Höhe: ca. 700 km; Bahnneigung (Winkel zwischen

H. Humenberger (✉)
Fakultät für Mathematik, Universität Wien, Wien, Österreich
E-Mail: hans.humenberger@univie.ac.at

© Der/die Autor(en), exklusiv lizenziert durch Springer-Verlag GmbH, DE, ein Teil von Springer Nature 2021
H. Humenberger und B. Schuppar (Hrsg.), *Neue Materialien für einen realitätsbezogenen Mathematikunterricht 7,* Realitätsbezüge im Mathematikunterricht. https://doi.org/10.1007/978-3-662-62975-8_5

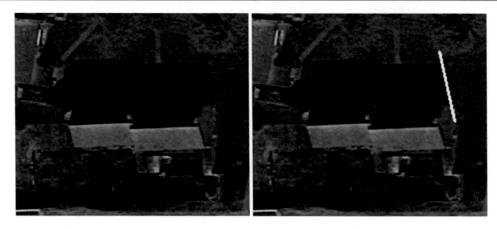

Abb. 1 Ein Haus mit Schatten in London. (Quelle: Google-Maps)

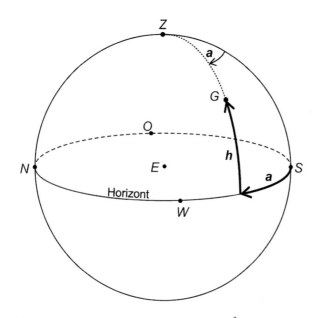

Abb. 2 Das Horizontsystem der **Himmelskugel**[3], die Erde ist als Punkt in deren Zentrum markiert, *G* bezeichnet ein *G*estirn (z. B. die Sonne), *Z* den Zenit – das ist der Punkt auf der Himmelskugel genau senkrecht über einem Beobachter auf der Erde. (Quelle: Schuppar 2017, S. 121, mit freundlicher Genehmigung)

land!) mit einem Zwischenraum von 1 cm rechnet, dann kommt man auf ca. 8,20 m, andere Schätzungen kommen vielleicht auf 8 m (z. B. Hauseingangsstufe von einer ande-

ren Ansicht: ca. 40 cm, zwei Geschosse zu je 2,80 m, dann noch ca. 2 m bis zur Schornsteinoberkante). Wir wollen die runden 8 m verwenden. Jetzt kann man die interessierende Sonnenhöhe (d. h. ihren Höhenwinkel) bestimmen, denn es gilt ja bekanntlich[4]: $\tan h = \frac{\text{Objekthöhe}}{\text{Schattenlänge}}$. Wir erhalten $h \approx 36°$. Um dieses Resultat zu bestätigen, kann man auch noch andere Objekte mit ihren Höhen und Schattenlängen hernehmen. Nun reduziert sich also die Frage auf: Wann steht in London (geografische Breite $\varphi \approx 51,5°$) die Sonne auf einer Höhe von 36° und gleichzeitig 10° im Osten? Die „tägliche Bahn" der Sonne am Himmel ist ja abhängig von der so genannten **Deklination** δ der Sonne, die bekanntlich zwischen $-23,5°$ und $+23,5°$ im Laufe eines Jahres schwankt (für Details siehe Schuppar 2017). Die möglichen Deklinationswerte kommen i. A. pro Jahr zweimal vor (ausgenommen die beiden „Randwerte" zu Sommerbeginn am 21. 6. bzw. zu Winterbeginn am 21. 12.), sodass klar ist, dass Sonnenbahnen i. A. an zwei Tagen des Jahres praktisch gleich sind. Das bedeutet anschaulich: Wenn man in dem Bereich, in dem die Sonne prinzipiell stehen kann, einen Punkt am Himmel fixiert, dann kommt die Sonne an diesem Punkt i. A. zweimal pro Jahr vorbei. Für die Sonnendeklination δ gibt es Tabellen (vgl. Tab. 1), zwischen den angegebenen Werten kann man linear interpolieren – hohe Präzision brauchen wir bei unserem Thema nicht!

Diese Sonnendeklination ist eine der beiden Koordinaten der Sonne im anderen System, im **Äquatorsystem.** Die andere Koordinate ist der **Stundenwinkel** *t* mit

---

Orbitalebene und Äquatorebene, von der „Ostrichtung" aus gemessen): ca. 98°, d. h. fast polare Umlaufbahn (das entspräche einer Bahnneigung von 90°); „Streifenbreite" der Aufnahmen auf der Erde: ca. 185 km.

[3]Dieses Bild entspricht der Wahrnehmung von der Erde aus. Das geozentrische Weltbild ist als physikalisch-astronomisches Modell natürlich längst überholt, gleichwohl eignet sich die Vorstellung einer „Himmelskugel" (mit der Erde im Zentrum) zur Beschreibung vieler Phänomene sehr gut, weil wir den Weltraum um uns eben so wahrnehmen.

---

[4]Etwas ungewöhnlich ist hier vielleicht, dass *h* hier nicht eine Höhe im herkömmlichen Sinn bezeichnet, sondern die **Sonnenhöhe**, die eigentlich ein Winkel ist. Aber der Buchstabe *h* ist für diese Sonnenhöhe sehr verbreitet (Schuppar 2017).

Abb. 3 Haus in London, Seitenwand. (Quelle: Google-Street-View)

sehr lesenswerte Buch von B. Schuppar (2017, S. 134 ff.) zu diesem Thema.

Nautische Formeln:

(I) $\quad \sin(\delta) = \sin(\varphi) \cdot \sin(h) - \cos(\varphi) \cdot \cos(h) \cdot \cos(a)$

(II) $\quad \sin(h) = \sin(\varphi) \cdot \sin(\delta) + \cos(\varphi) \cdot \cos(\delta) \cdot \cos(t)$

(III) $\sin(t) \cdot \cos(\delta) = \cos(h) \cdot \sin(a)$

Unsere Daten sind $a \approx -10°$, $\varphi \approx 51,5°$ und $h \approx 36°$. Daraus kann man mit (I) berechnen: $\delta \approx -2°$ und mit (III) schließlich[6]: $t \approx -8°$, das entspricht ca. eine halbe Stunde vor Mittag, d. h. ca. 11:30 Uhr (gemeint ist hier die **wahre Ortszeit,** bei der der Sonnenhöchststand auf 12:00 Uhr fällt – Mittag), das müsste man noch in MEZ bzw. MESZ umrechnen, aber darauf soll es hier nicht ankommen (für Details siehe Schuppar 2017, S. 130 ff.). Die beiden möglichen Daten sind mit $\delta \approx -2°$ in Tab. 1 abzulesen: 16. März oder 29. September, also kurz vor Frühjahrsbeginn bzw. kurz nach Herbstbeginn. Wenn man die Vegetation näher betrachtet (insbesondere die manchmal fehlende Belaubung der Bäume), würde man vielleicht eher auf Frühlingsbeginn als auf Herbstbeginn setzen. Leider hat man in Google-Maps keine (uns bekannten) Möglichkeiten herauszufinden, von wann diese Aufnahme stammt, sodass wir also dieses mathematisch begründete Schätzergebnis leider nicht verifizieren können.

Tab. 1 Deklination der Sonne (Quelle: Schuppar 2017, S. 127)

Tag	Jan	Feb	März	April	Mai	Juni	Juli	Aug	Sept	Okt	Nov	Dez
1	−23,1	−17,3	−7,9	+4,3	+14,9	+22,0	+23,2	+18,2	+8,6	−2,9	−14,2	−21,7
5	−22,7	−16,1	−6,3	+5,8	+16,0	+22,5	+22,9	+17,2	+7,1	−4,4	−15,4	−22,3
10	−22,1	−14,6	−4,4	+7,7	+17,4	+23,0	+22,3	+15,8	+5,2	−6,4	−16,9	−22,8
15	−21,3	−12,9	−2,4	+9,5	+18,7	+23,3	+21,6	+14,3	+3,3	−8,2	−18,3	−23,2
20	−20,3	−11,2	−0,5	+11,3	+19,8	+23,4	+20,8	+12,7	+1,4	−10,1	−19,5	−23,4
25	−19,1	−9,4	+1,5	+12,9	+20,8	+23,4	+19,8	+11,0	−0,6	−11,8	−20,6	−23,4
30	−17,6		+3,9	+14,5	+21,8	+23,2	+18,4	+8,9	−2,5	−13,9	−21,5	−23,2

$-180° < t \leq +180°$, wobei Azimut a und Stundenwinkel t immer das gleiche Vorzeichen haben. Zu Mittag[5] ist $t = 0°$, am Vormittag ist $t < 0°$, am Nachmittag ist $t > 0°$. Dieser Stundenwinkel entwickelt sich im Laufe des Tages gleichmäßig, weil sich die Erde mit konstanter Geschwindigkeit dreht, m. a. W. in einer (Zeit-)Stunde ändert sich der Stundenwinkel um $360° : 24 = 15°$, vgl. Abb. 4.

Nun gibt es die so genannten **Nautischen Formeln,** mit deren Hilfe man die Horizontkoordinaten (a, h) in Äquatorkoordinaten (δ, t) umrechnen kann (und umgekehrt). Diese hier zu begründen bzw. herzuleiten, würde unseren Rahmen sprengen, wir verweisen auf das schöne und

Bemerkung zu diesem Themenkreis:
Die Aufnahmen von Google-Maps sind „gestückelt" und stammen i. A. von verschiedenen Daten bzw. Zeitpunkten. Das merkt man z. B. daran, dass ab einer gewissen „Trennlinie" ganz andere Lichtverhältnisse bzw. Schatten etc. herrschen. Wenn man in vielen städtischen Bereichen bei Google-Maps immer weiter ins Bild hineinzoomt, d. h. „näherkommt" und das Bild größer wird, dann wird oft automatisch auf **Google-Street-View** umgeschaltet, wobei bei diesen Aufnahmen oft der Aufnahmemonat dabeisteht. Bei der Street-View-Aufnahme von Abb. 3 steht „Sept. 2015". Das passt zwar gut zu unserem obigen Ergebnis, hat aber

---

[5]Gemeint ist 12:00 „wahre Ortszeit", d. h. der Zeitpunkt des Sonnenhöchststandes (Sonne im Süden).

[6]Auch mit II kann man t berechnen, dann muss man allerdings aufpassen, denn es muss ja wegen $a < 0$ auch $t < 0$ sein!

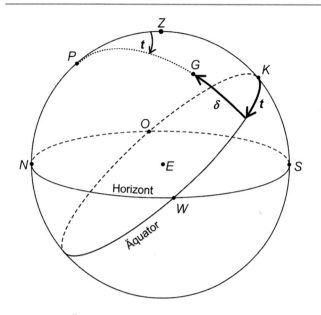

Abb. 4 Das Äquatorsystem der **Himmelskugel,** die Erde ist als Punkt markiert im Zentrum der Himmelskugel, *G* bezeichnet ein *Gestirn* (z. B. die Sonne), *P* den „Himmels(nord)pol" (dort ist ca. der **Polarstern**), *K* den **höchsten** Punkt des **Himmelsäquators** (das ist die gedachte Projektion des Erdäquators auf die Himmelskugel) auch **Kulminationspunkt** genannt (Quelle: Schuppar 2017, S. 126, mit freundlicher Genehmigung)

leider keine Aussagekraft, weil es bei unserem Problem ja nicht um das Datum der Street-View-Aufnahme geht, sondern um jenes der Google-Maps-Aufnahme, und diese beiden haben ja überhaupt nichts miteinander zu tun.

Der Vorteil dieses Themenkreises gegenüber dem folgenden ist, dass man praktisch alle Gegenden als Bilder verwenden kann, der Nachteil, dass das Wissen über Kugelgeometrie (Nautische Formeln) meist unbekannt sein wird, sodass das die Lernenden nicht in reiner Eigenregie erarbeiten können, hier muss die Lehrkraft die zugehörigen Hinweise und Erklärungen geben. Dieser Nachteil kann aber anders gesehen auch ein Vorteil sein, denn das Bewusstwerden über die beiden möglichen Koordinatensysteme bzgl. des Sonnenstandes (Horizont- bzw. Äquatorkoordinaten) und Begriffe wie Azimut, Sonnenhöhe, Deklination, Stundenwinkel etc. sind ja wichtig, kommen aber im Schulunterricht praktisch nicht vor. Hier sind nicht unbedingt die jeweiligen Formeln (z. B. die Nautischen Formeln) gemeint, sondern nur die zugehörigen Phänomene, die auch fächerübergreifend zu Physik (Astronomie) bzw. Geografie behandelt werden könnten.

Insgesamt ist es sicher für viele verblüffend und motivierend, dass man aus Google-Maps-Aufnahmen doch relativ genau Aufnahmezeit und -datum[7] abschätzen kann. Der genaue Hintergrund der Nautischen Formeln braucht dabei im Unterricht gar nicht unbedingt erläutert zu werden, sie hier einfach zu verwenden kann dazu beitragen, ein wenig zu staunen, was Mathematik leisten kann.

Beim folgenden Problem ist zwar die dahintersteckende Mathematik (Geometrie) einfacher[8], aber dafür braucht man nur selten zu erhaltende Google-Maps-Bilder. Für Aufnahmen wie hier in Abschn. 1 besprochen wären auch viele andere Orte in Deutschland oder Österreich möglich gewesen, aber wir haben London (Heathrow) hier schon in Abschn. 1 genommen, weil dieselbe Gegend auch noch einmal im kommenden Abschn. 2 eine Rolle spielt, und zwar mit einem weiteren Phänomen, das man leider nicht so häufig findet.

2   Nicht alltägliche Aufnahmen in der Nähe großer Flughäfen

Wenn man mit Google-Maps in der Nähe großer Flughäfen ist (z. B. Heathrow, Frankfurt, Los Angeles, New York etc.), so kann man per Zufall Flugzeuge in der Luft finden. Wenn der Google-Satellit seine Aufnahmen gerade dann macht, wenn sich ein Flugzeug dem Flughafen nähert (und das geschieht bei stark frequentierten Flughäfen sehr häufig), so ist das Flugzeug eben „im Bild" und man kann sich in so einer Situation die naheliegende Frage stellen, ob man irgendwie herausbekommen kann (mit mathematischen Mitteln, also begründet, nicht einfach als „Bauchschätzung"), wie hoch das Flugzeug ca. fliegt in diesem Moment. In Abb. 5 sieht man ein Flugzeug in der Nähe von London-Heathrow im Anflug.

Diese Frage ergab sich aus einer weiteren zufälligen Entdeckung: Wenn man einen etwas größeren Ausschnitt nimmt, dann sieht man sogar den Schatten des Flugzeuges (Abb. 6), damit müsste sich doch was machen lassen! Aber wie genau sollte man das anpacken? Gerade solche Momente sind ja die spannenden im **Prozess** des **Betreibens von Mathematik.** Natürlich hat die Frage nach der Flugzeughöhe aus solchen Bildern zwar Realitätsbezug, aber Lernende würden diese Frage vermutlich nicht von selbst stellen, sie muss von Lehrkräften kommen. Das gilt genauso für die Fragestellung von Abschn. 1, auch die muss von der Lehrkraft kommen.

Methode 1: Eine erste Idee ist hier, so ähnlich vorzugehen wie in Abschn. 1, wir kennen schon den ungefähren

---

[7]Beim Datum sind es – mit Ausnahme des Sommer- bzw. Winteranfangs (Sonnenwenden: 21. Juni, 21. Dezember) – zwei verschiedene mögliche Werte.

[8]Enthält aber trotzdem ein vielleicht überraschendes Moment, siehe unten.

Abb. 5 Flugzeug im Anflug auf Heathrow. (Quelle: Google-Maps)

Höhenwinkel $h \approx 36°$ der Sonne zum Zeitpunkt der Aufnahme (mit Hilfe des Hauses). Nun könnte man in erster Näherung auf die Idee kommen, insbesondere wenn man nicht vorher Fragen wie in Abschn. 1 behandelt hat und um die zugehörige Problematik[9] daher noch nicht gut Bescheid weiß, diesen Winkel zu verwenden und mit Hilfe der Horizontaldistanz Flugzeug-Flugzeugschatten auf die entsprechende Flugzeughöhe zu kommen (Abb. 7), entweder mit ähnlichen Dreiecken ($\frac{\text{Objekthöhe}}{s_1} = \frac{\text{Flugzeughöhe}}{s_2}$) oder mit Trigonometrie (Flugzeughöhe $= s_2 \cdot \tan h$). Nun liegt es zunächst ziemlich nahe, s_2 aus der Google-Maps-Aufnahme herauszumessen als Abstand zwischen Flugzeug und Flugzeugschatten.

Wenn man das macht, ergibt sich für $s_2 \approx 530$ m, damit käme man auf eine Flughöhe von ca. 385 m.

Nun gibt es glücklicherweise eine Überprüfungsmöglichkeit, ob dieses Ergebnis plausibel ist: Nämlich man kann die Entfernung zur Landepiste auf Google-Maps messen und daraus dann den durchschnittlichen Sinkflugwinkel bestimmen. Der liegt bei Standardanflügen bei ca. 3° (zwischen 2,5° und 3,5°), wie man sich durch eine Internetrecherche informieren kann. Die Entfernung zur Landepiste von Heathrow beträgt bei unserem Flugzeug ca. 6 km (Google-Maps-Messung), das gäbe einen Winkel für den zugehörigen Sinkflugpfad von ca. 3,5°, passt also relativ gut.

Methode 2: Obwohl das Ergebnis gut zu passen scheint (die Höhe ist vielleicht in Wirklichkeit etwas weniger, sodass der Sinkwinkel näher bei 3° liegt?), kann man durch genaueres Hinsehen relativ leicht einen **systematischen Fehler** erkennen: Wenn man nämlich die „Bodenstrecke" s_2 einfach aus dem Google-Maps-Bild abmisst als Entfernung von Flugzeug und Schatten, dann stimmt das ja nicht, denn das Flugzeug ist nicht wirklich am Boden und der Satellit ist nicht lotrecht über dem Flugzeug (siehe oben)! D. h. das Flugzeug, das wir im Bild sehen, ist ja nur das *schräg* (!) auf die Erdoberfläche projizierte Bild des Flugzeuges (vom Satelliten aus), und da diese Projektionsrichtung eben nicht lotrecht ist, ist das nicht genau die gesuchte Bodenstrecke s_2. Bezogen auf Abb. 7 heißt das, dass **Flugzeug im Bild** und **Bodenpunkt des Flugzeuges (Grundriss)** nicht dasselbe sind. Bei einer Höhe von fast 400 m und einer sichtlich schrägen Richtung des Satelliten, kann das eventuell schon einiges ausmachen.

Um s_2 zu messen, bräuchten wir den Bodenpunkt des Flugzeuges, seine lotrechte Projektion auf die Erdoberfläche („Grundriss"). Den kann man näherungsweise auch leicht bestimmen durch Schnitt zweier bestimmter Geraden. Da wir das Azimut der Sonne näherungsweise kennen (siehe oben, $a \approx -10°$) ist klar, dass der Bodenpunkt des Flugzeuges irgendwo auf der Geraden g liegen muss (Abb. 6). Andererseits sehen wir in Abb. 1, dass bei der Satellitenaufnahme des

---

[9]Gemeint ist hier der Unterschied zwischen „Bodenpunkt" (Grundrisspunkt) eines Objektes und dem zugehörigen Punkt der Schrägprojektion auf die Erdoberfläche (d. h. Punkt im Bild).

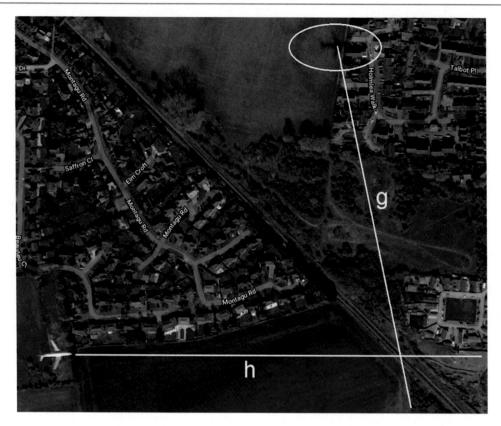

Abb. 6 Flugzeug im Anflug auf Heathrow, mit Schatten. (Quelle: Google-Maps; $\varphi = 51,4790992°$, $\lambda = -0,5753195°$; Sommer 2018); die Bedeutung der weißen Geraden g und h wird erst später klar; die Abb. 5 und 1 sind vergrößerte („zoomen") Ausschnitte von Abb. 6. Leider findet man dieses Flugzeug nicht mehr, weil die Aufnahmen um London offenbar durch neuere ersetzt wurden.

Abb. 7 Die Flugzeughöhe in ähnlichen Dreiecken

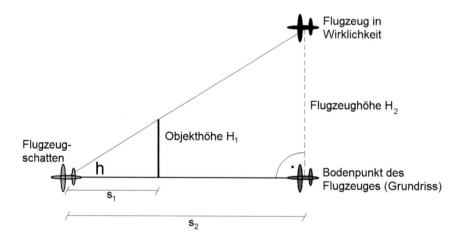

Hauses die fast perfekt in Ost-West-Richtung verlaufende Nord- bzw. Südmauer so gut wie nicht zu sehen ist, d. h. der Satellit steht praktisch genau irgendwo im Osten von diesem Haus aus gesehen[10], und das heißt wiederum, dass der Bodenpunkt des Flugzeuges irgendwo auf der Geraden h liegen muss[11], mithin im Schnittpunkt von g und h (Abb. 6, Ge-

[10]Man könnte auch seinen Höhenwinkel ungefähr abschätzen, denn wir wissen ja, dass das Haus mit Schornstein ca. 8 m hoch ist, und diese Höhe erscheint in Abb. 1 als „messbare" Strecke von ca. 3,40 m, das ergibt einen Höhenwinkel von ca. 67°, aber diesen Wert brauchen wir gar nicht.

[11]Dieser Schluss ist in Heathrow möglich, weil sich hier die *Perspektive* auf ein Haus nicht ändert, wenn man es am Bildschirm bewegt, es handelt sich mathematisch betrachtet um reine Translationen. In anderen Gebieten (z. B. London-Zentrum, Wien, Berlin, Frankfurt a. M., etc.) ist das nicht so: Dort sieht man von einem Haus, das man auf den linken Bildrand zieht, dessen Ostmauer, wenn man es auf den rechten Bildrand zieht, dessen Westmauer (auch im 2D-Modus). In diesem Fall kann man über das Azimut des Satelliten praktisch keine Aussage treffen.

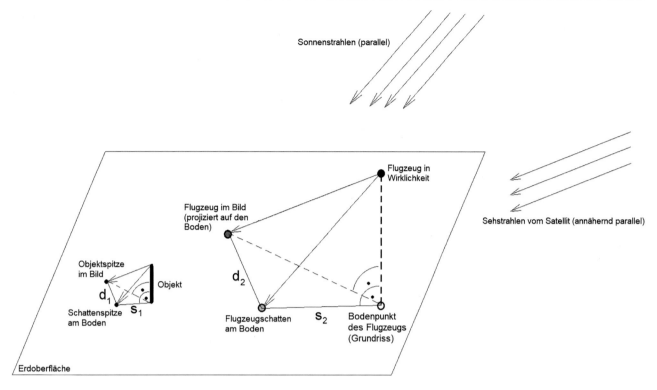

Abb. 8 Situationsskizze

raden in weiß angedeutet, Schnittpunkt auf den Schienen). Nun kann man auf der Karte s_2 bequem als Abstand dieses Schnittpunktes zum Flugzeugschatten messen, es ergibt sich: $s_2 \approx 380$ m und daraus eine Flughöhe von $\frac{380}{11} \cdot 8$ m ≈ 280 m , das sind immerhin ca. 100 m weniger als oben bei Methode 1. Der durchschnittliche Anflugwinkel auf Heathrow auf den verbleibenden 6 km wäre hier ca. $2, 7°$, auch das ist plausibel.

Methode 3:
In Methode 2 haben wir gesehen, dass bei allen Objekten die Verbindungen von Schattenspitze zu Bodenpunkt zueinander parallel sind (Richtung bestimmt durch das Azimut der Sonne), ebenso die Verbindungen von Objektspitze im Bild zu Bodenpunkt (Richtung bestimmt durch das Azimut des Satelliten). Dadurch auf den Plan gerufen, kann man auch vermuten, dass auch die Verbindungen **Objektspitze im Bild** und **Schattenspitze im Bild** bei verschiedenen Objekten immer parallel zueinander sein müssen. Zur Klärung (Bestätigung) hilft es, eine Situationsskizze (Abb. 8) zu machen, was hier eigentlich passiert.

Wie in Abb. 8 zu sehen ist, entstehen durch die auf die Erdoberfläche **projizierten** „Spitzen" (Objektspitze, Flugzeug in Wirklichkeit) und durch die Schatten eigentlich **dreiseitige Pyramiden,** die jeweils eine lotrechte Kante (= Höhe; Objekthöhe bzw. Flugzeughöhe) haben. Diese beiden Pyramiden sind **ähnlich** zueinander, weil die Sonnen-

strahlen zueinander parallel und die Sehstrahlen vom Satelliten auch praktisch parallel sind. Daher müssen auch die mit $d_{1,2}$ bezeichneten Bodendistanzen zueinander parallel sein, und das sind die in Rede stehenden Verbindungen zwischen **Schattenspitze am Boden** und **Objektspitze im Bild** (bzw. **Flugzeug im Bild**). Daher braucht man, auch wenn man den oben angesprochenen systematischen Fehler vermeiden will, die Bodendistanzen $s_{1,2}$ eigentlich gar nicht, es genügen die Bodendistanzen $d_{1,2}$, das sind die viel leichter messbaren Entfernungen im Bild, einerseits zwischen Schornsteinspitze im Bild und zugehöriger Schattenspitze im Bild und andererseits zwischen Flugzeug bzw. Flugzeugschatten im Bild. Aufgrund dieser Ähnlichkeit gilt auch: $\frac{\text{Objekthöhe}}{d_1} = \frac{\text{Flugzeughöhe}}{d_2}$.

Das, was in Abschn. 1 eigentlich verboten war (die Schattenlänge des Hauses/Schornsteines zwischen Schattenspitze und Objektspitze zu messen (wir mussten dafür extra den „Bodenpunkt" bzw. den „Grundriss" des Schornsteines suchen), ist jetzt also die Methode der Wahl! Aus dem Google-Maps-Bild (Abb. 1) misst man $d_1 \approx 10$ m, damit ergibt sich mit $d_2 \approx 530$ m und einer Objekthöhe von 8 m eine Flughöhe von ca. 420 m.

Eine Literaturrecherche zu diesem Thema hat ergeben, dass Überlegungen mit Bildern von Flugzeugen und ihren Schatten in der Nähe von Flughäfen auch schon Helen Chick (Tasmanien) hatte (Chick 2016), bei ihr ist es der

Flughafen von Melbourne. Auch sie ist der Frage nachgegangen, ob man aus einem Google-Maps-Bild mit Flugzeug und Flugzeugschatten die Flughöhe abschätzen kann, im Wesentlichen handelt es sich bei ihr um die Methoden 1 und 3.

3 Entdeckung eines „Fehlers" im Bild

Erstaunlich ist hierbei, dass durch die vom Prinzip her genaueren Überlegungen (kein **systematischer** Fehler mehr) von Methode 3 sich der Wert der Flugzeughöhe sogar **vergrößert** hat gegenüber dem Wert von Methode 1 (385 m) und nicht näher an das Ergebnis von Methode 2 (280 m) heranführt. Man würde doch eher erwarten, dass das Ergebnis von Methode 3 Richtung Methode 2 tendiert, vermeiden sie doch beide auf ihre Art den systematischen Fehler von Methode 1. Das kann einen durchaus stutzig machen und noch einmal zur Lösung zurückkehren lassen: Man sieht in Abb. 1, dass die Richtung der Verbindung von Schornsteinspitze zu Schattenspitze knapp 10° von der Nord-Süd-Richtung abweicht (diesmal in die andere Richtung, also ca. +10°), in Abb. 6 sieht man mit freiem Auge, dass die Richtung von Flugzeugbild zu Flugzeugschatten fast 45° von der Nord-Süd-Richtung abweicht. Das kann unter keinen Umständen zusammenpassen, diese beiden Richtungen müssten doch eigentlich parallel sein! Dieser Umstand kann vielleicht Lernenden auch schon früher auffallen, jedenfalls kann man daraus den Schluss ziehen: In Abb. 6 ist nicht das ganze dort sichtbare Gebiet zu ein und demselben Zeitpunkt aufgenommen worden, da müssen bei verschiedenen Teilen verschiedene Zeitpunkte beteiligt sein, es muss dort irgendwo „gestückelt" worden sein. An den Häuser- und Baumschatten etc. sieht man diesen Effekt nicht, weil vermutlich nur wenige Sekunden zwischen den Aufnahmen liegen. Das Flugzeug ist zu weit links bzw. der Schatten ist zu weit rechts. Vielleicht ist der Aufnahmezeitpunkt des Schattenbereiches wenige Sekunden später als der des Flugzeugbereiches (bei der schnellen Bewegung eines Flugzeuges bzw. des zugehörigen Schattens machen auch wenige Sekunden etwas aus)? Jedenfalls bedeutet das für unsere Berechnungen in Methode 1 und Methode 3, dass wir von „falschen Daten" ausgegangen sind. Wenn die angesprochene Vermutung (wenige Sekunden Differenz) stimmt, haben wir aber mit Methode 2 doch eine davon unabhängige Lösung: gleichgültig wie weit das Flugzeug rechts oder links ist, der Schnittpunkt der weißen Geraden g und h in Abb. 6 bleibt davon unberührt. In diesem Sinn ist vermutlich bei unserem Bild der Wert von Methode 2 jener, der der Wirklichkeit am nächsten kommt. Methode 2 hat aber nur aus zwei Gründen so einfach funktioniert: (1) in London ändert sich die Perspektive auf ein Haus nicht, wenn

man das Haus am Bildschirm bewegt, auch im „2D-Modus" (vgl. Fußnote 11), (2) weil der Satellit praktisch genau in östlicher Richtung steht, andernfalls wäre es nicht so leicht, die Gerade g einzuzeichnen und den Bodenpunkt des Flugzeuges zu finden.

Wenn man der Meinung ist, dass wegen dieser „Misere" vieles vergebens war (vergeudete Zeit), sollte man ein anderes solches Bild suchen, das diesen „Fehler" nicht aufweist. Z. B. findet man auf dem Flughafen von Moskau (29. 12. 2019) gleich zwei Flugzeuge in der Luft, eines unmittelbar nach dem Start in westsüdwestlicher Richtung ($\varphi = 55,9671242°$, $\lambda = 37,3815286°$), dort passen die notwendigen Parallelitäten, d. h. diese Aufnahmen sind vermutlich zum selben Zeitpunkt geschehen und man hat dort auch unmittelbar ein Flugzeug am Rollfeld, dessen Flügelhöhe (man wird vermutlich die hinteren Tragflächen nehmen) gut zu schätzen ist, siehe Abb. 9.

Ein zweites ist im Landeanflug ostnordöstlich des Flughafens, aber dieses Gebiet wurde nicht zum selben Zeitpunkt aufgenommen wie jenes unmittelbar am Flughafen, das erkennt man an der deutlich anderen Schattenrichtung (Abb. 10a, leicht nach links geneigt im Gegensatz zur leicht nach rechts geneigten Schattenrichtung in Abb. 9a,b) und an der anderen Farbtönung der Umgebung, in Abb. 10b ist die Grenze der beiden Bereiche deutlich zu erkennen. D. h. für die Abschätzung der Höhe dieses Flugzeuges kann man das Flugzeug am Rollfeld oder ein Gebäude am Flughafen nicht verwenden, man muss ein Objekt (Baum, Haus) im Umfeld des Flugzeuges im Landeanflug nehmen (man darf nicht zu weit südlich in den anders getönten Bereich gehen), aber dort passen dann die Parallelitäten.

Auch bei Chick 2016 taucht das Problem der nicht parallelen Schattenrichtungen nicht auf. In solchen Situationen liefert vermutlich Methode 3 die genauesten Ergebnisse.

Man kann aber auch der Meinung sein, dass dieser „Fehler" die Fragestellung sogar noch reizvoller macht. Leider ist aber, wie schon erwähnt, „unser" Flugzeug auf Google Maps ohnehin nicht mehr zu finden, sodass man gezwungen ist, andere zu suchen. Jene Flugzeuge in Moskau sind aber eine gute Alternative, auch hier muss man beim landenden Flugzeug aufpassen!

4 Resume und Ausblicke

Die erwähnte notwendige Parallelität (der Verbindungslinien zwischen Objektspitze und zugehöriger Schattenspitze im Bild) ist eine wesentliche Erkenntnis aus der Auseinandersetzung mit diesem Thema. Wenn man über diese schon a priori Bescheid weiß, dann kann man in so einer Situation schon bedeutend früher die Diagnose stellen: Hier müssen

Abb. 9 Ein Flugzeug nach dem Start, eines am Rollfeld, Flughafen Moskau. (Quelle: Google-Maps)

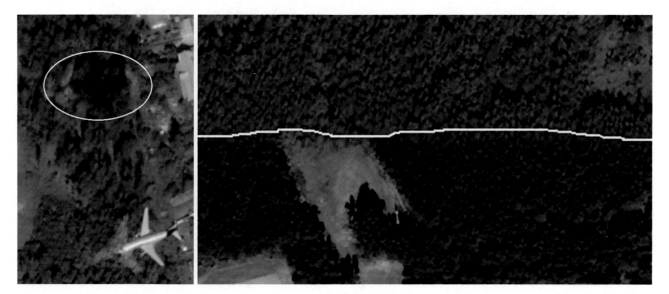

Abb. 10 Ein Flugzeug im Landeanflug, Flughafen Moskau. (Quelle: Google-Maps), im rechten Bild ist die Grenze zwischen den verschieden getönten Bereichen weiß hervorgehoben (insbesondere für den schwarz-weiß-Druck im Buch)

verschiedene Aufnahmezeitpunkte bei einzelnen Teilen am Werk gewesen sein!

Aber um diese Parallelität einzusehen, bedarf es eben einer ausführlicheren Situationsskizze, sodass man die zugehörigen zueinander ähnlichen Tetraeder erkennt, auch dem Autor ist das erst auf den zweiten Blick klargeworden. Diese Ähnlichkeit der Tetraeder ist insgesamt ein interessantes Phänomen, und zwar aus mehreren Gründen:

1. Man vermutet es i. A. nicht a priori, es liegt nicht ganz klar auf der Hand, man braucht dafür eine entsprechend analysierende Situationsskizze.
2. Man hat dadurch eine Rechtfertigung, mit in der Karte leichter zugänglichen Distanzen zu arbeiten (man

braucht weder „Bodenpunkte" noch die genaue Position des Satelliten), aber eben nur, wenn die Aufnahme zeitlich homogen ist.
3. Durch die Parallelität von d_1 und d_2 ergibt sich eine schnelle Überprüfungsmöglichkeit, ob eine Aufnahme „zeitlich homogen" sein kann. Dabei müssen nicht unbedingt Flugzeuge beteiligt sein, es können auch beliebige andere schattenwerfende Objekte sein.

Eine anfängliche Vermutung ist vielleicht auch, dass man für eine Abschätzung der Flugzeughöhe notwendig die Satellitenposition (Azimut und Höhenwinkel) kennen muss, was aber gar nicht der Fall ist. Bei Methode 2 braucht man nur das Azimut des Satelliten. Das alles sind sicher lehrrei-

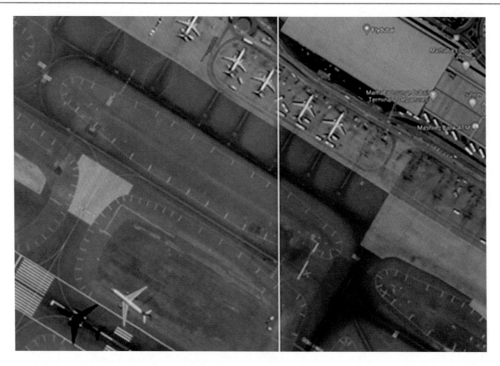

Abb. 11 Flughafen Dubai. (Quelle: Google Maps), ein Flugzeug unmittelbar nach dem Abheben (mit Schatten), einige Flugzeuge am Boden stehend; Sommer 2018, Grenze zwischen den verschieden getönten Bereichen weiß hervorgehoben (insbesondere für den schwarz-weiß-Druck im Buch), leider gibt es dieses Bild auch mittlerweile nicht mehr.

che Aspekte dieses Themas und sprechen für eine Behandlung in einem realitätsbezogenen Mathematikunterricht.

Des Weiteren spricht für dieses Thema, dass es verschiedene Behandlungsmöglichkeiten gibt (Methoden 1–3) und dass man hier mit sehr bekannter und weit verbreiteter Technologie (Google-Maps) arbeiten und experimentieren kann. Wenn man nicht vorher das Thema von Abschn. 1 behandelt, sondern gleich das Problem mit der Flugzeughöhe, dann ist man vielleicht auch nicht so sehr auf „Bodenpunkte" fixiert, sodass Methode 1 dann doch relativ naheliegt. Vielleicht betrachtet man (d. h. misst aus der Karte) dann intuitiv auch die „richtigen" und leicht zugänglichen Abstände $d_{1,2}$ und setzt sie ins Verhältnis zu den jeweiligen Höhen (Methode 3). Wenn man aber dann sein Vorgehen erklären bzw. rechtfertigen soll, wird man es nicht leicht haben, man muss eine Skizze wie in Abb. 8 machen, um die Hintergründe zu erkennen.

Es ist insgesamt leider relativ mühsam solche Bilder zu finden, auf denen ein Flugzeug in der Nähe eines Flughafens zu sehen ist. Eine mögliche Strategie beim Suchen solcher Bilder ist: In Google-Maps ausgehend von den Landebahnen der Flughäfen diese Landbahnen auf der Karte „im Geiste zu verlängern" und in diesen beiden Richtungen zu suchen, ob man ein Flugzeug erkennt. Dabei sollte man die Auflösung nicht zu hoch haben (sonst muss man u. U. sehr lange die Karte verschieben in Landebahnrichtung, und das sollte sehr stabil in eine feste Richtung erfolgen!), aber auch nicht zu niedrig, sonst erkennt man das Flugzeug nicht

mehr; hier das richtige Maß zu finden ist anfangs ein wenig mühsam. Außerdem ist der Schatten des Flugzeuges selbst bei ungetrübtem Sonnenschein nicht immer leicht zu finden, geschweige denn bei Bewölkung. Aber die Bemühungen lohnen sich wirklich...

Ein interessantes Bild fand man im Sommer 2018 auch auf dem Flughafen von Dubai, ein Flugzeug knapp nach dem Abheben (Abb. 11), leider gibt es auch dieses Bild nicht mehr auf Google Maps, diese Aufnahmen scheinen relativ rasch zu wechseln[12]. „Interessant" ist hier in zweifacher Hinsicht gemeint: Erstens sieht bzw. sah man bei genauerem Hineinzoomen auch die Schatten der stehenden Flugzeuge, mit deren Hilfe man auch die Höhe des fliegenden Flugzeugs gut abschätzen kann (Methode 3; man kann ja leicht abschätzen bzw. recherchieren, wie hoch bei einem Flugzeug die Tragflächen sind), ohne weitere Gebäude (Bäume, Masten) und deren Höhe zu benötigen. Zweitens sieht bzw. sah man im Bild deutlich einen Unterschied zwischen der linken und der rechten Seite, es gibt dort jeweils eine ganz andere Farbgebung (Lichtverhältnisse, Wetter, Tageszeit etc.). Diese beiden Teile wurden also sicher nicht zur selben Zeit aufgenommen, das lässt sich sogar an den Schatten leicht feststellen: Die stehenden Flugzeuge in der

_____

[12]D. h. es hat auch nur wenig Sinn, genaue Koordinaten solcher Bilder anzugeben. Aber immerhin scheint es immer wieder solche Aufnahmen irgendwo zu geben.

linken Bildhälfte haben einen ganz anderen Schatten als in der rechten. Man sieht hier sogar kleinere Verwerfungen an der Trennlinie. Hier geht also so eine „Stückelungslinie", wie sie auch in den obigen Bildern nahe Heathrow vorkommen muss, mitten durch den Flughafen.

Ein ähnliches Bild findet man (März 2019) auf dem Flughafen von Mumbai, nur dass das Flugzeug dort unmittelbar vor der Landung ist ($\varphi = 19,0896671°$, $\lambda = 72,880152°$).

Wir haben mit elementaren mathematischen Mitteln interessante Fragen zum Thema Schatten beantworten können, wobei wir in Abschn. 2 mehrere Methoden vorgestellt haben. Wenn Lernende teilweise selbstständig arbeiten sollen, ist es immer gut, wenn es mehr als einen einzigen Ansatz zur Lösung des Problems gibt. Die in Abschn. 1 vorkommenden aber wenig bekannten **Nautischen Formeln** brauchen im Unterricht nicht begründet zu werden, man kann sie auch einfach benutzen, wichtiger ist hier vielmehr das Bewusstsein, dass es das Horizont- und das Äquatorsystem gibt. Die Entdeckung von „Fehlern im Bild" wie in Abschn. 3 beschrieben kann das Thema sogar noch reizvoller machen.

Literatur

Chick, H.: Look down from the sky: Is it a bird? Is it Superman? No, it's a plane. The Australian Mathematics Teacher **72**(4), 21–29 (2016)

Schuppar, B.: Geometrie auf der Kugel. Springer-Spektrum, Berlin (2017)

EU-Mathematik

Thomas Jahnke

In der Europäischen Union wurde bislang kein mathematisches Verfahren beschlossen, nach dem den einzelnen Mitgliedsländern ihre Sitzzahl im EU-Parlament zugeordnet wird. Einigkeit besteht, dass diese Zuordnung nach dem Grundsatz der degressiven Proportionalität erfolgen soll. Wir unterbreiten drei Vorschläge für Verfahren, die dies tun. Ferner wird das Abstimmungsverfahren im EU-Rat diskutiert, das seit 2017 auf der direkten Proportionalität der Bevölkerungszahlen der Länder und ihrem Abstimmungsgewicht beruht.

Until today no mathematical procedure to assign each member states a number of seats in the EU parliament has been decided upon. There is an agreement that this relationship should follow the principle of degressive proportionality. We propose three procedures which adhere to this principle. Furthermore, we discuss the decision-making process in the EU Council which is based since 2017 on direct proportionality between the size of the population and the voting power of the member countries.

1 Die Bevölkerung der EU

Nach dem Austritt von Großbritannien besteht die Europäische Union aus 27 Mitgliedstaaten mit den in Tab. 1 angegebenen Bevölkerungszahlen, die von dem statistischen Amt der Europäischen Union, kurz EUROSTAT, erhoben wurden und werden.

Die Länder sind von ihrer Bevölkerung her sehr unterschiedlich groß. Auf Deutschland, Frankreich und Italien entfallen jeweils mehr als 13 % der Gesamtbevölkerung. In diesen drei Ländern leben fast die Hälfte (47 %) aller EU-Bürger. Nimmt man noch Spanien (10,5 %) und Polen (8,5 %) hinzu, dann wohnen[1] in diesen fünf Ländern zwei Drittel (66,1 %) der EU-Gesamtbevölkerung. Von den übrigen Mitgliedern haben vierzehn einen Anteil zwischen 1 % und 4 % und acht einen Anteil von weniger als 1 %. Auf die dreizehn kleinsten Länder entfallen nur 9,6 % der Gesamtbevölkerung. Bei solchen Größenunterschieden – auf einen maltesischen Staatsbürger kommen 175 deutsche – ist es nicht einfach festzulegen, wie viele Sitze auf die 27 Nationen im Europaparlament entfallen sollen. Ein Algorithmus oder eine Funktion zur Berechnung der nationalen Sitzzahlen ist aber in keinem der EU-Verträge zu finden. Die Sitzverteilung beim Ein- oder Austritt eines Staates in die oder aus der EU wurde stets ausgehandelt und dann vertraglich festgelegt.

2 Grundsätze und Beschlusslage zur Zusammensetzung des EU-Parlaments

In der derzeit gültigen „Konsolidierte(n) Fassung des Vertrags über die Europäische Union" (Amtsblatt der Europäischen Union vom 30.03.2010) wird zur Größe und Zusammensetzung des EU-Parlaments in Artikel 14 Absatz 2 ausgeführt:

> „Das Europäische Parlament setzt sich aus Vertretern der Unionsbürgerinnen und Unionsbürger zusammen. Ihre Anzahl darf 750 nicht überschreiten, zuzüglich des Präsidenten. Die Bürgerinnen und Bürger sind im Europäischen Parlament degressiv proportional, mindestens jedoch mit sechs Mitgliedern je Mitgliedstaat vertreten. Kein Mitgliedstaat erhält mehr als 96 Sitze."

Im „Beschluss des Europäischen Rates vom 28. Juni 2013 über die Zusammensetzung des Europäischen Parlaments" (Amtsblatt der Europäischen Union vom 29.06.2013) wird

T. Jahnke (✉)
Marburg, Deutschland
E-Mail: jahnke@uni-potsdam.de

---

[1]Das ist etwas lax formuliert. Korrekter Weise geht es bei diesen Zahlen nicht darum, wo ein EU-Bürger lebt oder wohnt, sondern um seine Staatsangehörigkeit.

© Der/die Autor(en), exklusiv lizenziert durch Springer-Verlag GmbH, DE, ein Teil von Springer Nature 2021
H. Humenberger und B. Schuppar (Hrsg.), *Neue Materialien für einen realitätsbezogenen Mathematikunterricht 7*, Realitätsbezüge im Mathematikunterricht, https://doi.org/10.1007/978-3-662-62975-8_6

Tab. 1 Bevölkerungszahlen der Mitgliedsländer der EU laut EU-ROSTAT am 01.01.2019

	Bevölkerung laut EUROSTAT am 01.01.2019	Anteil an der Gesamtbevölkerung in Prozent (%)
EU (27 Länder)	446.834.578	100,0
Belgien	11.467.923	2,6
Bulgarien	7.000.039	1,6
Dänemark	5.806.081	1,3
Deutschland	83.019.213	18,6
Estland	1.324.820	0,3
Finnland	5.517.919	1,2
Frankreich	67.028.048	15,0
Griechenland	10.722.287	2,4
Irland	4.904.226	1,1
Italien	60.359.546	13,5
Kroatien	4.076.246	0,9
Lettland	1.919.968	0,4
Litauen	2.794.184	0,6
Luxemburg	613.894	0,1
Malta	493.559	0,1
Niederlande	17.282.163	3,9
Österreich	8.858.775	2,0
Polen	37.972.812	8,5
Portugal	10.276.617	2,3
Rumänien	19.401.658	4,3
Schweden	10.230.185	2,3
Slowakei	5.450.421	1,2
Slowenien	2.080.908	0,5
Spanien	46.934.632	10,5
Tschechien	10.649.800	2,4
Ungarn	9.772.756	2,2
Zypern	875.898	0,2

Natürlich unterliegen diese Zahlen Schwankungen. So geht aus der EUROSTAT-Pressemeldung 114/2019 vom 10.07.2019 (Zu diesem Zeitpunkt war das Vereinigte Königreich noch Mitglied der EU.) hervor, dass die Bevölkerung der EU durch einen „Wanderungssaldo" um 1,1 Mio. (2 Promille) gegenüber 2018 gestiegen ist. Die Bevölkerungsänderung war aber in den Mitgliedsstaaten ganz unterschiedlich. Während zum Beispiel die Bevölkerung von Malta um fast 4 % gewachsen ist, nahm die von Lettland um mehr als ein halbes Prozent ab

in Artikel 1 der Begriff der degressiven Proportionalität näher beschrieben:

> „In Anwendung des Grundsatzes der degressiven Proportionalität gemäß Artikel 14 Absatz 2 Unterabsatz 1 des Vertrags über die Europäische Union finden die folgenden Grundsätze Anwendung:
> - Bei der Zuweisung von Sitzen im Europäischen Parlament sind die im Vertrag über die Europäische Union festgesetzten

Mindest- und Höchstzahlen uneingeschränkt auszuschöpfen, damit die Zuweisung der Sitze im Europäischen Parlament die Größe der jeweiligen Bevölkerung der Mitgliedstaaten so genau wie möglich widerspiegelt;
- Das Verhältnis zwischen der Bevölkerung und der Zahl von Sitzen jedes Mitgliedstaats muss vor Auf- oder Abrunden auf ganze Zahlen in Abhängigkeit von seiner jeweiligen Bevölkerung variieren, sodass jedes Mitglied des Europäischen Parlaments aus einem bevölkerungsreicheren Mitgliedstaat mehr Bürgerinnen und Bürger vertritt als jedes Mitglied aus einem bevölkerungsärmeren Mitgliedstaat, und umgekehrt, dass je bevölkerungsreicher ein Mitgliedstaat ist, desto höher sein Anspruch auf eine große Zahl von Sitzen."

Nach seiner am 13.06.2018 angenommenen Entschließung setzt sich das Europäische Parlament nach dem Brexit folgendermaßen zusammen (Tab. 2).

Das EU-Parlament wurde also durch diese Entschließung von 750 Sitzen auf 705 Sitze (jeweils ohne die

Tab. 2 Sitzzahlen der 27 Mitgliedsstaaten im EU-Parlament nach dem Brexit

Mitgliedsstaat	Anzahl der Sitze im EU-Parlament
Belgien	21
Bulgarien	17
Dänemark	14
Deutschland	96
Estland	7
Finnland	14
Frankreich	79
Griechenland	21
Irland	13
Italien	76
Kroatien	12
Lettland	8
Litauen	11
Luxemburg	6
Malta	6
Niederlande	29
Österreich	19
Polen	52
Portugal	21
Rumänien	33
Schweden	21
Slowakei	14
Slowenien	8
Spanien	59
Tschechische Republik	21
Ungarn	21
Zypern	6
SUMME EU	705

Präsidentin oder den Präsidenten) verkleinert. Die minimalen (6) Sitzkontingente und das maximale Sitzkontingent (96) wurden hingegen unverändert beibehalten. Dadurch bleibt der oben postulierten degressiven Proportionalität wenig Raum. Denn einerseits sind 27·6 = 162 Sitze durch die minimale Bedingung bereits vergeben, und andererseits erhält Deutschland mit 96 Sitzen pro 864.783 Bürgerinnen und Bürgern einen Sitz. Versorgt man die anderen Staaten entsprechend, dann sind bereits 517 Sitze vergeben. Auch wenn man – je nach gewählten Verfahren – von den 162 Sitzen eine gewisse Anzahl auf die 517 Sitze anrechnen kann, muss sich die Degression in Grenzen halten, da insgesamt nur 705 Sitze zu verteilen sind.

In Einleitung zu dieser Entschließung vom 13.06.2018 heißt es:

> „Das Europäische Parlament
>
> …
>
> 4. hebt hervor, dass sich ein ständiges Verfahren für die künftige Sitzaufteilung anhand von mathematischen Formeln sicher ausarbeiten ließe, es zum gegenwärtigen Zeitpunkt aber politisch schlecht möglich ist, ein ständiges Verfahren vorzuschlagen;
>
> …
>
> 7. betont, dass die Verabschiedung einer neuen Zuweisung der Sitze im Parlament, mit der der Grundsatz der degressiven Proportionalität gewahrt würde, dadurch erleichtert wird, dass beim Austritt des Vereinigten Königreichs Sitze frei werden; hebt ferner hervor, dass sich das Parlament dem Vorschlag für die neue Zuweisung der Sitze zufolge verkleinern würde; stellt fest, dass nur ein Teil der Sitze des Vereinigten Königreichs wieder besetzt werden müssten, um sicherzustellen, dass kein Mitgliedstaat Sitze verliert, und eine erhebliche Anzahl Sitze dem gemeinsamen Wahlkreis zugeteilt werden könnte;"

In der Begründung dieser Entschließung wird u. a. ausgeführt:

> „Die anteilige Berechnung der Parlamentssitze ist eine politisch heikle Angelegenheit, da sie direkte Auswirkungen auf die Vertretung der Bürger im einzigen direkt gewählten Organ der Europäischen Union hat. Es ist daher ungemein wichtig, dafür zu sorgen, dass die Zusammensetzung des Europäischen Parlaments auf gerechten, transparenten, objektiven, nachhaltigen und fairen Grundsätzen beruht.
>
> (…)
>
> Seit Jahren weist das Parlament vor jeder Europawahl darauf hin, dass ein ständiges Verfahren für die gerechte, objektive und transparente Verteilung der Sitze gemäß den Verträgen festgelegt werden sollte. Dafür hat es auf der Suche nach einer geeigneten Methode mehrere Studien in Auftrag gegeben, in denen mathematische Modelle für die Zuweisung von Sitzen untersucht wurden. Jedoch wurde bis heute kein ständiges Verfahren eingeführt.

3   Mathematische Realisierungen gemäß den Grundsätzen zur Zusammensetzung des EU-Parlaments

Die Erläuterung der degressiven Proportionalität in 2.1 kann man mathematisch so interpretieren:

Ist S: N -> S(N) die (nicht festgelegte) Funktion, die für jeden Mitgliedsstaat seiner Bevölkerungszahl N seinen ungerundeten Sitzanspruch im Europaparlament zuordnet, und T: N -> N/S(N) die Funktion, die dann der Bevölkerungszahl N jedes Mitgliedsstaat zuordnet, wie viele Bürger er pro Sitz aufbringt, dann muss gelten:

1. Die Funktion S ist monoton wachsend.
2. Die Funktion T ist monoton fallend.

Mathematisch kann man nun nach einer einfachen Funktion S suchen, die 1. und 2. erfüllt. Proportionalität von S hieße, S hat eine Gleichung der Form $S(N) = c \cdot N$ mit einem Proportionalitätsfaktor c. *Eine* Möglichkeit, diese Gleichung so abzuwandeln, dass die Funktion degressiv proportional wird, ist: $S(N) = c \cdot N^a$ mit einem Proportionalitätsfaktor c und einem Exponenten a zwischen 0 und 1. Man kann sich leicht überzeugen, dass für eine Funktion S mit einer solchen Gleichung 1. und 2. erfüllt sind. Wählt man zum Beispiel a = 1/2, dann sind die Sitzansprüche nicht den Bevölkerungszahlen N proportional, sondern deren Wurzeln. (Eben dies wurde übrigens vehement von polnischer Seite gefordert und mit dem Quadratwurzelgesetz von Penrose (s. u.) begründet.)

Unter Einhaltung der Vorgaben aus 2. sind z. B. folgende Modelle möglich:

1. Sockelmodell
   Zunächst erhält jeder Mitgliedsstaat 6 Sitze. Damit sind 6*27 = 162 Sitze bereits vergeben. Die restlichen 705 − 162 = 543 Sitze werden mit einer geeigneten Funktion S mit einer Gleichung der Form $S(N) = c \cdot N^a$ vergeben.
2. Anrechnungsmodell
   Mit einer geeigneten Funktion S mit $S(N) = c \cdot N^a$ werden zunächst 705 – K Sitze verteilt (K > 0). Rundet man S(N) auf die nächste ganze Zahl und bezeichnet man diese mit <S(N)>, dann soll jeder Mitgliedsstaat schließlich Max (6; <S(N)>) Sitze erhalten. Die Funktion S und die Zahl K sind so zu wählen, dass die Summe aller zugeteilten Sitze schließlich 705 beträgt.
3. Mischmodell
   Zunächst erhält jeder Mitgliedsstaat 6 Sitze. Mit diesen sind dann bereits eine Million Bürger abgegolten. In der weiteren Verteilung der verbleibenden 543 Sitze werden von den N Einwohnern eines Staates nur noch Max (N −1.000.000; 0) Einwohner berücksichtigt. Die 543 Sitze werden mit einer geeigneten Funktion S mit $S(N) = c \cdot N^a$ vergeben.

In allen drei Fällen realisieren wir also die degressive Proportionalität mit Funktionen S, die eine Gleichung der Form

$S(N) = c \cdot N^a$ haben (was *weder* mathematisch *noch* inhaltlich zwingend ist). In dieser Gleichung sind die Parameter c und a geeignet zu wählen; der Faktor c ist so zu wählen, dass die Summe der zugeteilten Sitze schließlich 705 beträgt. Die Wahl des *Degressionsparameters* a ist in den Grenzen $0 < a < 1$ grundsätzlich frei; sie legt fest, wie degressiv die Verteilung gestaltet wird. Je kleiner a ist, desto stärker werden kleine Staaten gegenüber großen – verglichen mit tatsächlicher Proportionalität – bevorzugt.

Man kann aber den Parameter a auch so wählen, dass der größte Mitgliedsstaat gerade 96 Sitze erhält. Wir werden das bei unseren Berechnungen der Vergleichsmöglichkeiten halber tun, weisen aber darauf hin, dass dies zwar passend, aber doch willkürlich ist. Dass die Maximalzahl 96 für die Sitzzahl eines Staates beibehalten wurde, obwohl die Parlamentsgröße von 751 auf 705 verringert wurde, ist wenig plausibel. Für den größten EU-Staat, nämlich Deutschland, ist es natürlich numerisch von Vorteil, wenn er in einem verkleinerten Parlament die gleiche Anzahl an Sitzen erhält: Der prozentuale Sitzanteil wächst von 12,7 % auf 13,6 %.

4 Drei Modellrechnungen

Die im Folgenden anzustellenden Berechnungen geben die Möglichkeit, einmal ein Tabellenkalkulationsprogramm wirklich sinnvoll einzusetzen. Wir skizzieren hier an einem einfachen Beispiel mit $a = 1/2$ die Ermittlung des Faktors c. Aus inhaltlichen Gründen schreiben wir hier in reziproker Form $c = 1/d$, wobei man d als *Divisor* und das Vorgehen als (eine) *Divisorenmethode* bezeichnet.

Auf drei Staaten A, B und C mit 1 Million, 2 Mio. und 4 Mio. Einwohnern sollen 70 Sitze vergeben werden. Wegen $a = 1/2$ sind aus diesen Zahlen die Wurzeln zu ziehen; A, B und C haben dann nur noch 1000, 1414,21 und 2000 Recheneinwohner, also in der Summe 4414,21 Recheneinwohner. Auf diese sind die 70 Sitze zu verteilen, also entfallen auf einen Sitz ungefähr $4414,21/70 \approx 63,06$ Recheneinwohner. Wir bezeichnen mit $<x>$ die Rundung von der Zahl x auf die nächste ganze Zahl[2] und bestimmen einen Divisor d, sodass gilt:

$$<1000/d> + <1414,21/d> + <2000/d> = 70.$$

Der Divisor (es gibt natürlich nicht nur einen, sondern ein ganzes Divisorenintervall) liegt in der Nähe von 63,03, da mit dieser Zahl als d die vorstehende Gleichung ohne die Rundung annähernd erfüllt ist. Mit $d = 63$ ist die Gleichung erfüllt und man erhält als Sitzzahl für A, B und C:

$$<1000/63> = 16 \text{ Sitze für A}, <1414,21/63> = 22 \text{ Sitze für}$$
B und $<2000/63> = 32$ Sitze für C.

[2]Man könnte auch stets auf- oder stets abrunden – aber darauf gehen wir hier nicht ein.

Diese Ergebnisse sind – wie konstruiert – degressiv proportional, denn im Fall echter Proportionalität wären 10 Sitze auf A entfallen, 20 Sitze auf B und 40 Sitze auf C.

5 Ergebnisse der Modellrechnungen

Tab. 3 zeigt nun die Sitzzahlen für die Mitgliedsländer für das Europaparlament nach dem Brexit, wie sie von diesem Parlament am 13.06.2018 beschlossen wurden, im Vergleich zu dem Sockel-, dem Anrechnungs- und dem Misch-modell. Das Mischmodell kommt dem Beschluss des EU-Parlaments am nächsten – insbesondere für die kleinen Staaten. Möglicherweise haben hier entsprechende Überlegungen Pate gestanden.

Tab. 3 Vergleich der Sitzzahlen nach EU-Beschluss und nach drei Modellen

	EU-Beschluss	Sockelmodell	Anrechnungsmodell	Mischmodell
Deutschland	96	96	96	96
Frankreich	79	80	82	81
Italien	76	74	76	75
Spanien	59	60	63	62
Polen	52	51	54	52
Rumänien	33	31	33	32
Niederlande	29	28	30	29
Belgien	21	22	23	22
Griechenland	21	21	22	21
Tschechien	21	21	21	21
Portugal	21	20	20	21
Schweden	21	20	21	20
Ungarn	21	20	20	20
Österreich	19	18	19	19
Bulgarien	17	16	16	16
Dänemark	14	15	14	14
Finnland	14	14	13	14
Slowakei	14	14	13	14
Irland	13	13	12	13
Kroatien	12	12	11	12
Litauen	11	11	8	10
Slowenien	8	9	7	8
Lettland	8	9	6	8
Estland	7	8	6	7
Zypern	6	8	6	6
Luxemburg	6	7	6	6
Malta	6	7	6	6
SUMME EU	705	705	705	705

Für den Degressionsparameter a ergab sich bei dem Sockelmodell a = 0,88, bei dem Anrechnungsmodell a = 0,73 und bei dem Mischmodell a = 0,84.

In einem oben bereits zitierten EU-Beschluss heißt es zur Erläuterung der degressiven Proportionalität:

> „Das Verhältnis zwischen der Bevölkerung und der Zahl von Sitzen jedes Mitgliedstaats muss vor Auf- oder Abrunden auf ganze Zahlen in Abhängigkeit von seiner jeweiligen Bevölkerung variieren, sodass jedes Mitglied des Europäischen Parlaments aus einem bevölkerungsreicheren Mitgliedstaat mehr Bürgerinnen und Bürger vertritt als jedes Mitglied aus einem bevölkerungsärmeren Mitgliedstaat, ...“

Es ist einzuräumen, dass **nach** dem Runden diese Bedingung für einzelne Mitgliedsstaaten in fünf (!) Fällen geringfügig (?) verletzt ist – sowohl bei den vom EU-Parlament beschlossenen Sitzzahlen als auch bei den hier durchgerechneten drei Modellen. Legt man die von EUROSTAT für 2019 erhobenen Bevölkerungszahlen zugrunde und die Sitzverteilung nach dem Beschluss des EU-Parlaments vom 13.06.2018, dann stehen zum Beispiel hinter den 29 niederländischen Sitzen jeweils 595.937 Bürger, während hinter den 33 rumänischen Sitzen nur jeweils 587.929 Bürger stehen. Bei den drei hier durchgerechneten Modellen treten auch vereinzelt solche Verletzungen im Ergebnis auf, was ärgerlich und eben auf das Runden zurückzuführen ist. Allein, es bleibt ein Ärgernis, dass weder die Sitzaufteilung nach dem EU-Beschluss noch die nach den drei hier durchgerechneten Modellen, die zitierte, mit einfachen Worten formulierte und inhaltlich nachzuvollziehende Bestimmung einhalten. Allerdings ist bei dieser Kritik zu berücksichtigen, dass sich die Bevölkerungszahlen in den Mitgliedsstaaten in unterschiedlicher Weise während der Wahlperioden ändern, also die oben genannte Bedingung nur in Bezug auf einen Stichtag eingehalten werden kann.

Abschließend ist darauf hinzuweisen, dass es im Europaparlament acht multinationale Fraktionen gibt und die nationale Zugehörigkeit der Abgeordneten bei den Abstimmungen eine nachgeordnete Rolle spielt. Es gibt auch immer wieder Überlegungen, Sitze für paneuropäische Parteien vorzuhalten.

6 Abstimmungen im EU-Rat

Im EU-Rat, der auch häufig als Ministerrat bezeichnet wird, geht es nationaler zu. Jedes Land hat eine Stimme, die mit der Bevölkerungsgröße gewichtet wird. In Paragraf 18 des Vertrags von Lissabon (In Kraft getreten am 1.12.2009) wird die Funktion des EU-Rates und dessen Abstimmungsmodus festgelegt. Es heißt dort:

„(1) Der Rat wird gemeinsam mit dem Europäischen Parlament als Gesetzgeber tätig und übt gemeinsam mit ihm die Haushaltsbefugnisse aus. Zu seinen Aufgaben gehört die Festlegung der Politik und die Koordinierung nach Maßgabe der Verträge.

(2) Der Rat besteht aus je einem Vertreter jedes Mitgliedstaats auf Ministerebene, der befugt ist, für die Regierung des von ihm vertretenen Mitgliedstaats verbindlich zu handeln und das Stimmrecht auszuüben.

(3) Soweit in den Verträgen nichts anderes festgelegt ist, beschließt der Rat mit qualifizierter Mehrheit.

(4) Ab dem 1. November 2014 gilt als qualifizierte Mehrheit eine Mehrheit von mindestens 55 % der Mitglieder des Rates, gebildet aus mindestens 15 Mitgliedern, sofern die von diesen vertretenen Mitgliedstaaten zusammen mindestens 65 % der Bevölkerung der Union ausmachen.

Für eine Sperrminorität sind mindestens vier Mitglieder des Rates erforderlich, andernfalls gilt die qualifizierte Mehrheit als erreicht.

Die übrigen Modalitäten für die Abstimmung mit qualifizierter Mehrheit sind in Artikel 238 Absatz 2 des Vertrags über die Arbeitsweise der Europäischen Union festgelegt.“

6.1 Qualifizierte Mehrheit und Sperrminorität

Etwa 80 % aller EU-Rechtsvorschriften sind nach diesem Verfahren, also mit qualifizierter Mehrheit, erlassen worden. Im Jahr 2013 ist Kroatien der EU als 28. Land beigetreten, wodurch seither statt 15 Mitglieder für eine qualifizierte Mehrheit 16 Mitglieder zustimmen müssen. Durch den Austritt des Vereinigten Königreichs[3] sinkt diese Zahl wieder auf 15. Die qualifizierte Mehrheit wird auch als doppelte Mehrheit bezeichnet, da sie aus zwei Bedingungen besteht: wenigstens 55 % der Mitglieder, die wenigstens 65 % der EU-Bevölkerung repräsentieren, müssen zustimmen.

Die Stimmen der Vertreter jedes Mitgliedsstaates sind also mit dessen Prozentanteil an der EU-Bevölkerung gewichtet oder – wenn es der Genauigkeit halber erforderlich ist – mit dessen Bevölkerungszahl. Mit den Werten von 2019 (Tab. 1) hat die EU nach dem Brexit 446.834.578 Einwohner. Für eine qualifizierte Mehrheit müssen daher Vertreter von Staaten mit ja stimmen, die zusammen mindestens 290.442.475 Bürger haben. Die Stimme des deutschen Vertreters wird dann z. B. mit 83.019.213 (also mit etwa 18,6 %) gewichtet; die Stimme des maltesischen Vertreters mit 493.559 (also mit etwa 0,1 %). Diese Gewichtung ist

---

[3] Die App „Voting Calculator“, die nach Eingabe der Voten der Mitgliedsländer ermittelt, ob die qualifizierte Mehrheit erreicht ist.

also der Einwohnerzahl des Mitgliedsstaates *direkt propor-*
tional und nicht etwa – wie die Zahl seiner Abgeordneten
im Parlament – *degressiv proportional*. Die Sperrminorität
stellt sicher, dass drei Mitglieder, auch wenn sie mehr als
35 % der Bevölkerung repräsentieren, einen Beschluss nicht
verhindern können. Infrage kämen zum Beispiel Deutschland (18,6 %), Frankreich (15,0 %) und Italien (13,5 %),
die zusammen über 47,1 % verfügen oder Deutschland
(18,6 %), Italien (13,5 %) und Spanien (10,5 %) mit zusammen 42,6 % – diese Dreiergruppen können aber aufgrund
der Regeln einen Beschluss aller übrigen Mitglieder nicht
blockieren.

Die direkte Proportionalität der Stimmgewichte wurde
erst 2017 beschlossen. Vom 1. Juli 2013 bis zu diesem Beschluss sahen die Stimmverhältnisse im Ministerrat deutlich
anders aus. Auf die einzelnen Länder entfiel eine bestimmte
Stimmenzahl, die bei Abstimmungen nur im Block vergeben werden konnte, und zwar auf:

Deutschland, Frankreich, Großbritannien und Italien je 29
    Stimmen,
Polen und Spanien je 27,
Rumänien 14,
Niederlande 13,
Belgien, Griechenland, Portugal, Tschechien und Ungarn je
    12,
Bulgarien, Österreich und Schweden je 10,
Dänemark, Finnland, Kroatien, Irland, Litauen und Slowa-
    kei je 7,
Estland, Lettland, Luxemburg, Slowenien, Republik Zypern
    je 4 und
Malta 3 Stimmen.

Tab. 4 zeigt die Stimmgewichte der Mitgliedsländer von
2013 bis 2017 und ab Februar 2020 (also nach dem Brexit).

6.2   Das Quadratwurzelgesetz von Penrose und der Banzhaf'sche Machtindex

Legt man die Bevölkerungszahlen von 2013 zugrunde, dann
zeigt sich, dass die Stimmgewichte von 2013 bis 2017 in
etwa – eher von ihrer Größenordnung her als numerisch
korrekt – dem ‚Quadratwurzelgesetz' des britischen Ma-
thematikers Lionel Penrose folgen, nach dem das Stimmgewicht eines jeden Landes proportional zur Quadratwurzel seiner Bevölkerungszahl zu wählen ist, um eine gleich-
mäßige Machtverteilung zu erreichen. Der Begriff Macht
wird dabei modelliert durch den Banzhaf'schen Machtindex
(vgl. Taylor 1995, S. 78 ff.). Dieser Index für jedes Land
wird berechnet, indem die Anzahl der siegreichen Koalitionen, bei denen es wesentlich zum Sieg beiträgt, durch die
Summe dieser Anzahlen dividiert wird.

Tab. 4 Stimmgewichte der Mitgliedsländer von 2013 bis 2017 und nach 2019

	Stimmen 2013 bis 2017	Stimmgewicht 2013 bis 2017 (%)	Stimmgewicht ab 2.2020 (%)
EU	352	100,0	100,0
Deutschland	29	8,2	18,6
Frankreich	29	8,2	15,0
Großbritannien	29	8,2	
Italien	29	8,2	13,5
Spanien	27	7,7	10,5
Polen	27	7,7	8,5
Rumänien	14	4,0	4,3
Niederlande	13	3,7	3,9
Belgien	12	3,4	2,6
Tschechien	12	3,4	2,4
Griechenland	12	3,4	2,4
Portugal	12	3,4	2,3
Schweden	10	2,8	2,3
Ungarn	12	3,4	2,2
Österreich	10	2,8	2,0
Bulgarien	10	2,8	1,6
Dänemark	7	2,0	1,3
Slowakei	7	2,0	1,2
Finnland	7	2,0	1,2
Irland	7	2,0	1,1
Kroatien	7	2,0	0,9
Litauen	7	2,0	0,6
Slowenien	4	1,1	0,5
Lettland	4	1,1	0,4
Estland	4	1,1	0,3
Zypern	4	1,1	0,2
Luxemburg	4	1,1	0,1
Malta	3	0,9	0,1

Beispiel zur Berechnung des Banzhaf'schen Machtindex:
Hat das Land A 50 Stimmen, das Land B 49 Stimmen
und das Land C eine Stimme, dann gibt es für eine absolute Mehrheit (>50 %) drei siegreiche Koalitionen: AB, AC
und ABC. Das Land A trägt in allen drei Koalitionen wesentlich zum Sieg bei, d. h., ohne A wäre keine dieser Koalitionen siegreich. Das Land B trägt nur bei der Koalition
AB wesentlich zum Sieg bei; auch das Land C trägt nur bei
einer Koalition zum Sieg bei, nämlich der Koalition AC.
Die drei Länder tragen also in insgesamt 5 Fällen wesentlich zum Sieg bei: A in drei, B und C jeweils in einem. Damit ist der Banzhaf'sche Machtindex für A 3/5, für B 1/5
und für C ebenso 1/5.

Man sieht schon an diesem Beispiel, dass sich der Banzhaf'sche Machtindex wesentlich von dem relativen Stimmanteil, dem Stimmgewicht eines Landes, unterscheidet.

Berechnungen (Felsenthal und Machover 2000) zeigen, dass für die 27 EU-Mitglieder ihr Machtindex annähernd gleich ihrem Anteil an der Gesamtbevölkerung ist, wenn man festlegt, dass

1. die Stimmgewichte der Länder proportional zu der Quadratwurzel ihrer Bevölkerungszahlen zu ermitteln sind und
2. das Quorum für eine siegreiche Koalition auf 62 % setzt.

Der Vertrag von Lissabon (s. o., S. 7) folgte aber nicht dieser Idee. Jenseits aller politischen Diskussionen, Argumente und Begehrlichkeiten wäre zu untersuchen und zu diskutieren, ob der Machtindex von Banzhaf tatsächlich die Abstimmungsmacht angemessen modelliert. Es gibt auch Stimmen, die dem heftig widersprechen (Gelman 2007).

7 Aktivitäten und Arbeitsaufträge zur EU-Mathematik

Vorstehend haben wir Informationen zur Sitzverteilung im EU-Parlament zusammengestellt, eine Modellierung der ‚degressiven Proportionalität' des Verteilungsverfahrens vorgeschlagen, drei Modellrechnungen zur Sitzverteilung durchgeführt und schließlich die derzeitige Stimmverteilung und das Abstimmungsverfahren im EU-Rat erläutert. Zahlreiche Fragen schließen sich an, die man zu dieser Thematik (nicht nur) in der Schule aufwerfen kann.

- Welche (weiteren) Möglichkeiten gibt es, die degressive Proportionalität mathematisch zu formulieren? Von der Sitzverteilungsfunktion S wird im Grunde nur verlangt, dass S monoton wächst, also analytisch gesehen $S' > 0$ gilt, und dass dieses Wachstum abnimmt, also $S'' < 0$ gilt. (Die Einschränkung auf zweimal differenzierbare Funktionen erscheint nicht wesentlich, da durch die Ganzzahligkeit der Sitzzahlen ohnehin im Nachhinein eine Diskretisierung stattfindet.) Diese Bedingungen erfüllen Funktionen mit Gleichungen der Form $S(N) = c \cdot N^a$. Was ist die Spezifik dieser Funktionen? Gibt es andere Funktionen, die sich für die degressive Proportionalität ‚anbieten', diese möglicherweise angemessener realisieren?

- Welche sinnvollen Modelle neben den drei oben durchgerechneten kann man vorschlagen?

- Ist der Machtindex nach Banzhaf eine angemessene Modellierung von Abstimmungsmacht? Neben theoretischen Überlegungen wären hier auch Modellrechnungen für historische, gegenwärtige und fiktive ‚Parlamente' durchzuführen.

- Ist das Quadratwurzelgesetz von Penrose sinnvoll und eine angemessene Lösung des Sitzverteilungsproblems? Lässt es sich nur durch – der Allgemeinheit schwer vermittelbare – Machtindizes begründen?

- Wäre es sinnvoll, parallel zum EU-Parlament eine zweite Kammer (etwa nach dem Vorbild des Bundesrats oder dem des USA-Senats) zu konstituieren? Wie könnte diese aussehen?

Literatur

BESCHLUSS DES EUROPÄISCHEN RATES vom 28. Juni 2013 über die Zusammensetzung des Europäischen Parlaments: https://eur-lex.europa.eu/legal-content/DE/TXT/?uri=CELEX:32013D0312

Felsenthal, D.S., Machover, M.: Enlargement of the EU and weighted voting in its council of ministers [online]. LSE Research Online, London. https://eprints.lse.ac.uk/archive/00000407 (2000)

Gelman, A.: Why the square-root rule for vote allocation is a bad idea. https://www.stat.columbia.edu/~cook/movabletype/archives/2007/10/why_the_squarer.html. (2007)

Taylor, A.D.: Mathematics and politics. Strategy, voting, power and proof. Springer-Verlag, New York (1995)

Zu den Bevölkerungszahlen in der EU: https://ec.europa.eu/eurostat/tgm/table.do?tab=table&plugin=1&language=de&pcode=tps00001

Zu der Stimmgewichtung im EU-Rat: https://de.wikipedia.org/wiki/Rat_der_Europ%C3%A4ischen_Union#Stimmgewichtung_bis_2017

Zur Zusammensetzung des Europäischen Parlaments nach dem Brexit: https://www.europarl.europa.eu/thinktank/de/document.html?reference=EPRS_ATA%282018%29623533.

Modellieren im Schulbuch – wie geht das?

Henning Körner

„Kann man das im Schulbuch machen, eine Aufgabe mit mehreren ‚falschen' Lösungen, ehe eine richtige kommt?" Redakteurin (Mathematikerin).

1 Grundsätzliche Vorbemerkungen zu Schulbüchern

(1) Nur vordergründig erscheint es im Zeitalter der Digitalisierung anachronistisch zu sein über Schulbücher zu schreiben. Natürlich steht das Schulbuch im Unterricht nicht mehr allein da, es wird durchweg mit digitalen Begleitmaterialien für Differenzierung, Erweiterungen, Erstellung eigener Arbeitsblätter usw. ergänzt, der Kern bleibt aber zunächst ein gemeinsam im Unterricht zur Verfügung stehendes Buch, sei es in gedruckter oder elektronischer Form. Die folgenden Ausführungen sind daher in der Grundlage und Konzeption weitgehend unabhängig vom Medium (Buch oder Tablet o.ä.). Durchgehend werden digitale Werkzeuge konstitutiv berücksichtigt. An geeigneten Stellen sind spezifische Aspekte von „Digitalisierung" (Internetrecherche etc.) berücksichtigt.

(2) Die Konzeption von Schulbüchern steht immer im Spannungsfeld manchmal antagonistisch wirkender Ausrichtungen und Prinzipien.

1. Es sollen und müssen einerseits kognitions- und lerntheoretische Erkenntnisse ebenso wie fachdidaktische Prinzipien und Forschungsergebnisse umgesetzt werden, auf der anderen Seite müssen institutionelle Rahmenbedingungen, Gewohnheiten der Lehrkräfte und tradierte Vorlieben und Abneigungen berücksichtigt werden.
2. Ein Schulbuch kann als Lehrbuch aus Sicht des Faches und des Unterrichtenden konzipiert sein, es kann aber auch als Arbeitsbuch aus Sicht des Lernenden konstruiert werden.

Ein nach allen Regeln der fachdidaktischen Kunst erstelltes Schulbuch, das nur ganz wenige Schulen benutzen, weil es Lehrkräften grundlegend zu fremd bleibt oder vielleicht für die reale Praxis tatsächlich ungeeignet ist, ist genauso wenig lernförderlich und produktiv wie ein Schulbuch, das mehr oder weniger bewusst Erkenntnisse über Lernen und fachdidaktische Prinzipien zugunsten angenommener oder auch vorhandener Popularität und Gewohnheit außer Acht lässt, indem es z. B. weiterhin fast durchweg auf „Vormachen-Nachmachen" und kleinschrittig sequenzierte Aufgabenplantagen in isolierten Lernhäppchen setzt. Auf der konzeptions- und inhaltsbezogenen Ebene können alle existierenden Schulbücher jeweils zwischen diesen beiden Polen verortet werden.

(3) Effektives Lernen von Mathematik besteht im ständigen Vernetzen von neuem Wissen und neuen Verfahren mit bereits Bekanntem und Gelerntem. Dabei kommt es – bedingt durch inhaltliche Weitungen und kognitive Brüche – zu ständigen Umstrukturierungen und neuen Vernetzungen auf Seite der Lernenden. Umgekehrt gilt dann: Wo Inhalte nur mehr oder weniger isoliert und disjunkt aufgenommen werden, kann verstehensorientiertes und nachhaltiges Lernen kaum stattfinden. Schulbücher können aber zunächst die Inhalte nur sequenziell, gleich wie an einer Perlenschnur aufgereiht, darstellen. Die notwendigen Vernetzungen müssen dann einerseits implizit und explizit im Buch eingebaut werden, anderseits aber auch von der Lehrkraft aktiv in der Unterrichtsgestaltung ermöglicht werden. Auch hier wirken kleinschrittige, eventuell sogar auf einzelne Unterrichtsstunden zugeschnittene Reihungen von einzelnen Seiten kontraproduktiv und behindernd für Lernen. Auf der anderen Seite erschweren zu große zusammenhängende und die Inhalte vernetzende Kapitel und Sequenzen einen strukturierten Überblick und wirken aufseiten der Lehrkräfte oft eher behindernd für die Gestaltung von Unterrichtssequenzen,

H. Körner (✉)
Oldenburg, Deutschland
E-Mail: hen.koerner@t-online.de

H. Humenberger und B. Schuppar (Hrsg.), *Neue Materialien für einen realitätsbezogenen Mathematikunterricht 7*, Realitätsbezüge im Mathematikunterricht, https://doi.org/10.1007/978-3-662-62975-8_7

vor allem, wenn das ‚normale' Unterrichtsgeschäft in engen Zeittaktungen stattfindet.

2 Prozessorientierte Kompetenzen im Schulbuch

2.1 Konzeptionelle Anmerkungen

Mit der konstitutiven Integration prozessbezogener Kompetenzen in den Kerncurricula der „Nach-Pisa-Zeit" stellt sich die Frage, wie und ob die Schulung dieser Kompetenzen adäquat in Schulbüchern integriert werden kann. Worin liegt das inhaltliche Problem bei prozessorientierten Kompetenzen? Wenn es neue Inhalte gibt, können diese meist additiv hinzugefügt oder alte Inhalte weggelassen werden. Prozessbezogene Kompetenzen können aber nur wenig dadurch erzeugt werden, dass hin und wieder einmal, mehr oder weniger isoliert, eine Aufgabe dazu erscheint, sondern Prozesse müssen – nomen est omen – prozesshaft in spiralcurricularer Weise durchgehend in die Jahrgänge eingebaut werden, um die zugehörigen Kompetenzen zu erzeugen. Dies sollte in einem Schulbuch abgebildet sein.

Es fällt auf, dass es in Fachzeitschriften und Materialsammlungen eine Fülle an inspirierenden Anregungen gibt, in Schulbüchern aber noch sehr wenig davon angekommen ist. Natürlich kann nicht alles, was manche Lehrkräfte gerne im Unterricht machen wollen, in Schulbüchern abgebildet werden, Manches muss Fachzeitschriften etc. vorbehalten bleiben, es bleibt aber unbefriedigend, wenn es nur sporadische, bruchstückhafte Umsetzungen in Schulbüchern gibt. Aufgrund der hohen Verbreitung von Schulbüchern im Unterricht sollten prozessorientierte Kompetenzen auch hier konstitutiv und kontinuierlich eingebaut werden, wenn man eine flächendeckende Berücksichtigung erreichen möchte. Hier ist in der beobachteten Unterrichtspraxis ein latenter circulus vitiosus zu beobachten: Einerseits gibt es einen Hang zu Gewohntem und Tradiertem bezüglich Schulbücher, andererseits hat der Autor es in Fortbildungen immer wieder erlebt, dass Lehrkräfte bei Vorstellung von Modellierungsaufgaben und -sequenzen sagten „Wenn es sowas in Schulbüchern gibt, dann…". Zu viel Neues wirkt dann aber wieder eher befremdlich …

Eine Antwort auf das weitgehende Fehlen von Modellieren (nicht Anwenden) in Schulbüchern ist das Projekt LEMAMOP in Niedersachsen gewesen (Bruder, R. et al. 2014; Bruder und Meyer 2016). Hier werden für jeden Jahrgang mehrstündige Unterrichtssequenzen zu den Prozessen angeboten, die curricular aufbauend strukturiert sind und neben dem ‚Mainstream' des Unterrichtsganges an geeigneten Stellen weitgehend unabhängig vom aktuellen Inhalt im Unterricht eingesetzt werden sollen, um so hinreichende

prozessorientierte Kompetenzen zu erzeugen. In dem Projekt werden neben dem Modellieren noch Sequenzen zum Argumentieren und Begründen sowie Problemlösen angeboten. Das hier vorgestellte und im Schulbuch umgesetzte Konzept geht den komplementären Weg: Die prozessorientierten Kompetenzen sind in die Sequenzierung der Inhalte integriert. So gibt es ganze Lernabschnitte, die sich explizit dem Modellieren widmen, aber natürlich auch Modellierungsaktivitäten, die in den Übungsphasen eingebaut sind. Plakativ formuliert: Modellieren integrativ, nicht additiv. Analog zu den Inhalten, muss es Erarbeitungsaufgaben, Basiswissen (Wissensspeicher, Merkkästen) und natürlich Übungen zu Aspekten des Modellierens geben. Außerdem muss für Schülerinnen und Schüler auch erlebbar werden, dass es bei Prozessen um eine spezifische Einstellung und Haltung zu Mathematik und Welt geht.

2.2 Ein Beispiel: Unterricht und Umsetzung in Schulbuch

Ein Beispiel soll das Problem des Modellierens im Spannungsfeld individuellen Unterrichts und möglichst personenunabhängiger Umsetzung im Schulbuch verdeutlichen.

Unterrichtsszene (Unterricht des Autors)

Thema: Modellieren einer Vasenform

Der Unterrichtszusammenhang: Leitfaden im vorgängigen Unterricht war die Modellierung vorgefundener Formen durch mathematische Funktionen. Schon die Einführung eines neuen Inhalts („Kurvenanpassung") erfolgte also in modellierender Absicht, es wurden nicht in klassischer Weise erst die innermathematischen Werkzeuge erstellt („Steckbriefaufgaben") ehe es zu Anwendungen kommt. Nachdem zunächst Interpolationspolynome im Blick waren und dabei auch der ‚Runge-Effekt' („Ausschlagen" der Kurven) entdeckt wurde, war klar, dass Interpolationspolynome meist keine adäquaten Modelle liefern.

Es wurde dann die reale Vase auf den Tisch gestellt. Eine Ideensammlung im Plenumsgespräch lieferte zwei Ideen:

(1) Laurin: Besondere Punkte auslesen (Extrempunkte, Wendepunkte)
(2) Magali: Form aus Stücken einfacher Funktionen zusammensetzen

Eine bessere Vorlage für produktives Modellieren konnte es nicht geben! In der folgenden Gruppenarbeitsphase (Schüler mussten sich nach Vorlieben (1) oder (2) zuordnen) wurde in vielfältiger Weise im Spannungsfeld vorgefundener Realität (Vasenform) und vorhandener mathematischer Werkzeuge iterierend modelliert. Meist gab es am Ende nur Teilergebnisse und neue Fragen. Beide Ideen lieferten in Teilen bessere Ergebnisse als Interpolationspolynome, überzeugten aber nicht richtig.

Zu (1): Bei Hinzunahme weiterer Bedingungen für eine bessere Passung erhöht sich der Grad der Polynome, man hat wieder das Problem der Interpolationspolynome, abgesehen vom hohen Rechen- und Tippaufwand (Polynom vom Grad 7: 7 Zeilen und 8 Spalten, also 56 Einträge).

Zu (2): Knickfreiheit kann ein Problem sein, wenn man die Ableitung nicht kennt (es wurden teilweise Sinusfunktionen benutzt). Die Passung war meist nur lokal, im weiteren Verlauf jedoch nicht zwingend gut. Man musste jedes Mal von Neuem überlegen.

Es gab also die typische Situation: Mehrere, nicht in jeder Hinsicht überzeugende, meist unvollständige Lösungen (Modelle). Auf die Frage der Lehrkraft, ob jemand neue Ideen hat, sagte Johanna:

„Man könnte bei (2) ja statt Parabeln Polynome vom Grad 3 oder 4 nehmen, dann kann man mehr berücksichtigen, weil man mehr Bedingungen benutzen kann (mehr Parameter vorhanden)."

Daraufhin Körner: Das ist eine sehr gute Idee…

Dass selbst bei gleicher Lehrkraft bei demselben Problem vollständig andere Unterrichtsverläufe entstehen können, zeigt Körner (2007).

Es ist unmittelbar klar, dass die Offenheit der Aufgabenstellung („Hier ist eine Vase, modellieren Sie die Form.") mit entsprechend divergenten Unterrichtsverläufen so nicht im Schulbuch umgesetzt werden kann.

Die Modellierung ist auf zwei verschiedene Arten im Schulbuch umgesetzt worden.

1. Auf drei Seiten wird die Modellierung über Regressionsfunktionen und Polynome zu quadratischen Splines und schließlich kubischen Splines in einer Mischung aus Lehrtext und eingeflochtenen Aufgaben für Schüler entwickelt (Körner 2012, S. 65 ff.). Im Zusammenhang mit dieser Umsetzung entstand das Zitat, das dem Aufsatz vorangestellt ist. Was aus fachdidaktischer Sicht schon mehr Anwendung mit Kontextbezug oder gar Einkleidung ist, erscheint aus redaktionellem, mehr auf Absatz gerichtetem Blick fast ‚revolutionär' oder sogar unmöglich umsetzbar zu sein! Nirgends werden die unterschiedlichen ‚Biotope', aus denen heraus Blicke auf ein

Schulbuch geworfen werden schöner einsichtig als in diesem Beispiel.

2. In mehreren voneinander getrennten Aufgaben wird das mehrfache Durchlaufen des Modellierungszyklus angeboten (Abb. 1, 2, 3.) Dazwischen treten andere Übungsaufgaben auf (Körner 2015–2019, eA, S. 88–94)

Die Modellierung der Vase beginnt mit der Aufnahme bekannter Modellierungen (Interpolationspolynome, Regression). Im Anschluss werden durch sukzessive Kritiken an den Modellen neue Modelle in unterschiedlichen Aufgaben ‚gebaut', der Modellierungszyklus also mehrfach einschließlich Validierung durchlaufen. Diese Darstellungsform ermöglicht wieder individuelle Verwendungen im Unterricht in je spezifischer Komplexität auf verschiedenen Anspruchsniveaus. Der Einstieg (Aufgabe 1) ist so offen formuliert, dass vielfältige Schülerbearbeitungen möglich sind, das vorgegebene Beispiel liefert eine Möglichkeit für einen niederschwelligen Einstieg. In Aufgabe 4 und Aufgabe 7 werden zunächst weitere Modellierungen motiviert und dann an konkreten Beispielen vorgestellt. Die Entwicklung des Splines (Aufgabe 7) gehört sicher in den fakultativen Bereich. Insgesamt bietet diese Aufgabensequenz damit vielfältige Möglichkeiten zur Binnendifferenzierung innerhalb eines Problems.

Natürlich ist hier ein Beginn allein mit der Vase und dann vollständiger Mathematisierung durch die Lerngruppe schöner (vgl. obiges Unterrichtsskript und Körner 2007), allerdings eben auch in der unterrichtlichen Handhabung wesentlich komplexer, weil die Lehrkraft auf je spezifische Schülerbeiträge eingehen muss und generell wenig prognostizierbare Verlaufssicherheit existiert. Hier wird der Unterschied zwischen individuell inszenierten Unterrichtsprojekten mit variablem Zeitbedarf und Unterrichten ‚nach Schulbuch' in manchmal engen Rahmenbedingungen gut deutlich. Die Erstdurchführung der Modellierung der Vase fand projektartig im Unterricht des Autors statt (Körner 2007) und hat sicher kaum verallgemeinerbare individuelle Ausprägungen auch in Abhängigkeit der Disposition der Lehrkraft. Tatsächlich traten hier alle möglichen, meist nicht antizipierten, Probleme auf, die zwar einerseits wenig Kalkulierbarkeit der Unterrichtssequenz ermöglichten, anderseits aber durch den sinnstiftenden Kontext vernetzende Erfahrungen aus unterschiedlichen Bereichen ermöglichten (Skalierungsprobleme, Runge-Effekt, Rundungsprobleme bei digitalen Werkzeugen). Die oben beschriebene Unterrichtsszene umfasste dagegen nur zwei Doppelstunden und wurde tatsächlich nur bis zu den quadratischen Splines weitergeführt. Ein Schulbuch darf aber nie nur ausgeprägte individuelle Lehrtypen und -methoden ansprechen, sondern muss für möglichst viele, unterschiedliche personale Dispositionen und unterrichtliche Rahmenbedingungen konzipiert sein, es muss möglichst personenunabhängig einsetz-

Aufgaben   **1 Die Vase**

Ein Designer konstruiert in freier Skizze eine Vasenform. Für die computergestützte, industrielle Fertigung soll die Form der Vase durch eine geeignete Kurve beschrieben werden.

Zunächst wird das Profil in einem Koordinatensystem abgetragen.

Die folgenden Punkte sind ausgelesen:

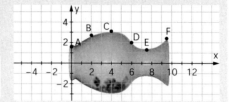

	A	B	C	D	E	F
x	0	2	4	6	7,5	9,5
y	1,6	2,7	3,1	2	1,3	2,4

a) Die Abbildungen zeigen die Regressionsfunktion vom Grad 4 (links) und das Interpolationspolynom zu A, B, C, D, E und F (rechts). In welchen Bereichen passen diese Modelle ganz gut, in welchen weniger?

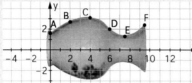
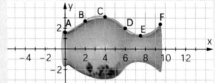

In den meisten Fällen gibt es nicht eine einzige Funktion, die gut zu der vorgegebenen Form passt. Wenn es nicht gelingt, eine passende Funktion für eine gegebene Form zu finden, ist eine abschnittsweise Modellierung oft erfolgreich.

Strategie:

- Unterteilen Sie die Form in Abschnitte.
- Notieren Sie die Bedingungen, die erfüllt sein müssen.
- Wählen Sie für jeden Abschnitt eine ganzrationale Funktion mit passendem Grad.
- Eine gute Strategie bleibt das Auslesen charakteristischer Punkte.

b) Modellieren Sie die Form der Vase. Hinweis: Die Form hat keine Knicke.

Beispiel:

(1) A, B, C,
C Hochpunkt
- 4 Bedingungen/ Grad 3

(2) C, D,
C Hochpunkt, D Wendepunkt
- 4 Bedingungen/ Grad 3

(3) D, E, F,
D Wendepunkt, E Tiefpunkt
- 5 Bedingungen/ Grad 4

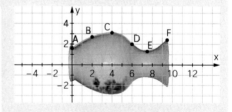

$$v(x) = \begin{cases} -0{,}0031\,x^3 - 0{,}069x^2 + 0{,}7\ x + 1{,}6 & ; \ 0 \le x \le 4 \\ 0{,}069\ x^3 - 1{,}24\ x^2 + 6{,}6\ x - 7{,}9 & ; \ 4 \le x \le 6 \\ 0{,}027x^4 + 0{,}81\ x^3 - 8{,}75\ x^2 + 40{,}15x - 63{,}74 & ; \ 6 \le x \le 9{,}5 \end{cases}$$

Abb. 1 Eine Vase – 1. Modellierungszyklus

bar sein. Auf der einen Seite gehen dabei sicher spannende Möglichkeiten des Modellierens verloren, andererseits initiieren solche Aufgabensequenzen vielleicht und hoffentlich Modellierungsaktivitäten, weil Lehrkräften strukturelle Hilfen gegeben werden.

Ist eine solche Aufgabensequenz aber noch Modellieren oder doch nur Anwendung? Ist das Suchfeld hinreichend offen oder wird nur fertige Mathematik verwendet? Nach der ‚reinen' Lehre der Fachdidaktik vielleicht mehr Anwendung, auf dem Hintergrund realen Unterrichts aber sicher mehr Modellieren, mindestens in wichtigen charakteristischen Teilaspekten. Es gibt unterschiedliche in der Aufgabenstellung integrierte Teillösungen (Aufgabe 1b)), es gibt Validierung und Modellkritik mit Neuansätzen (Aufgabe 4, Aufgabe 7). Es ist aber auch klar: Von der für Modellieren im engen Sinne notwendigen Offenheit ist einiges verloren gegangen.

4 Die Vase – revisited

Die Modellierung von Formen mit mehreren abschnittsweise definierten Funktionen liefert meist bessere Modelle als die Verwendung einer einzigen Funktion. Allerdings ist man zunächst auf eine geeignete Wahl von Bedingungen und Funktionstypen angewiesen, man weiß auch kaum im Vorhinein, ob das Modell gut passt. Ein weiterführendes Ziel ist daher eine mechanisch reproduzierbare systematische Modellierung, ein einheitlicher Algorithmus.

Idee: Systematisch mit Parabeln von links nach rechts modellieren. Man benötigt jeweils drei Bedingungen (Punkte A, B, C, D, E,... ausgelesen):

1. Parabel durch A, B und C
2. Parabel durch C und D, knickfreier Anschluss in C.
3. Parabel durch D und E, knickfreier Anschluss in D...

Modellieren Sie die Vase aus Aufgabe 1 abschnittsweise mit Parabeln. Beurteilen Sie das Modell. Dieser Modelltyp heißt *Quadratischer Spline*.

Abb. 2 Eine Vase – 2. Modellierungszyklus

Übungen

7 Die Vase – re-revisited

Da Parabeln keine Wendepunkte haben, also immer nur ein Krümmungsverhalten (links oder rechts), passen quadratische Splines (vgl. Aufgabe 4) schlecht, wenn zwischen zwei ausgelesenen Punkten die vorliegende Kurve ihr Krümmungsverhalten ändert. Man müsste dann auf jeden Fall mögliche Wendepunkte auslesen. Um darauf nicht angewiesen zu sein, ersetzt man die quadratischen Funktionen durch Polynome vom Grad 3. Entsprechend fordert man die Übereinstimmung der Übergänge auch in der zweiten Ableitung (Krümmungsverhalten).

Jeweils zwei benachbarte Punkte werden jetzt durch ganzrationale Funktionen 3. Grades sprungfrei, knickfrei und mit gleichem Krümmungsverhalten in den Stützpunkten verbunden.

Beispiel:

A $(0 | 1,6)$, C $(4 | 3,1)$, E $(7,5 | 1,3)$, F $(9,5 | 2,4)$ $s_1(x) = a_1 x^3 + b_1 x^2 + c_1 x + d_1$
Es sind drei ganzrationale Funktionen vom $s_2(x) = a_2 x^3 + b_2 x^2 + c_2 x + d_2$
Grad 3 gesucht: $s_3(x) = a_3 x^3 + b_3 x^2 + c_3 x + d_3$

Man erhält folgende Bedingungen:

(1) Punkte und sprungfreie Verbindung	$s_1(0) = 1{,}6$; $s_1(4) = 3{,}1$; $s_2(4) = 3{,}1$; $s_2(7{,}5) = 1{,}3$; $s_3(7{,}5) = 1{,}3$; $s_3(9{,}5) = 2{,}4$
(2) Knickfreie Verbindung:	$s_1'(4) = s_2'(4)$; $s_2'(7{,}5) = s_3'(7{,}5)$
(3) Gleiches Krümmungsverhalten	$s_1''(4) = s_2''(4)$; $s_2''(7{,}5) = s_3''(7{,}5)$

Abb. 3 Eine Vase – 3. Modellierungszyklus

3 Modellieren in NEUE WEGE

3.1 Der konzeptionelle Rahmen

Die Konzeption des Modellierens im Schulbuch NEUE WEGE ist natürlich eng verzahnt mit der Grundkonzeption des Schulbuchs. Diese kommt dem Modellieren entgegen, weil die Zugänge zu den Inhalten so oft es sinnvoll möglich ist, über Verwendungszusammenhänge („Mathematik kommt vor") erfolgen. Dies gilt durchgehend für die Kapitel zu den Funktionsklassen. In einem ersten Lernabschnitt werden also Vorkommen und Verwendung der Inhalte in Alltags- und Sachsituationen in vielfältiger Weise thematisiert. Damit wird ein sinnstiftender Rahmen geschaffen. Es werden also nicht in klassischer, innermathematischer Weise zunächst die Begriffe und Verfahren behandelt, ehe es zu Anwendungen etc. kommt. Wenn zunächst wochenlang Parabeln innermathematisch hin- und hergeschoben werden, ehe eine ernsthafte Verwendung thematisiert wird (hat der Autor hinreichend oft erlebt), muss man sich nicht wundern, dass Schülerinnen und Schüler demotiviert in den Seilen hängen. So werden hier Einstiege in Inhalte angeboten, bei denen mit Teilen des Modellierungszyklus gearbeitet wird (siehe Abb. 7), aber auch mit dem vollständigen Zyklus (vgl. Abb. 11, 15). Dies ist dabei auch eingebettet in das Grundprinzip des Buches, dass Einführungen in Themen über Aufgaben in unterschiedlicher Offenheit mit hoher Schüleraktivierung geschehen und nicht durch „Vormachen-nachmachen" (Aufgabe mit Lösung), wie es immer noch die meisten Schulbücher prägt. Diese Aufgabensequenz ist deutlich von manchmal in anderen Schulbüchern auftretenden vorgelagerten sehr offenen Lernumgebungen oder auch einzelnen Bildern mit kurzem informierenden Text zu unterscheiden, weil diese nicht integraler Bestandteil der dortigen Konzeption sind. Eine ähnliche Struktur wie hier wurde im Schulbuch MATHENETZ umgesetzt (Cukrowicz et al. 2005–2009). In den Übungsphasen werden im Schwerpunkt Teilaspekte des Modellierens geübt, aber auch vollständige Modellierungen angeboten (siehe Abb. 12, 13, 14, 16, 18, 19). Daneben gibt es ganze Lernabschnitte, die explizit dem Modellieren gewidmet sind. Hier treten auch Basiswissen (Merkkästen, Wissensspeicher) auf (siehe Abb. 9, 17).

Es gibt damit drei Elemente, bei denen Modellieren durchgehend auftritt.

1. Lernabschnitte mit Erarbeitung, Basiswissen und Übungen (Prozess als Inhalt)
2. Einführungsaufgaben zu spezifischen Inhalten (modellierend in ein Thema einsteigen)
3. Übungsaufgaben, eingebaut in Übungssequenzen zu spezifischen Inhalten.

Innerhalb dieser Struktur werden alle wichtigen Aspekte des Modellierens spiralcurricular in den einzelnen Jahrgängen thematisiert.

Alle benutzten Realsituationen beanspruchen in keiner Weise Originalität, im Gegenteil, es sind meist klassische Beispiele. Bedeutsam sind hier allein die Art und Weise der Integration, die Sequenzierung und die konkreten Formulierungen. Da vereinzelte Modellierungsaufgaben in jedem Schulbuch auftreten, müssen hier viele Beispiele vorgestellt werden, um einen hinreichenden und adäquaten Eindruck der Umsetzung des Konzepts zu bekommen. Dabei wird aber zu jedem Aspekt nur jeweils ein Beispiel angegeben.

3.2 Die inhaltliche Struktur

So wie inhaltsbezogene Kompetenzen, wie z. B. die algebraische Kompetenz, über längere Zeiträume altersgemäß

und fachlich adäquat aufgebaut, erzeugt und festigend gesichert werden müssen, sind natürlich auch die prozessorientierten Kompetenzen in analoger Weise im Unterricht zu behandeln. Da Aufgaben Träger des Unterrichts sind, müssen diese Kompetenzen auch schrittweise entlang geeigneter Probleme und Aufgaben erzeugt werden, weniger durch Lehrtexte und theoretische Abhandlungen. Die Aufgaben und ihre Sequenzierungen sollten aber kein Potpourri und weitgehend unzusammenhängend sein, sondern auch inhaltlich strukturiert sein.

Modellieren hat seinen Ursprung immer in Realsituationen. Idealtypisch können dann zwei Ansätze unterschieden werden.

1. Ausgangspunkt sind reale Daten, die Zusammenhänge zwischen interessierenden Größen zeigen. Aus diesen wird ein Modell erzeugt.
2. Ausgangspunkt sind gedankliche Überlegungen zu den Zusammenhängen zwischen den Größen. Aus diesen wird ein Modell erzeugt.

Natürlich sind diese Ansätze nicht disjunkt. Spätestens seit Popper gehört es zum wissenschaftstheoretischen Bestand, dass es theoriefreie Beobachtungen nicht gibt, also auch jedes Datensammeln vorgängigen manchmal unbewussten Theoriebildungen unterliegt. Auf der anderen Seite benötigen rein gedankliche Modelle für ihre Relevanz einen Abgleich mit empirischen Beobachtungen. Zu beachten ist allerdings, dass Modelle, die Wirkzusammenhänge benutzen (2.) von höherer Dignität als beschreibende Modellierungen (1.) sind. So ist die Epizykeltheorie zur Planetenbewegung im Wesentlichen eine beschreibende Modellierung, immer neue Kreise mussten konstruiert werden, um beobachtete Abweichungen vom Modell zu korrigieren. Mit Galilei, Kepler und Newton wurden an die Stelle von Beschreibungen, Modellierungen innerer Wirkzusammenhänge durch DGLn gegeben. Pointiert formuliert: Wirkzusammenhang schlägt Datenpassung. Schülerinnen und Schüler sollten dieses wissenschaftstheoretische Gefüge im Zusammenhang mit Modellieren im Unterricht mindestens implizit erfahren (vgl. Abb. 11 und Ausführungen dazu). So werden im Schulbuch beide Zugangsweisen durchgehend, häufig parallel, angeboten. Nach einigen Erfahrungen in verschiedenen Sachkontexten werden auch Anmerkungen für synthetisierendes Metawissen dazu gemacht (Abb. 10). Im Aufsatz hier werden Aufgaben zu beiden Ansätzen aus Darstellungsgründen getrennt thematisiert.

Konstitutiv für Modellieren ist das mehrmalige Durchlaufen des Modellierungszyklus. Eine diesbezügliche Umsetzung im Schulbuch ist sicher deswegen schwierig, weil entsprechende Sequenzierungen nicht in unterrichtliche Gewohnheiten und darauf aufbauende klassische Schulbuchkonzeptionen passen (vgl. vorangestelltes Zitat). In 3.5

wird eine exemplarische Umsetzung dieses mehrfachen Durchlaufens des Zyklus im Schulbuch gegeben (vgl. auch Abb. 1, 2, 3).

3.3 Modellieren mit Daten

(1) Lineare Funktionen (Klasse 8)

Mathematik wird von Schülerinnen und Schülern häufig als Fach erfahren, in dem es immer genau ein richtiges Ergebnis gibt (hinreichend gesättigte Erfahrung des Autors aus vielen Unterrichtsbesuchen bis in die Sek2 hinein). Dies gilt auch für fast alle Anwendungsaufgaben und erst recht für Einkleidungen. Beim Modellieren ist dies aber gänzlich anders. Zunächst muss immer eine Realsituation Ausgangspunkt der Problemstellungen sein. Beim Bearbeiten ist dann die erste fundamentale Grunderfahrung das Erlebnis, dass unterschiedliche Ergebnisse durchaus alle richtigen Lösungen sein können. Dieser Übergang von eindeutigen Ergebnissen zu kontextabhängig mehreren möglichen muss erfahrbar gemacht werden und dann zu einem entsprechenden Austausch in der Lerngruppe auffordern. Klassische Aufgaben für diese erste Grunderfahrung sind Fermi-Aufgaben (Abb. 4).

Die Einführungsaufgaben zum Modellieren (vgl. 2. oben) mit linearen Funktionen (grüne Ebene) zeigen Abb. 5 und 6.

In der Aufgabe „Ein Reiterhof" (Abb. 5) erleben Schülerinnen und Schüler den Übergang von klassischem Üben (Teilaufgabe a) zu Modellierungsaktivitäten mit Abgleich und Diskussion von Rechnungen, Prognosen und Validierungen. Im ersten Schritt sollten Schülerinnen und Schüler mit bekannten Verfahren Modelle finden (hier z. B. mit „Gerade durch zwei Punkte"). Natürlich muss diskutiert werden, wie man geeignete Punkte findet und dann auch, dass man eigentlich keinen Punkt genau treffen muss, sondern möglichst gute Passung mit allen Punkten das Ziel ist (Interpolation vs. Approximation). Auch sollten Freihandskizzen und Faustregeln der Benutzung der Regressionsmodule digitaler Werkzeuge vorangehen. Es spricht dann nichts dagegen, in einem nächsten Schritt (spiralcurricular) die Regressionen zu benutzen, auch wenn sie dann zunächst noch ‚Blackbox' sind (Abb. 9).

Eigene Experimente („Heißes Wasser", Abb. 6) schaffen Authentizität und wirken motivierend, die Ergebnisse werden zu Ergebnissen der Klasse. Der Kontext rückt die Prognosemöglichkeit mit mathematischen Modellen (Extrapolation) in den Blick. Die Erkenntnisse werden analog zu den innermathematischen Inhalten in einem Basiswissen zu Streudiagrammen und Ausgleichsgeraden festgehalten (vgl. zu anderem Thema Abb. 9).

(2) Quadratische Funktionen (Klasse 9)

Die Aufgabe in Abb. 7 ist eine Einführungsaufgabe in das Thema „Quadratische Funktionen" (vgl. oben 2.)! Sie wird von Schülern und Schülerinnen erfolgreich bearbeitet ohne vorgängiges Wissen über Scheitelpunkte, Nullstellen etc. Sehr hilfreich sind hier digitale Werkzeuge. Die Aufgabe ist so noch kein Modellieren. Wenn man aber die Annahmen bezüglich der weniger kommenden Besucher, des Eintrittspreises, der Besucherzahlen und diesbezüglicher Zusammenhänge, hinterfragt und variiert, ist man mittendrin und kann sogar erleben, dass bei einer Verringerung des Eintrittspreises mehr Gewinn gemacht wird. Aufgabenteil d) nimmt Validierung in den Blick. Solche Aufgaben zur Einführung neuer Inhalte sind wichtig, weil sie den Boden bereiten können für späteres umfangreicheres Modellieren, sodass dies dann nicht unverbunden ‚vom Himmel fällt'.

Die Einführungsaufgabe zu „Modellieren mit quadratischen Funktionen" in Klasse 9 zeigt Abb. 8.

Auf der Marginalie ist ein Realmodell skizziert, mit x ist die horizontale Entfernung gemeint. In a) wird qualitativ modelliert, in b) mathematisiert. Hier werden die im vorgängigen Lernabschnitt aus innermathematischen Motiven (Bestimmung von Funktionen aus Bedingungen) bereitgestellten Verfahren modellierend in neuem Kontext angewendet und damit geübt. Manch geneigte Lehrkraft mag die Vorgabe von Lösungswegen ((A), (B), (C)) als unnötige Engführung und Verlust produktiver Offenheit beklagen, hier hat aber die Selbsttätigkeit von Schülerinnen und Schülern ohne Eingriffe der Lehrkraft Vorrang vor großer Offenheit (konzeptionelles Grundprinzip des Schulbuchs). Es ist nämlich häufig beobachtbar, dass bei zu offenen Fragestellungen mit folgenden Schwierigkeiten der Bearbeitung, Lehrkräfte aus Unsicherheit bezüglich des Umgangs mit Offenheit zu Engführungen neigen, die aus der Offenheit

21 **Reiskörner**
Wie viele Reiskörner sind in einem Päckchen von 1 kg?
Diese Schätzfrage gab es bei einer Fernsehshow.
Wie könntest du die richtige Antwort herausfinden?
Probiere es aus.

Abb. 4 Fermi-Aufgabe

1 Ein Reiterhof

Die Gästezahl im Reiterhof ist in den letzten zehn
Jahren jedes Jahr in etwa um die gleiche Anzahl
gewachsen. Aus den Jahren 1998 (185 Gäste) und
2005 (490 Gäste) liegen die Gästezahlen exakt vor.

a) Bestimmt mit diesen Werten die passende Funktionsgleichung und skizziert diese mit den beiden Messwerten. (1998: x = 0)
Wie viele Gäste wird es 2009 geben, wenn die Entwicklung so weiter geht?

b) Ab 2009 werden die Gästezahlen jährlich aufgeschrieben.

Jahr	2009	2010	2011	2012	2013
Gästezahl	654	678	776	753	779

Übertragt die Werte in die Grafik aus a). Bleibt ihr bei eurer Funktion aus a)?
Zeichnet eine Gerade ein, die sich „möglichst gut" an die Punkte anpasst und
bestimmt deren Funktionsgleichung. Was bedeutet für euch „möglichst gut"?
Macht Prognosen zu den Gästezahlen für 2015 und 2020. Vergleicht eure Lösungen
und Meinung mit anderen Gruppen.

c) Was meint ihr: Für welche Werte von x kann euer Modell sinnvoll sein? Was sagt ihr,
wenn 2020 die Gästezahl 876 betragen sollte?

Abb. 5 Entwicklung der Besucherzahlen eines Reiterhofs

2 Heißes Wasser – ein Experiment

Luisa und Carolin wollen einen Tee zubereiten, der mit 75 °C heißem
Wasser aufgegossen werden soll. Sie wollen die Temperatur des Wassers
messen, haben aber leider nur ein Thermometer, dass Temperaturen bis
50 °C messen und anzeigen kann.

Führt selber ein Experiment durch. Erhitzt Wasser und messt in festen Zeitabständen die
Temperatur. Tragt eure Messwerte in eine Tabelle ein und skizziert die Punkte in einem
Zeit-Temperatur-Diagramm. Liegen die Punkte ungefähr auf einer Geraden? Zeichnet
eine Gerade ein, die sich „möglichst gut" an die Punkte anpasst und bestimmt deren
Funktionsgleichung. Wann ist nach eurer Funktion, mit der ihr das Erhitzen modelliert
habt, das Wasser 75 °C heiß? Vergleicht euer Ergebnis mit dem aus anderen Gruppen.
Könnt ihr euch auf ein gemeinsames Ergebnis einigen?

Abb. 6 Auswertung eines Experiments

eine mehr instruktive Bearbeitung womöglich in engen Un-
terrichtsgesprächen macht. Fundamental ist dann (wieder)
die Erfahrung, dass es unterschiedliche Lösungen geben
kann, die bezüglich verschiedener Kriterien in ihrer Güte
beurteilt werden müssen. Darüber hinaus werden Prognosen
berechnet (Aufsetzpunkt), ein fundamentales Motiv für Ma-
thematisierungen.

Will man Prozesse, hier „Modellieren", in gleicher
Weise wie Inhalte (z. B. Lösungsverfahren für Gleichungen) integrativ im Unterricht behandeln, sollten die Prozesse auch in gleicher Weise wie die Inhalte im Schulbuch
auftreten. Modellieren darf also nicht allein auf womöglich noch farblich markierten Extraseiten jenseits des Main-
streams im Höchstfall exemplarisch stattfinden mit Beschränkung auf einzelne Aufgaben, sondern sollte konstitutiv in das Schulbuch in gleicher Weise integriert sein
wie die Behandlung von Inhalten im Dreischritt „Erarbei-
tung-Sicherung-Üben". Das heißt, dass ‚Merksätze' (Basiswissen) auch für Prozesse auftreten müssen, die das Cha-
rakteristikum des Prozesses auf der erreichten Kompetenzstufe festhalten. Das Basiswissen zum Modellieren mit
quadratischen Funktionen zeigt Abb. 9.

In einem solchen Basiswissen wird also der gesamte
Modellierungszyklus an einem Beispiel durchlaufen: Real-
situation (Basketballwurf) – Realmodell (Videographie) –
Mathematisierung mit unterschiedlichen Werkzeugen und

2 Der Preis beeinflusst die Nachfrage – Wie macht man den größten Gewinn?

Im vergangenen Jahr kosteten die Eintrittskarten für die Theateraufführung des Sebastian-Münster-Gymnasiums 5 €. Es kamen 300 Besucher.

In diesem Jahr möchte das Gymnasium einen größeren Gewinn erzielen und beabsichtigt die Eintrittspreise zu verändern. Man vermutet, dass bei einer Erhöhung des Preises um je 1 € ungefähr 30 Besucher weniger kommen, bei einer Preissenkung um je 1 € ungefähr 30 Besucher mehr.

a) Ergänze die Tabelle in deinem Heft.

Preis-änderung	Eintritts-preis	Besucher-zahl	Einnahmen $E(x)$
−2	■	■	■
−1	■	■	■
0	5	300	1 500
1	6	270	1 620
2	7	240	■
3	8	■	■
4	■	■	■
x	$5 + x$	$300 - 30x$	■

b) In der letzten Zeile der Tabelle stehen die Terme, mit denen man zu jeder Preisänderung x den Eintrittspreis und die Besucherzahl berechnen kann. Es fehlt noch der Term zur Berechnung der Einnahmen.

c) Zeichne den Graphen der Funktion: x ↦ Einnahmen E(x). Für welche Preisänderung x erhält man die größten Einnahmen?

d) Die Nachfrage nach Eintrittskarten hängt vom Preis ab. Warum gilt dies für eine Aufführung des Schultheaters nur bedingt?

Abb. 7 Eine Optimierungsaufgabe

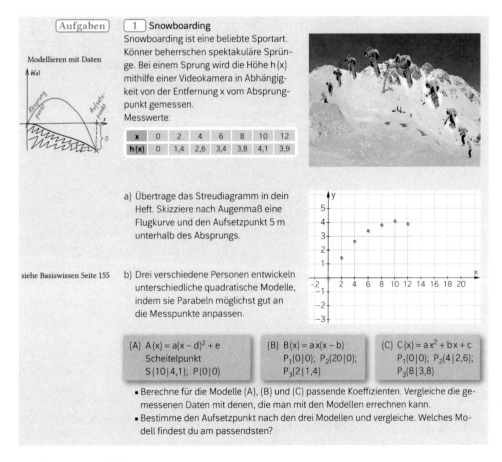

Aufgaben 1 Snowboarding

Modellieren mit Daten

Snowboarding ist eine beliebte Sportart. Könner beherrschen spektakuläre Sprünge. Bei einem Sprung wird die Höhe h(x) mithilfe einer Videokamera in Abhängigkeit von der Entfernung x vom Absprungpunkt gemessen.

Messwerte:

x	0	2	4	6	8	10	12
h(x)	0	1,4	2,6	3,4	3,8	4,1	3,9

a) Übertrage das Streudiagramm in dein Heft. Skizziere nach Augenmaß eine Flugkurve und den Aufsetzpunkt 5 m unterhalb des Absprungs.

siehe Basiswissen Seite 155

b) Drei verschiedene Personen entwickeln unterschiedliche quadratische Modelle, indem sie Parabeln möglichst gut an die Messpunkte anpassen.

(A) $A(x) = a(x - d)^2 + e$
Scheitelpunkt
$S(10\,|\,4,1)$; $P(0\,|\,0)$

(B) $B(x) = ax(x - b)$
$P_1(0\,|\,0)$; $P_2(20\,|\,0)$;
$P_3(2\,|\,1,4)$

(C) $C(x) = ax^2 + bx + c$
$P_1(0\,|\,0)$; $P_2(4\,|\,2,6)$;
$P_3(8\,|\,3,8)$

• Berechne für die Modelle (A), (B) und (C) passende Koeffizienten. Vergleiche die gemessenen Daten mit denen, die man mit den Modellen errechnen kann.

• Bestimme den Aufsetzpunkt nach den drei Modellen und vergleiche. Welches Modell findest du am passendsten?

Abb. 8 Einführungsaufgabe zum Modellieren

Abb. 9 Basiswissen zum
Modellieren

Strategien zum Modellieren von Daten mit Funktionen

Mit einer Videoanalyse wird ein Teil der
Flugbahn eines Basketballs aufgezeichnet.
Landet der Ball im Korb?

Wenn man eine zur Flugbahn passende
Funktion findet, kann damit die weitere
Flugbahn vorausgesagt werden.
Einzelne Aufnahmen des Balls werden als
Punkte in einem geeigneten Koordinaten-
system eingetragen und die Koordinaten in
einer Tabelle notiert.
Die Aufnahme legt die Modellierung mit
einer quadratischen Funktion nahe.

x: Weite	0	0,5	1,2	2	2,5	3,1
y: Höhe	2	2,6	3,4	3,8	3,9	3,8

Es gibt verschiedene Möglichkeiten, eine passende Funktion zu finden.

Mithilfe ausgewählter Punkte können Funktionsgleichungen bestimmt werden,
die vielleicht zu den Daten passen.

(1) **Scheitelpunkt und ein weiterer Punkt**
$S(2{,}55\,|\,4)$, $A(0\,|\,2)$
$f_1(x) = -0{,}31(x - 2{,}55)^2 + 4$

(2) **Schnittpunkt mit y-Achse und**
zwei weitere Punkte
$A(0\,|\,2)$, $B(0{,}5\,|\,2{,}6)$, $C(2\,|\,3{,}8)$
$f_2(x) = -0{,}2x^2 + 1{,}3x + 2$

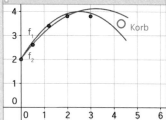

Mit einem GTR oder Funktionenplotter können Funktionen berechnet werden,
die in einem gewissen Sinne gut zu den Daten passen.

(3) **Quadratische Regression mit dem GTR**
Eine Parabel wird so an die Daten angepasst, dass die Summe der „Abweichungs-
quadrate" möglichst klein ist.
$f_3(x) = -0{,}301x^2 + 1{,}522x + 1{,}970$

(4) **Grafische Anpassung mit Schiebereglern**
Mit Schiebereglern für a, b und c in der allgemeinen Gleichung $f(x) = ax^2 + bx + c$
wird durch Variation grafisch eine möglichst gute Anpassung erzeugt.
$f_4(x) = -0{,}26x^2 + 1{,}4x + 2$

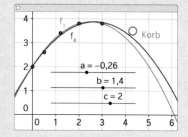

Vergleich der Modelle
und Antwort auf die Frage:

Die Modelle f_1, f_3 und f_4 passen ähnlich gut zu den Daten. Eine eindeutige Antwort
ermöglichen die Modelle nicht: Nach f_2 (Abprall vom Brett) und f_4 würde der Ball wohl
im Korb landen.

Abb. 10 Wissenskarte
– Beschreibung vs.
Wirkzusammenhang

↘ Modelle, die nicht von einer Theorie gestützt werden

Die Modellierung mit quadratischen Funktionen in den Aufgaben 6-9 wird zunächst
allein durch die Streudiagramme nahegelegt. Gibt es darüberhinaus Theorien, die
einen quadratischen Zusammenhang stützen? Bei den Flugkurven und der Brems-
weglänge liefert die Physik die theoretische Grundlage. Niemand kann aber begründen, warum die Bevölkerungsentwicklung eines Landes in Abhängigkeit der Zeit oder
der Zusammenhang zwischen der Menge des Futterzusatzes und der prozentualen
Gewichtszunahme mit quadratischen Funktionen beschrieben werden können.

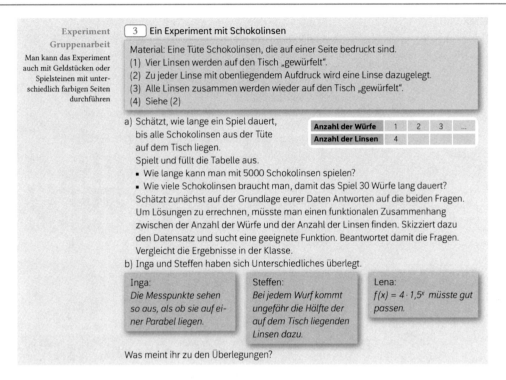

Abb. 11 Ein „süßes" Experiment

13 Windkraftanlangen

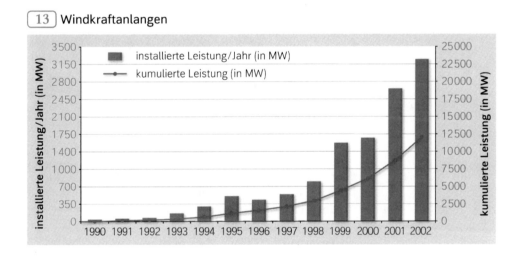

a) In dem Diagramm sind die Leistung der in dem jeweiligen Jahr installierten Windkraftanlagen (Balkendiagramm) und die Gesamtleistung aller Anlagen (rote Kurve)
   dargestellt. Ermittle zu beiden Darstellungen ein passendes exponentielles Modell.

Jahr	1990	1992	1994	1996	1998	2000	2002
kumulierte Leistung (in MW)	55	173	618	1546	2871	6104	11 994

b) Mache mit dem Modell Prognosen für die nächsten zehn Jahre. Beurteile die Modelle.

Abb. 12 Windkraft 1990–2002

Abb. 13 Windkraft 2000–2015

20 Windkraftanlagen – aktuell

Die Grafik veranschaulicht die gesamte installierte Windenergieleistung (kumuliert) und den jährlichen Zubau (Balken) zwischen 2000 und 2015.

a) Beschreibe die Entwicklung der jährlichen und kumulierten Leistung in Worten. Vergleiche mit den Modellierungen aus Aufgabe 13.

b) Warum kann dir eine gut passende mathematische Modellierung der Entwicklung der Windenergieleistung nicht gelingen?

21 Wachsen einer Ameisenkolonie

Ein Biologe überlegt, wie eine Ameisenkolonie wachsen könnte. Er stellt zwei verschiedene Modellrechnungen an:

(1)

Zeit in Monaten	Anzahl
0	100
1	200
2	300
3	400

(2)

Zeit in Monaten	Anzahl
0	100
1	200
2	400
3	800

a) Setze die beiden Modellrechnungen für die nächsten drei Monate fort.

b) Beschreibe in Worten den Zuwachs in jedem Monat gemäß dem Modell (1) und dem Modell (2).

c) Welches Modell könnte die Entwicklung einer Ameisenkolonie besser beschreiben? Diskutiert diese Frage in eurer Gruppe. Vielleicht findet ihr ein Modell, das noch besser passt.

Abb. 14 Modellvergleich

Methoden – Validierung (Rückbezug der Ergebnisse auf Realsituation).

Natürlich werden auch Übungsaufgaben zum Modellieren nach dem Basiswissen bereitgestellt, in denen dann auch Teilschritte des Modellierens gesondert thematisiert und geübt werden, es muss nicht immer der gesamte Kreislauf sein.

Eine Reflexion der unterschiedlichen Realsituationen mit gleichartiger Modellierung liefert den Anlass, verschiedene Arten des Modellierens zu unterscheiden (beschreibend (ohne Theorie), Wirkzusammenhang (mit Theorie)), womit auf einer Metaebene eine höhere Kompetenzstufe erreicht werden kann (Abb. 10). Auch hier gilt wieder, dass Inhalte nicht allein implizit aus Aufgaben erschließbar sind, sondern in Schulbuch auch explizit angesprochen werden sollten.

(3) Exponentialfunktionen (Klasse 10)

Nachdem in den Klassen 8 und 9 die Grundprinzipien des Modellierens eingeführt und geübt sind, kann jetzt auch in ein neues Thema modellierend eingestiegen werden, nicht zuletzt, weil unterschiedliche Funktionstypen zur Verfügung stehen. Während im bisherigen Verlauf meist der Modelltyp mehr oder weniger vorgegeben war, kann und sollte dies jetzt offenbleiben. Hier entsteht dann die Chance, dass schon in der Erarbeitungsphase unterschiedliche Modelle von der Lerngruppe erzeugt werden, die dann sehr authentisch zu Modellvergleichen in der Validierungsphase führen. Besonders schön ist es, wenn wieder ein eigenes Experiment am Anfang steht (Abb. 11).

Dieses Experiment ist vom Autor mehrfach durchgeführt worden und erzeugte immer variierende, spannende Unterrichtsverläufe (Körner 2008, 2018, S. 202 ff.). Der Aufga-

> **1** Ein neuer Kopfhörer
>
> Die Firma Gutklang hat in einer Betriebsprüfung Produktionskosten zur Herstellung eines neuen Kopfhörers in Abhängigkeit von der Tagesproduktion erfasst. Dabei wurden bis zu einer Produktion von 8000 Stück folgende Beobachtungen festgehalten:
>
> | Wenn nichts produziert wird, fallen trotzdem Produktionskosten in einer bestimmten Höhe K_0 an. | Die Kosten nehmen mit der produzierten Stückzahl zu. | Die Zunahme der Kosten wird bis zu einer bestimmten Stückzahl x_1 ständig kleiner, ab dann nimmt sie wieder immer mehr zu. |
> | --- | --- | --- |
>
> a) Skizzieren Sie den Graphen einer Kostenfunktion K, der die Beobachtungen gültig erfasst. Begründen Sie Ihre Wahl auch mit den zugehörigen Graphen der „Kostenänderung" und der „Änderung der Kostenänderung".
>
> b) Die Kostenfunktion
>   K: produzierte Stückzahl (in Tausend) $\rightarrow$ entstehende Kosten (in 1000 €)
>   wurde im Intervall [0; 8] mit $K(x) = 2x^3 - 18x^2 + 60x + 32$ modelliert.
>   - Was kostet die Tagesproduktion von 1000 Kopfhörern, was die von 5000?
>   - Erstellen Sie eine aussagekräftige Skizze zu K. Passt diese Funktion zu den obigen Beobachtungen? Welche Bedeutung hat der Wendepunkt?
>   - Welche Bedeutung hat die lokale Änderungsrate im Sachkontext? Bestimmen Sie diese für die Stückzahlen 0 und 8000.
>
> c) Der Kopfhörer soll für 35 € verkauft werden. Macht die Firma immer einen Gewinn oder hängt das von der verkauften Menge ab?
>   Begründen Sie, dass $U(x) = 35x$ die Umsatzfunktion und $G(x) = U(x) - K(x)$ die Gewinnfunktion ist.
>   - Bei welcher verkauften Menge wird der größte Gewinn erzielt?
>
> d) Was ist bei der Berechnung des möglichen Gewinns in c) nicht berücksichtigt worden? Wo fallen weitere Kosten an? Was wird stillschweigend vorausgesetzt?

Abb. 15 Modellierungszyklus in Einführungsaufgabe

benteil b) ist wieder ein typisches Schulbuchelement (vgl. Abb. 8) und stellt einen Kompromiss zwischen Offenheit der Aufgabenstellung und instruierender Engführung dar. Dargestellt sind Schüleräußerungen aus verschiedenen Realisierungen. Sie können helfen, vielfältige Aspekte des Modellierens durch äußere Impulse zu initiieren und sollen auch Hilfe für Lehrkräfte sein, die (noch) nicht hinreichende Unterrichtserfahrungen im Umgang mit Offenheit und Modellieren besitzen. Entscheidend bezüglich des Modellierens ist bei diesem Experiment, dass erfahrbar wird, dass letztendlich der exponentielle Wirkzusammenhang („immer ungefähr die Hälfte dazu.") ausschlaggebend für die Wahl eines adäquaten Modells ist. Was vorher in unterschiedlichen Situationen erfahrbar war (Abb. 10), tritt hier in einer Realsituation als normativer Entscheidungsgrund auf. Dem entsprechend tritt jetzt im Basiswissen die notwendige vorgängige Auswahl eines Funktionstyps explizit auf.

Neben der Qualität der Datenpassung und möglichen Wirkzusammenhängen hängen Modellierungen und ihre Modifikationen natürlich auch von dem zeitlichen Entwicklungsstand des untersuchten Zusammenhangs ab. Auch

das sollten Schüler und Schülerinnen erleben. Dazu gehört auch die Erfahrung, dass ihnen manchmal keine mathematischen Möglichkeiten zur Verfügung stehen (Abb. 12, 13). Dies kann Motiv für zu schaffende mathematische Werkzeuge sein, kann aber auch kategorisch in der Sachsituation liegen.

Im Zeitraum von 1990–2002 liegt eine exponentielle Modellierung sowohl der installierten als auch kumulierten Leistung nahe.

Im Zeitraum 2000 bis 2015 kann die kumulierte Leistung jetzt nach Anschauung recht gut linear modelliert werden, obwohl dann die installierten Leistungen („Änderungsrate" der kumulierten Leistungen) annähernd konstant sein müssten. Hier empfehlen sich im weiteren dann aktuelle Internetrecherchen auch für andere Länder und andere Energieerzeuger.

3.4   Modellieren mit gedanklichen Vorgaben

Modellieren mit Daten stellt einen zunächst empirisch orientierten Zugang zum Modellieren dar. Ausgangspunkt für

Abb. 16 Variierendes Üben 1

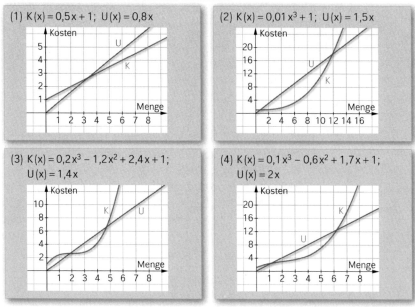

3 Kosten, Umsatz und Gewinn
Produktionskosten können auf unterschiedliche Weise entstehen. Entsprechend werden sie durch unterschiedliche Funktionen modelliert.

a) Beschreiben und vergleichen Sie jeweils die Entwicklung der Produktionskosten in Abhängigkeit von der produzierten Menge.
   Welche der Kostenfunktionen erscheinen Ihnen sinnvoll? Begründen Sie.
b) Ermitteln Sie zu den Kosten- und Umsatzfunktionen den Gewinnbereich und den maximalen Gewinn.

das Modellieren können aber auch gedankliche Konstrukte sein. Diese entstehen durch Beobachtung und Antizipation von Prozessen sowie Abhängigkeiten zwischen Größen und führen zu mathematischen Modellen, aus denen Konsequenzen, Zusammenhänge und Prognosen theoretisch abgeleitet werden. Letztendlich müssen diese wieder an der Realität geprüft werden.

(1) Ameisen
Schon in Klasse 7 können Modellierungsaktivitäten im Sine von Modellvergleichen und Validierungen initiiert werden. Ohne dass die Schülerinnen und Schüler die innermathematischen Zusammenhänge explizit erfassen müssen (hier exponentielles Wachstum), können sie Substanzielles zum Modellieren äußern (Körner 2014, S. 15 f.). Die Aufgabe (Abb. 14) steht im Kapitel zur Proportionalität. In den Aufgabenteilen a), b) und c) werden weite Teile des Modellierungszyklus durchlaufen. Die Formulierung „Ein Biologe überlegt…" macht unmittelbar den Erstzugang über eine theoretische Überlegung deutlich. Arbeitsauftrag a) sichert Verständnis des ‚Bauprinzips' beider Modelle. b) nimmt die Änderung in den Blick, die hier charakteristisches Unterscheidungsmerkmal der beiden Modelle ist. Schüler äußern hier durchaus Gehaltvolles, man muss nicht warten, bis Ableitungen etc. zur Verfügung stehen (ebd. S. 16). c) nimmt schließlich eine gedankliche Validierung in den Blick. Der

Duktus der Aufgabenstellung lässt Schüler und Schülerinnen direkt erleben, dass es hier nicht um eine Rechenaufgabe geht und dass hier Diskussionsbedarf besteht.

(2) Ein Kopfhörer
Die Aufgabe in Abb. 15 ist eine Einstiegsaufgabe in den Lernabschnitt „Modellieren mit ganzrationalen Funktionen" in Klasse 11.
   In den einzelnen Teilaufgaben werden alle Phasen des Modellierungszyklus durchlaufen: Vom Realmodell (a)), zum mathematischen Modell (b)), Auswertung im Modell (c)) und Validierung durch explizite Thematisierung von Hintergrundannahmen und Reduktionen (d)). Hier steht nicht die Offenheit einer Realsituation mit unterschiedlichen Modellierungen im Vordergrund, sondern das angeleitete Entwickeln und Arbeiten mit einem Modell durch alle Phasen des Prozesses. Ist das jetzt noch Modellieren oder ‚nur' Anwenden? Wieder: In einem individuellen Unterricht wird man vielleicht nur die Beobachtungen vorgeben (blaue Karten), mit einigen Kennwerten versehen und dann Modelle finden lassen (eigene Experimente, Umfragen sind hier wohl real kaum möglich), man wird mehr modellieren. Im Schulbuch hier findet zunächst nur eine qualitative Modellierung (a)) statt, ehe dann für verbindliches Weiterarbeiten ein Modell vorgegeben wird, was die Aufgabe dann leichter ‚händelbar' macht. Um ansatzweise nachhaltiges

Abb. 17 Basiswissen zum
Modellieren. Anmerkung: Im
Text ist ein Fehler, es muss
heißen: „Der Graph von P ist
eine Parabel durch (200|0) und
(0|10000)

Modellieren mit ganzrationalen Funktionen

Je teurer ein Produkt verkauft wird, desto weniger kann
abgesetzt werden. Welchen Preis sollte eine Firma ansetzen?
Für den Absatz eines exklusiven Parfüms modelliert ein Team
die Preis-Absatz-Funktion für Packungspreise bis 200 €
(x: Packungspreis; y: absetzbare Packungsanzahl):
$P(x) = 0,2x^2 - 90x + 10000$
Die Firma möchte maximalen Umsatz erzielen, welchen
Packungspreis sollte sie nehmen?

1. Situation veranschaulichen

Der Graph von P ist eine Parabel mit
Scheitel (200|0) durch (0|10000).
Zunächst starke Abnahme der absetz-
baren Anzahl bei Preiserhöhung, dann
zunehmend geringere Abnahme der ab-
setzbaren Anzahl. Bei einem Packungspreis von 200 € werden keine Parfüms
mehr abgesetzt, bei ganz geringen Kosten ca. 10000 Stück.

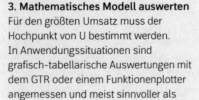

2. Mathematisches Modell erstellen

Um den Umsatz zu berechnen, muss
der Preis pro Packung mit der absetz-
baren Anzahl multipliziert werden.

Man erhält:
$$U(x) = x \cdot P(x)$$
$$= 0,2x^3 - 90x^2 + 10000x$$

3. Mathematisches Modell auswerten

Für den größten Umsatz muss der
Hochpunkt von U bestimmt werden.
In Anwendungssituationen sind
grafisch-tabellarische Auswertungen mit
dem GTR oder einem Funktionenplotter
angemessen und meist sinnvoller als
algebraische Rechnungen.

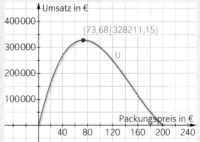

Bei einem Packungspreis von 74 € wird ein maximaler Umsatz von ca. 328000 € erzielt.

4. Modell bewerten

- Der Zusammenhang zwischen Packungspreis und Absatzmenge kann anders sein.
- Es wird vorausgesetzt, dass das Parfüm immer zum gleichen Preis verkauft werden kann.
- Die Produktionskosten in Abhängigkeit der produzierten Menge werden nicht berücksichtigt.

Üben mindestens in Teilprozessen des Modellierens zu erreichen, werden in späteren Übungsaufgaben Modellvariationen und -modifikationen angeboten (Abb. 16).

(3) Parfüm

In dem Lernabschnitt, in dem „Ein Kopfhörer" eine Einführungsaufgabe ist, wird ein anderes Beispiel im Basiswissen
(Abb. 17) bearbeitet.

Zu diesem „instruktiven" Musterbeispiel werden dann
Modifikationen in einer Übung angeboten, die „konstruk-
tive" Eigentätigkeit der Lerngruppe erfordern (Abb. 18). So
ist einerseits Üben durch Analogiebildung zu vorgängigen
Musterbeispielen möglich, andererseits bleiben Eigentätigkei-
ten der Schülerinnen und Schüler konstitutiv, weil immer
auch Modifikationen und Variationen vorgenommen werden
müssen.

Abb. 18 Variierendes Üben 2

$\boxed{4}$ Parfüm: Modellvariationen

a) Modellieren Sie den Umsatz des Parfüms (siehe Basiswissen) mit den Preis-Absatz-Funktionen: (A) $P_A(x) = -50x + 10\,000$ und   (B) $P_B(x) = -0,2x^2 - 10x + 10\,000$

- Vergleichen Sie die Entwicklung der Absätze in Abhängigkeit des Packungspreises.
- Ermitteln Sie jeweils den maximalen Umsatz.

b)

| Händler H_1 erwartet den Absatz von 6000 Packungen. | Händler H_2 möchte mindestens 320000 € mit dem Parfüm umsetzen. | Händler H_3 will das Parfüm für 200 € anbieten. |

Was sagen Sie den Händlern? Benutzen Sie die Modelle (A), (B) und das Modell aus dem Basiswissen.

$\boxed{\text{Übungen}}$ $\boxed{8}$ Einwohner der USA

Seit 1790 sind in den USA alle zehn Jahre Volkszählungen vorgenommen worden.

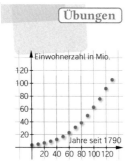

Jahr	1790	1800	1810	1820	1830	1840	1850	1860	1870	1880	1890	1900	1910	1920
Einwohner [in Mio]	3,9	5,3	7,2	9,6	12,9	17,1	23,2	31,4	38,5	50,1	62,9	76,0	92,0	105,7

a) Erstelle ein Streudiagramm (1790: $x = 0$). Begründe, dass ein linearer Zusammenhang zwischen der Zeit und der Bevölkerungszahl nicht passt. Finde verschiedene passende quadratische Modelle.

b) Die aktuelle Einwohnerzahl der USA beträgt 319 Millionen. Passt das zu deinem Modell aus a)? Finde gegebenenfalls eine passende quadratische Funktion, die auch die aktuellen Daten berücksichtigt. Was sagt das Modell für zukünftige Bevölkerungsentwicklung voraus? Was hältst du davon?

Abb. 19 Einwohner USA 1 (Klasse 9)

Mit „Ein Kopfhörer" und „Parfüm" stehen somit zwei „Ankerbeispiele" zur Verfügung, die einen sinnstiftenden Zusammenhang bilden und in unterschiedlicher Weise Aktivitäten des Modellierens üben und vertiefen. Beides zusammen schafft eine produktive Lernumgebung im Themenkreis „Wirtschaftsmathematik", im Mittelpunkt stehen gehaltvolle Sachkontexte („Objekte") und weniger Methoden, die an mehr oder weniger unverbunden Objekten geübt werden sollen.

3.5   Modellieren „iterativ"

Eine wesentliche Erfahrung beim Modellieren besteht in Modifikationen bis hin zu Neuansätzen von erzeugten Modellen, also dem mehrmaligen Durchlaufen des Modellierungszyklus. Einerseits führt die konstitutive Offenheit der Realsituationen zu unterschiedlichen Modellierungen, anderseits ermöglichen neue mathematische Inhalte und Verfahren andere Modellierungen. Natürlich ist das mehrmalige Durchlaufen des Modellierungszyklus bei hinreichend gehaltvollen Realsituationen und entsprechend offener Aufgabenstellung latent im Problem angelegt und sollte von Lehrkräften entsprechend variabel unterrichtlich umgesetzt werden. So führte das m&m-Experiment tatsächlich zu im-

mer verschiedenen Unterrichtsverläufen mit unterschiedlichen Schwerpunktsetzungen; mal wurde der Wirkzusammenhang früh von mehreren Gruppen erfasst, mal blieb es mehrheitlich bei beschreibenden Modellierungen, mal war früh die Exponentialfunktion im Blick, mal wurde explizit iterativ modelliert. Solche offenen, situativ gestalteten Unterrichtsverläufe kann ein Schulbuch nur durch Vorgabe einer möglichst motivierend gestalteten Ausgangssituation versuchen zu initiieren, die konkrete Durchführung wird immer von den Dispositionen, Motivationen und Möglichkeiten der Lehrkraft abhängen. Variationen des Modells und das mehrmalige Durchlaufen des Modellierungszyklus können aber durch Aufgabensequenzen in einem Schulbuch, auch über Jahrgänge hinweg, eingebaut werden. Der Nachteil ist sicher wieder der Verlust von Offenheit und schülerinduzierten Variationen, der Vorteil aber die Möglichkeit für Lehrkräfte ohne gesonderte Vor- und Aufbereitungen Aufgaben in üblicher und gewohnter Weise zu verwenden und durch die Wiederholung der Realsituationen rote Fäden und Sinnzusammenhänge zu schaffen.

(1) Die Einwohnerzahl der USA
Der gleiche Datensatz wird in Klasse 9 mit quadratischen Funktionen (Abb. 19), in 10 mit Exponentialfunktionen (Abb. 20) und in der Sek2 mit logistischem Wachstum mo-

delliert (Abb. 21). Interessant sind die unterschiedlichen Effekte, die durch die Modellvariationen erfahrbar werden. Quadratische Funktionen passen zunächst recht gut, selbst die damit gemachte Prognose für das Jahr 2018 motiviert keine grundlegende Modellvariation. Die Grunderfahrung, dass Populationen zunächst von der Sache her eher exponentiell wachsen, führt zur Modellierung mit Exponentialfunktionen. Modelliert man den Datensatz als Ganzes, ist die Passung mit den Daten aber nur mäßig, die Prognose auf 2015 liegt völlig daneben. Die Untersuchung der Quotienten legt eine abschnittsweise Modellierung nahe. In der Tat gelingt eine bessere Modellierung, die Prognose passt halbwegs. Stückeln ist aber eigentlich nicht gut, weil man damit natürlich beliebig Funktionen an Daten anpassen kann, indem man Übergänge und Anzahl der Teilmodelle entsprechend wählt. Von der Realsituation her ist ein logistisches Modell („Bäume wachsen nicht in den Himmel") angemessen. Die konkrete Modellierung zeigt aber, und lässt entsprechend markant erfahrbar machen, dass bei guter Datenpassung sehr unterschiedliche Prognosen möglich sind. Speziell auf das logistische Wachstum bezogen wird klar, dass die Güte des Modells davon abhängt, ob der Wendepunkt schon mit den Daten erfasst ist, der verdoppelte zugehörige Funktionswert gibt ja den Grenzbestand an.

(2) Die Konservendose

Ein klassisches Optimierungsproblem im Mathematikunterricht ist die minimale Oberfläche einer Konservendose mit vorgegebenen Volumen (Abb. 22, 23, 24). Modelliert man im Erstzugang mit einem Zylinder, erhält man $2r = h$, also einen quadratischen Querschnitt. Innermathematisch wird man hier Bezüge zum isoperimetrischen Problem für Vierecke herstellen, modellierend Konservendosen genauer in den Blick nehmen. Weiterhin kann hier eine mögliche Verwendung von Mathematik innerhalb der Produktion von Konservendosen mit unterschiedlichen Volumina deutlich gemacht werden, mathematisches Handeln im Betrieb wird idealtypisch erlebbar. Wer mit Formeln umgehen kann, macht es möglich, dass Menschen ohne mathematisches Wissen ‚Probleme' lösen können (Aufgabe 11 (Abb. 23)). Ziel ist eine Tabelle, in der der Nutzer sofort ablesen kann, wie viel Material etc. für eine Dose mit vorgegebenem Volumen benötigt wird. Genaues Hinschauen auf reale Dosen führt zu den Modellierungen aus Aufgabe 12 (Abb. 24),

---

Aufgaben　　**2** Die Entwicklung der Bevölkerung der USA seit 1790

Jahr	1790	1800	1810	1820	1830	1840	1850	1860	1870	1880	1890
Bevölkerung in Millionen	3,93	5,31	7,24	9,64	12,87	17,07	23,19	31,44	38,56	50,19	62,98

Jahr	1900	1910	1920	1930	1940	1950	1960	1970	1980	1990	2000
Bevölkerung in Millionen	76,21	92,23	106,02	123,20	132,16	151,13	179,33	203,30	226,54	248,71	281,42

(Quelle: US Bureau of Census)

GTR/CAS　a) Zeichne ein Diagramm der Bevölkerungsentwicklung in den USA seit dem Jahr 1790.

b) Die Untersuchung der Quotienten aufeinander folgender Messwerte liefert Anhaltspunkte für geeignete Modelle. Warum? Übertrage die Tabelle und ergänze sie (1790 ≙ x = 0).
Bestimme mithilfe der Tabelle unterschiedliche Exponentialfunktionen $f(x) = a \cdot b^x$. Skizziere diese und überprüfe, ob sie gut passen.

Jahr	Bev. in Mio.	$\dfrac{B(x)}{B(x-1)}$
0	3,93	–
10	5,31	1,351
20	7,24	▪
30	9,64	▪
...	...	▪

Ein Kandidat:
$f(x) = 3,93 \cdot 1,35^x$

c) Die Abbildung zeigt die exponentielle Regressionsfunktion. Erzeuge diese mit deinem GTR. Vergleiche die Passung mit deinen Modellen aus b). Welches grundsätzliche Problem zeigt sich hier, wenn man eine passende Funktion finden möchte?

d) Ein genauerer Blick in die Tabelle aus b) zeigt, dass es sinnvoll ist, die Entwicklung in zwei Phasen zu unterteilen. Finde einen geeigneten Zeitpunkt für den Wechsel und modelliere für jede der beiden Phasen eine geeignete Exponentialfunktion.

e) Im Dezember 2015 betrug die Einwohnerzahl der USA 322,76 Millionen. Vergleiche deine Modelle damit.

Abb. 20 Einwohner USA 2 (Klasse 10)

12	Die Entwicklung der Bevölkerung der USA seit 1790										
Jahr	1790	1800	1810	1820	1830	1840	1850	1860	1870	1880	1890
Bevölkerung in Millionen	3,93	5,31	7,24	9,64	12,87	17,07	23,19	31,44	38,56	50,19	62,98

Jahr	1900	1910	1920	1930	1940	1950	1960	1970	1980	1990	2000
Bevölkerung in Millionen	76,21	92,23	106,02	123,20	132,16	151,13	179,33	203,30	226,54	248,71	281,42

(Quelle: US Bureau of Census)

Applet
eA-4.3-12

a) Berechnen Sie ein logistisches Modell für $A = 4$; $G = 400$ und $(180 | 200)$. Überprüfen Sie die Passung mit den Daten. (Hinweis zur Prüfung: $k \approx 0{,}0000638$)
Mit einem dynamischen Funktionenplotter (Schieberegler) können weitere Modelle gefunden werden. Die Abbildung zeigt eine Möglichkeit. Finden Sie weitere durch sinnvolle Variation von A, G und k.

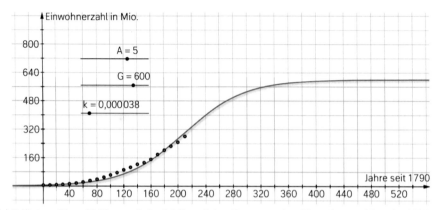

b) Erläutern Sie mithilfe von Beispiel C und den Daten zu den Einwohnerzahlen der USA:

> Der Vorteil mathematisch formulierter Gesetzmäßigkeiten liegt darin, dass man Prognosen machen kann. Bei Prozessen, die ihren Wendepunkt deutlich überschritten haben, sind Vorhersagen über die weitere Entwicklung gut möglich, in anderen Fällen wesentlich problematischer.

Abb. 21 Einwohner USA 3 (Sek2)

---

eine Berücksichtigung der Riffelungen bleibt offen. Natürlich müssen Schülerinnen und Schüler auch die Unabgeschlossenheit mathematischer Modellierungen immer wieder erfahren. Einerseits gelingt es durch Variationen und Neuansätze mehr Aspekte und Interessen zu berücksichtigen, andererseits bleibt ein nicht bewältigbarer Rest.

4   Grundsätzliche Nachbemerkungen zu Schulbüchern

(1) Wenn Schulbücher implizit Unterrichtsrealität abbilden, dann findet im realen Unterricht kaum Modellieren statt. Die Ausführungen zeigen einen Versuch der konstitutiven Integration des Modellierens mit all seinen Aspekten in ein Schulbuch in Abgrenzung zur Behandlung als fakultativer

Appendix. Der Autor hat die Hoffnung, dass durch dieses Angebot sich mehr Lehrkräfte dem Modellieren widmen, weil sie vorbereitetes Material in klassischem Unterrichtsdesign (Arbeit mit Schulbuch) zur Verfügung haben.

(2) Es bleibt offen, ob ein Schulbuch den ‚strengen' fachdidaktischen Anforderungen an das Modellieren in Konstruktion von Aufgaben, Problemen und Sachsituationen und den damit möglichen oder daraus resultierenden unterrichtlichen Umsetzungen genügen kann. Die Konzeption ist nicht im universitären Sinne forschungsbasiert, geschweige denn in irgendeiner Hinsicht empirisch abgesichert, sie speist sich aber aus mehrjähriger Unterrichtspraxis mit solchen Aufgaben in ständiger Rückkopplung von Schüler- und Lehrerhandeln sowie der Kenntnisse des Autors vom ‚inneren Getriebe' des realen Mathematikunterrichts.

2 Die optimale Konservendose

Die abgebildeten Konservendosen haben beide ein Füll-
volumen von etwa $580\,cm^3$, aber ihre Form ist unterschiedlich. Die hohe Form der Würstchendose ist durch den Inhalt
vorgegeben. Die Lychees erzwingen aber keine bestimmte
Form. Ähnlich ist es bei Suppendosen oder Dosen für Ge-
müse oder Obst. Der Hersteller ist in solchen Fällen daran
interessiert, möglichst wenig Material für die Herstellung zu
verbrauchen.

a) Vergleichen Sie den Materialverbrauch für die beiden Dosen.

Hinweise zu b):

(1) $V(r,h) = \pi r^2 h = 580$
$\Rightarrow h = \frac{580}{\pi r^2}$

(2) $O(r,h) = 2\pi r^2 + \pi r h$
$\Rightarrow O(r) = \dots$

b) Wie müssen Höhe und Durchmesser eines Zylinders
mit $580\,m^3$ Volumen gewählt werden, sodass seine
Oberfläche minimal ist? Vergleichen Sie diese
optimalen Werte mit denen der Dosen.

c) Führen Sie eine entsprechende Untersuchung für
selbst mitgebrachte Konservendosen durch.

Lychees:
$r = 4,2\,cm;\ h = 10,7\,cm$

Rostbratwürste:
$r = 3,6\,cm;\ h = 14,3\,cm$

Abb. 22 Konservendose 1 (die Dose hat (natürlich) ein Volumen von $580\,cm^3$)

Übungen

11 Konservendosen – eine tabellarische Übersicht für den Hersteller

Ein Hersteller von Konservendosen wird daran interessiert
sein, für ein gegebenes Volumen den Radius r, die Höhe
h und den Materialbedarf M der optimalen Dose tabel-
larisch zur Verfügung zu haben. Gesucht sind also die
Funktionen r(V), h(V) und M(V).

Mit einem CAS werden die zugehörigen Funktionen bestimmt.

Termexperten
versuchen eine Herleitung
der Formeln „zu Fuß":

Es gilt: $\dfrac{2^{\frac{2}{3}} \cdot v^{\frac{1}{3}}}{2 \cdot \pi^{\frac{1}{3}}} = \sqrt[3]{\dfrac{V}{2\pi}}$

- Beschreiben Sie die Vorgehensweise mit dem CAS.
- Füllen Sie die Tabelle aus und skizzieren Sie die Graphen.

$\text{solve}(v = \pi \cdot r^2 \cdot h, h) \qquad h = \dfrac{v}{\pi \cdot r^2}$

$okon(r,h) := 2 \cdot \pi \cdot r^2 + 2 \cdot \pi \cdot r \cdot h \qquad Fertig$

$\text{solve}\left(\dfrac{d}{dr}\left(okon\left(r, \dfrac{v}{\pi \cdot r^2}\right)\right) = 0, r\right) \quad r = \dfrac{2^{\frac{2}{3}} \cdot v^{\frac{1}{3}}}{2 \cdot \pi^{\frac{1}{3}}}$

$\text{solve}\left(r = \dfrac{2^{\frac{2}{3}} \cdot v^{\frac{1}{3}}}{2 \cdot \pi^{\frac{1}{3}}}, v\right) \qquad v = 2 \cdot \pi \cdot r^3$

$\triangle\ h = \dfrac{2 \cdot \pi \cdot r^3}{\pi \cdot r^2} \qquad h = 2 \cdot r$

$rmin := \dfrac{2^{\frac{2}{3}} \cdot v^{\frac{1}{3}}}{2 \cdot \pi^{\frac{1}{3}}} \qquad \dfrac{2^{\frac{2}{3}} \cdot v^{\frac{1}{3}}}{2 \cdot \pi^{\frac{1}{3}}}$

$okon(rmin, 2 \cdot rmin) \qquad 3 \cdot (2 \cdot \pi)^{\frac{1}{3}} \cdot v^{\frac{2}{3}}$

Volumen in ml	Radius $r(V) = \blacksquare$	Höhe $h(V) = \blacksquare$	Material $M(V) = \blacksquare$
100	$\blacksquare$	$\blacksquare$	$\blacksquare$
200	3,2	6,4	189,3
300	$\blacksquare$	$\blacksquare$	$\blacksquare$
400	$\blacksquare$	$\blacksquare$	$\blacksquare$
500	$\blacksquare$	$\blacksquare$	$\blacksquare$
600	$\blacksquare$	$\blacksquare$	$\blacksquare$
700	$\blacksquare$	$\blacksquare$	$\blacksquare$

Abb. 23 Konservendose 2

Abb. 24 Konservendose 3

12 Konservendosen – genauer hingeschaut

Nach dem „Zylindermodell" erhält man für die 880-ml-Dose als optimale Werte $r = 5{,}2\,\text{cm}$ und $h = 10{,}4\,\text{cm}$. Die reale Dose hat aber die Maße $r = 5\,\text{cm}$ und $h = 11{,}2\,\text{cm}$. Ist das Zylindermodell besser oder sind wichtige Aspekte bei der Herstellung von Konservendosen nicht berücksichtigt worden?

Die Modellierung der Dose durch einen Zylinder ist vereinfacht. In Wirklichkeit muss beim Materialverbrauch noch der Falz berücksichtigt werden, durch den Deckel und Boden mit dem Mantel verbunden sind. Außerdem gibt es eine Schweißnaht am Dosenrumpf.

a) • Erläutern Sie die Bedeutung von s und u im Sachzusammenhang. Zeigen Sie, dass
$$M(r, h, s, u) = 2\pi(r + s)^2 + (2\pi r + u)(h + s)$$
eine passende Formel für den Materialbedarf M ist.

• Ermitteln Sie für $V = 880\,\text{ml}$, $s = 0{,}6\,\text{cm}$ und $u = 1\,\text{cm}$ Radius und Höhe der optimalen Dose. Vergleichen Sie mit der realen Dose.

b) Welche weiteren Aspekte spielen bei der Herstellung noch eine Rolle?

Literatur

Bruder, R., Krüger, U.-H. Krüger, Bergmann, L.: LEMAMOP – Ein Kompetenzentwicklungsmodell für Argumentieren, Modellieren und Problemlösen wird umgesetzt. In: Roth, J., Ames, J. (Hrsg.) Beiträge zum Mathematikunterricht, WTM, Münster (2014)

Bruder, R., Meyer, J.: Der Schulversuch LEMAMOP, Der Mathematikunterricht, 62/6, (2016)

Cukrowicz, J., Theilenberg, J., Zimmermann, B.: MatheNetz, Niedersachsen, Westermann Braunschweig (2005–2009)

Körner, H.: Die Vase. In: Greefrath, G., Maaß, J. (Hrsg.) Unterrichts- und Methodenkonzepte, ISTRON Bd. 11, (2007)

Körner, H.: Das m&m-Experiment. TI Nachrichten 2, 23–27 (2008)

Körner, H., Lergenmüller, A., Schmidt, G., Zacharias, M.: Mathematik Neue Wege, Niedersachsen 11/12, Westermann Braunschweig, (2012)

Körner, H.: Modellieren: Szenen aus dem Unterricht. In: Henn, H.-W., Meyer, J. (Hrsg.) Neue Materialien für einen realitätsbezogenen Mathematikunterricht 1, S. 14–26, Wiesbaden (2014)

Körner, H., Lergenmüller, A., Schmidt, G., Zacharias, M.: Mathematik Neue Wege, Niedersachsen, Westermann Braunschweig, (2015–2019)

Körner, H.: Modellbildung mit Exponentialfunktionen. In: Siller, H.-St., Greefrath, G., Blum, Werner (Hrsg.) Neue Materialien für einen realitätsbezogenen Mathematikunterricht 4, S. 201–230, Springer Wiesbaden (2018)

Wie viel kostet es, vertrauliche Papierunterlagen fachgerecht schreddern zu lassen?

Andreas Kuch

1 Einleitung

Papierakten, Druckformen, Filme, CDs, DVDs, Disketten, USB-Sticks, Speicherkarten oder Festplatten – Speicherung und Übermittlung vertraulicher Dokumente haben im Laufe der Zeit an Bedeutung gewonnen und sind somit immer wichtiger in unserem Alltag geworden. Gleichzeitig steigt aber auch die Gefahr, dass die Informationen (gedruckt oder abgespeichert) in falsche Hände geraten und missbraucht werden. Aus diesem Grund müssen nicht mehr verwendete sensible Dokumente als auch Datenträger sicher vernichtet werden. (Vgl. www.suez-deutschland.de/leistungen/verwertungstechnologien/aktenvernichtung).

In einem Unternehmen ist das Aktenvernichten essenziell. Besonders deutlich wird dies durch die seit Mai 2018 geltende neue EU-Datenschutzgrundverordnung (DS-GVO). Darin ist u. a. verankert, dass Unterlagen, welche nicht in digitaler Form vorhanden sind, entsprechend der jeweiligen zugeordneten Sicherheitsstufe geschreddert werden müssen. So gelten die Sicherheitsstufen nach DIN 66399, welche regeln, wie klein die jeweiligen Datenträger für die rechtlich sichere Entsorgung geschreddert sein müssen. (Vgl. www.deutsche-handwerks-zeitung.de/so-vernichten-sie-personenbezogene-unterlagen-rechtlich-sicher/150/3098/369929).

Aber wie sieht es im privaten Bereich mit der Vernichtung von Papierunterlagen aus? Ist dort auch eine Entsorgung entsprechend der Sicherheitsstufen nach DSGVO sinnvoll oder gar notwendig?

Das einfache Zerknüllen des Papiers ist zwar zweckmäßig, allerdings bietet es keinen Schutz, da Dritte das Papier entwenden können, um so an vertrauliche Daten zu gelangen (vgl. www.aktenvernichter.org/privathaushalt). Bankunterlagen (u. a. Kontoauszüge), Dokumente mit Zahlungsdaten, Steuerunterlagen, Versicherungsdaten, Verträge, Rechnungen, vertrauliche Post etc. – auch im privaten Haushalt ist die Liste mit Unterlagen, die vor Missbrauch geschützt werden sollten, lang. Verjährte Unterlagen möchte man im Laufe der Jahre verständlicherweise entsorgen, aber im Kontext der Datensicherheit sollte dies natürlich nicht wie bei Altpapier geschehen (vgl. www.bewertet.de/aktenvernichtung/aktenvernichter-fuer-zuhause). Aus diesem Grund gibt es für private Haushalte die Möglichkeit, die sensiblen Papierunterlagen fachgerecht entweder mit einem Aktenvernichter oder über eine auf Aktenvernichtung spezialisierte Firma zu entsorgen.

2 Problemstellung und Rahmenbedingungen

Bei dem in der Einleitung aufgezeigten Wunsch einer fachgerechten Entsorgung von sensiblen Papierunterlagen setzt die in diesem Artikel behandelte Problemstellung an. Es geht darum, dass der Inhalt der abgebildeten Ordner (Abb. 1 und 2) fachgerecht geschreddert werden soll. Für die Bearbeitung dieser Problemstellung sind verschiedene mathematische Fähigkeiten und Kenntnisse für den Lösungsprozess bei den Lernenden erforderlich.

Den Arbeitsblättern liegt die gleiche Intention zugrunde, nämlich, auf welche Kosten sich die fachgerechte Entsorgung des Inhalts der Ordner mittels einer Firma belaufen. Allerdings besteht ein Unterschied bei der abgebildeten Anordnung der Ordner und beim Informationsumfang der Angebote, was zugleich die Differenzierung darstellt. Das erste Arbeitsblatt (Abb. 1) ist für ein höheres Leistungsniveau vorgesehen. Die Anordnung der Ordner ist darin anspruchsvoller und der Informationsgehalt bzgl. der Kosten, aus welchem richtig ausgewählt werden muss, ist umfangreicher. Auf dem zweiten Arbeitsblatt (Abb. 2), welches für ein niedrigeres Leistungsniveau beabsichtigt ist, sind die Ordner so angeordnet, dass deren Anzahl einfacher zu bestimmen ist. Des Weiteren besteht ein geringerer Informationsgehalt bei den Angeboten für einen leichteren Zugang

A. Kuch (✉)
Kirnbachschule Niefern (GWRS), Niefern, Deutschland
E-Mail: Kuch@mail.de

H. Humenberger und B. Schuppar (Hrsg.), *Neue Materialien für einen realitätsbezogenen Mathematikunterricht 7*, Realitätsbezüge im Mathematikunterricht, https://doi.org/10.1007/978-3-662-62975-8_8

Name: _____   Datum: _____

Wie viel kostet es, vertrauliche Papierunterlagen fachgerecht schreddern zu lassen?

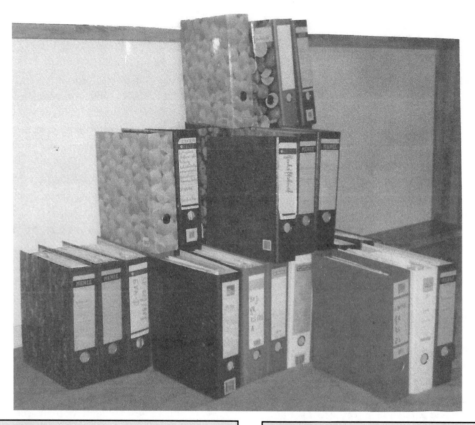

Angebot 1:

- Box mit max. 30 Ordnern:
➜ 35 € zzgl. MwSt.
- Box mit max. 50 Ordnern:
➜ 45 € zzgl. MwSt.
- Box mit max. 70 Ordnern:
➜ 55 € zzgl. MwSt.

Angebot 2:

- bis 20 kg ➜ 10 € zzgl. MwSt.
- bis 40 kg ➜ 20 € zzgl. MwSt.
- bis 60 kg ➜ 30 € zzgl. MwSt.
- bis 80 kg ➜ 40 € zzgl. MwSt.
- bis 100 kg ➜ 50 € zzgl. MwSt.
- bis 120 kg ➜ 60 € zzgl. MwSt.
- bis 200 kg ➜ 100 € zzgl. MwSt.
- über 200 kg ➜ 130 € zzgl. MwSt.
- pro Tonne ➜ 170 € zzgl. MwSt.

Abb. 1 Arbeitsblatt 1

Name: _____   Datum: _____

Wie viel kostet es, vertrauliche Papierunterlagen fachgerecht schreddern zu lassen?

Angebot 1:

- Box mit max. 30 Ordnern:
  ➔ 35 € zzgl. MwSt.
- Box mit max. 50 Ordnern:
  ➔ 45 € zzgl. MwSt.

Angebot 2:

- bis 40 kg ➔ 20 € zzgl. MwSt.
- bis 60 kg ➔ 30 € zzgl. MwSt.
- bis 80 kg ➔ 40 € zzgl. MwSt.
- bis 100 kg ➔ 50 € zzgl. MwSt.
- bis 120 kg ➔ 60 € zzgl. MwSt.
- bis 200 kg ➔ 100 € zzgl. MwSt.
- über 200 kg ➔130 € zzgl. MwSt.
- pro Tonne ➔ 170 € zzgl. MwSt.

Abb. 2 Arbeitsblatt 2

zur Kostenberechnung. Bei beiden Arbeitsblättern muss die aktuelle Mehrwertsteuer berücksichtigt werden.

Die dargestellte realitätsbezogene Aufgabenstellung (Abb. 1 und 2) wurde durchgeführt in der 8. Klasse einer Werkrealschule in Baden-Württemberg (Möglichkeit eines Hauptschulabschlusses nach der 9. oder 10. Klasse und eines mittleren Bildungsabschlusses nach der 10. Klasse). Der zeitliche Rahmen betrug innerhalb zwei zusammenhängender Unterrichtsstunden 90 Minuten. Bei der Klasse war ein heterogenes Leistungsniveau vorzufinden. Die Aufgaben wurden in Partnerarbeit bearbeitet.

Die Bearbeitung dieser Problemstellung setzt Fähigkeiten und Kenntnisse voraus wie Schätzen, räumliches Vorstellungsvermögen, Berechnung der Kosten mittels der Prozentrechnung sowie schlussfolgerndes Denken.

Nach einem stummen Impuls als Unterrichtseinstieg und der lehrergesteuerten Partnerbildungsphase haben die Schülerinnen und Schüler mit der Bearbeitung der Aufgabenstellung begonnen. Das Prinzip der minimalen Hilfe wurde über die gesamte Bearbeitungsphase angewendet. Dieses Prinzip bedeutet, dass nicht mehr Hilfe als unbedingt nötig von Seiten der Lehrkraft angeboten wird (vgl. Zech 2002, S. 309). Nach Beendigung der Bearbeitung wurden einzelne Ergebnisse der Partnerarbeit (gleiche Anzahl Arbeitsblatt 1 und 2) im Plenum präsentiert und diskutiert.

3 Möglicher Lösungsprozess mit didaktischem Hintergrund

Der Unterrichtseinstieg ist bei dieser Problemstellung zum Beispiel über einen stummen Impuls möglich. Dieser kann unterschiedlich gestaltet werden. In dieser Doppelstunde dienen volle Ordner und eine mit dem Overheadprojektor aufgezeigte Folie, welche unterschiedliche Firmenangebote zum Papierschreddern zeigt (vgl. https://papershred.de/angebote/preise; www.avo-aktenvernichtung.de/preisliste), als stummer Impuls. Über diesen soll zum einen Neugierde geweckt und zum anderen an bereits vorhandenes Wissen unter Berücksichtigung der Vorerfahrungen der Schülerinnen und Schüler angeknüpft werden. Des Weiteren wird die Möglichkeit eröffnet, eigene Fragen zur Problemstellung zu stellen.

Nachdem die Neugierde der Lernenden geweckt ist und sie sich entsprechend der lehrergesteuerten Partnereinteilung eingefunden haben, setzen sie sich mit der realitätsbezogenen Problemstellung der differenzierten Arbeitsblätter (Abb. 1 und 2) auseinander. Grundsätzlich beschäftigten sich die leistungsstärkeren Partner mit dem ersten Arbeitsblatt (Abb. 1), die leistungsschwächeren mit dem zweiten (Abb. 2). Es gab aber auch beim ersten Arbeitsblatt gemischte Leistungsniveaus. Zu Beginn dieser Unterrichtssequenz muss die Problemstellung (Abb. 1 und 2) richtig verstanden und zudem das anschließende Vorgehen geplant werden. Gerade das ist bei einer produktiven Aufgabe wie dieser notwendig, da sie „komplexer als die üblichen, meist auf eine Lösung und einen Lösungsweg zugeschnittenen Aufgaben [...]" (Herget et al. 2008, S. 3) ist.

Im Anschluss daran ist es für beide Angebote erforderlich, die Anzahl der auf dem Arbeitsblatt abgebildeten Ordner zu bestimmen. Hier können unterschiedliche Vorgehensweisen zur Anwendung kommen. So können die Schülerinnen und Schüler beispielsweise die gesamte Ordneranzahl auf Grund eines reihenweisen Vorgehens bzgl. der Ordneranordnung bestimmen. Das räumliche Vorstellungsvermögen spielt an dieser Stelle eine zentrale Rolle, da die verdeckten Ordner aus der Gesamtheit der Anordnung richtig erschlossen werden müssen. In dieser Unterrichtsphase kann auch anhand des kooperativen Austauschs bei der Erschließung der Ordneranzahl das räumliche Vorstellungsvermögen gefördert werden. Auf beiden Arbeitsblättern sind jeweils 34 Ordner abgebildet.

Nachdem die Anzahl der Ordner bestimmt ist, kann die Kostenberechnung für *Angebot 1* durchgeführt werden, da hier nur die Ordneranzahl berücksichtigt werden muss. Somit wäre bei 34 Ordnern ein Preis von 45,00 € zuzüglich der Mehrwertsteuer fällig. Nach der entsprechenden Entnahme des Preises aus der Angebotsliste kann die Prozentrechnung beispielsweise über den Dreisatz oder die Operatormethode ihre Anwendung finden, um so die Kosten zu kalkulieren. In diesem Fall belaufen sich die Kosten unter Berücksichtigung von 19 % Mehrwertsteuer auf 53,55 €.

Als nächster Bearbeitungsschritt folgt die Kostenberechnung des *Angebots 2,* allerdings ist hierbei eine andere Vorgehensweise erforderlich. So müssen beim zweiten Angebot anhand des Gesamtgewichts der Ordner der entsprechende Preis aus der Auflistung entnommen und danach noch in einem weiteren Lösungsschritt die Mehrwertsteuer berücksichtigt werden. Für die Preiskalkulation ist es somit zunächst notwendig, das Gewicht der abgebildeten Ordner zu schätzen. Schätzen ist eine wichtige Kompetenz, die bei der Bearbeitung bestimmter Problemstellungen wie dieser zur Anwendung kommt. Sie kann „Kontrollvorgänge initialisieren und den Alltags- bzw. Realitätsbezug herstellen." (Greefrath 2007, S. 48). Das Schätzen ermöglicht, unbekannte Größen näherungsweise zu bestimmen (vgl. Kuch 2018, S. 20). Die Näherungswerte werden bestimmt, indem ein gedanklicher Vergleich mit bekannten Größen, dem Stützpunktwissen, vollzogen wird. Gerade bei Modellierungsaufgaben ist das Schätzen unverzichtbar, wenn die reale Situation, welche mathematisch modelliert werden soll, zwar bekannt ist, aber noch nicht genügend Daten oder Messwerte vorliegen (vgl. Greefrath 2007, S. 51). Schätzen ist für den Aufbau realistischer Größenvorstellungen wichtig (vgl. Krauthausen und Scherer 2007, S. 101). An dieser Stelle können die Lernenden an ihre eigenen Erfahrungen anknüpfen. In diesem Zusammenhang bietet sich für die Schülerinnen und Schüler auch die Möglichkeit, die für den Unterrichtseinstieg mitgebrachten oder die in den Schülerfächern vorzufindenden Ordner zum „Wiegen" mit den Händen hochzuheben, um so beispielsweise über einen gedanklichen Vergleich mit dem Stützpunktwissen zu einem Schätzergebnis für einen Ordner (bspw. 3 kg Schätzwert) zu gelangen. Im folgenden Schritt kann nun das Gewicht für alle Ordner anhand der bereits bestimmten Ordneranzahl berechnet werden (Gewicht aller Ordner entsprechend dem einzelnen Ordnerschätzwert von bspw. 3 kg ergibt 102 kg). An dieser Stelle ist aber zu beachten, dass nicht zwangsläufig dasselbe Ordnergewicht für die Berechnung des Gesamtgewichts aller Ordner angewendet werden muss. Aufgrund der offenen Aufgabenstellung können die Lernenden in diesem Zusammenhang auch unterschiedliche Gewichtsannahmen für die Ordner zu Grunde legen, welche entsprechend in ihren Berechnungen berücksichtigt werden müssen. Daran anknüpfend muss der entsprechende Preis aus der Auflistung entnommen werden, dieser würde bei angenommenen 102 kg 60,00 € zuzüglich der Mehrwertsteuer betragen. In einem weiteren Lösungsschritt wird wie bei Angebot 1 auch hier die Prozentrechnung angewendet, welche zu Kosten in Höhe von 71,40 € führt.

Im letzten Schritt des Lösungsprozesses müssen die Schülerinnen und Schüler die beiden berechneten Preise miteinander vergleichen und sich für das kostengünstigere Angebot (53,55 €) entscheiden. Ein Vergleich der Angebote wäre auch ohne die Einbeziehung der Mehrwertsteuer möglich, allerdings zielt die Fragestellung darauf ab, die Endpreise miteinander zu vergleichen, da diese letztendlich auch zu bezahlen sind.

4 Reflexion Schülerlösungen

Sobald die notwendigen mathematischen Inhalte (wie beispielsweise die Prozentrechnung) behandelt wurden, kann diese Problemstellung im Unterricht der Sekundarstufe I umgesetzt werden. Anhand der Beobachtung des Bearbeitungsprozesses, der Begutachtung der schriftlichen Lösungen als auch der Präsentationen der Lernenden wurde deutlich, dass sich die Vorgehensweise wie auch die inhaltliche mathematische Auseinandersetzung entsprechend dem Leistungsniveau unterscheiden. Durch die lehrergesteuerte Schülerzusammensetzung im Kontext des Leistungsniveaus konnte die Partnerarbeit im Sinne der Aufgabenstellung und der Sozialformwahl zielführend umgesetzt werden. So haben die Lernenden die Problemstellung aktiv und konzentriert bearbeitet und interagierten dabei kommunikativ. Nach der Präsentation der Ergebnisse konnten u. a. die unterschiedlichen Vorgehensweisen, inhaltlich mathematische Auseinandersetzungen und Schätzstrategien diskutiert werden.

Außerdem haben die Schülerinnen und Schüler weiterführende Fragen entwickelt (siehe 4.2 Präsentation).

4.1 Unterrichtseinstieg

Stummer Impuls Zu Beginn der Unterrichtsstunde haben die Lernenden gleich anhand der vollen Ordner und der visualisierten Firmenangebote verstanden, dass dieser Doppelstunde die Thematik des Vernichtens von Papierunterlagen zu Grunde liegt. Hieran anschließend konnte mit den Schülerinnen und Schülern in einer kurzen Unterrichtssequenz über ihre Erfahrungen bzgl. der Problemstellung gesprochen werden. So äußerten einige Lernende zum Beispiel, dass ihre Eltern Papierunterlagen mit einem Aktenvernichter schreddern. Andere Schülerinnen und Schüler teilten mit, dass sie Kontoauszüge zu Hause abgeheftet und sich schon gefragt hätten, ob man diese einfach beim Entsorgen zerreiße und wegschmeiße.

4.2 Aufgabenblätter

Planungsphase Nachdem sich die Lernenden mit der entsprechenden differenzierten Problemstellung des jeweiligen Aufgabenblatts (Abb. 1 und 2) auseinandergesetzt hatten, konnte gleich ein wesentlicher Unterschied zwischen den einzelnen Partnerarbeiten in der Vorgehensweise erkannt werden. So gab es Partner, welche ihr Vorgehen ausführlich besprachen und planten. Einige dieser Lernenden fixierten auch schriftlich die beabsichtigten Bearbeitungsschritte (Abb. 3).

Andere wiederum haben sich gleich dem Angebot 1 zugewendet und die notwendigen Bearbeitungsschritte wie das Ordnerzählen durchgeführt. Die unterschiedlichen

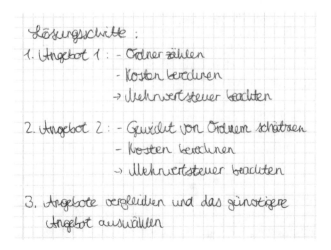

Abb. 3 Vorgehen (Lösungsplan)

Vorgehensweisen in dieser Unterrichtssequenz waren auch entsprechend in den jeweiligen weiteren Bearbeitungsschritten zu sehen. Bei den Schülerinnen und Schülern, welche ihr Vorgehen geplant und verschriftlicht hatten, war im weiteren Bearbeitungsverlauf ein strukturierter und zielorientierter Lösungsprozess vorzufinden.

Erarbeitungsphase

Beim Bestimmen der Ordneranzahl für das *Angebot 1* gab es bei beiden Arbeitsblättern einige Schülerinnen und Schüler, welche Schwierigkeiten hatten, auf die richtige Anzahl der Ordner zu kommen. Die verdeckten Ordner stellten auf Grund mangelnden räumlichen Vorstellungsvermögens eine Hürde dar, welche die Lernenden jedoch durch ihren kommunikativen Gedankenaustausch mit ihren jeweiligen Partnern in Kombination mit der schriftlichen, reihenweisen Zerlegung der Ordneranordnung bewältigt haben. Die anderen Lernenden, für die dieser Bearbeitungsschritt kein Hindernis war, schrieben ihre gedanklichen Überlegungen zur Ordneranzahl auch reihenmäßig auf, jedoch ohne Skizze. Daran anschließend haben die Schülerinnen und Schüler ohne Probleme aus der Auflistung des Angebots 1 das zutreffende Box-Angebot ausgewählt.

Im Folgenden haben die Lernenden ihren Bearbeitungsprozess mit der Berechnung der Kosten für das Schreddern bzgl. des Angebots 1 mit der Prozentrechnung fortgesetzt. Gleich zu Beginn dieses Lösungsschrittes fiel bei einzelnen leistungsschwächeren Schülerinnen und Schülern das fehlende Wissen bzgl. der Mehrwertsteuer auf. Nachdem im Schüleraustausch geklärt wurde, dass sich die aktuelle Mehrwertsteuer in diesem Zusammenhang auf 19 % beläuft, konnten auch diese Lernenden mit der Berechnung der Kosten starten. Dabei waren unterschiedliche Vorgehensweisen zu sehen. So konnte festgestellt werden, dass fast alle leistungsstärkeren Lernenden mit einem Dreisatz (Abb. 4) und einem Rechenschritt bei der Operatormethode (Abb. 5) die möglichen anfallenden Kosten berechneten.

Die meisten leistungsschwächeren Lernenden haben allerdings über einen Dreisatz zuerst die 19 % Mehrwertsteuer (8,55 €) berechnet und dann in einem weiteren notwendigen Rechenschritt diese zu den 45,00 € addiert, um auf das Endergebnis (53,55 €) des Angebots 1 zu gelangen. Die Operatormethode kam bei den leistungsschwächeren Schülerinnen und Schülern nicht zur Anwendung.

Innerhalb des Lösungsprozesses war festzustellen, dass alle Lernenden sich zuerst dem Angebot 1 und danach dem Angebot 2 zur Bearbeitung zuwandten.

Die Erarbeitung der Kosten für das *Angebot 2* stellte auf Grund des Schätzens für die Schülerinnen und Schüler eine höhere Hürde dar als die Bearbeitung des Angebots 1. Bei den leistungsstärkeren Partnern fand gleich ein reger kommunikativer Austausch bezüglich des Gewichts eines

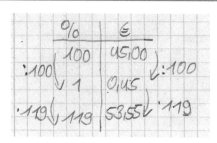

Abb. 4 Dreisatz Angebot 1

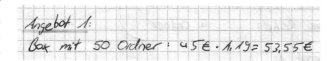

Abb. 5 Operatormethode Angebot 1

Ordners statt. In diesem Zusammenhang waren unterschiedliche Herangehensweisen zu beobachten. Einige Lernende haben auf Basis ihres Stützpunktwissens Vergleichsgrößen bspw. von zu Hause (Hanteln) herangezogen, andere haben mit ihren Händen Ordner aus ihrem Fach oder die Ordner des stummen Impulses „gewogen" und mit Vergleichsgrößen ihrer Umwelt in Verbindung gebracht, um das Gewicht eines Ordners zu schätzen. Wiederum andere haben ihre 1 l Wassertrinkflaschen (3 Stück) als Vergleichsgewicht zu einem Ordner herangezogen und äußerten, dass 3 l Wasser ungefähr 3 kg wiegen und somit ein Ordner ca. 3 kg wiegt.

Die Mehrheit der leistungsschwächeren Lernenden hatte in dieser Unterrichtsphase zunächst Schwierigkeiten bei der Herangehensweise für das Schätzen des Ordnergewichts. In dieser Phase war zu sehen, dass die Schülerinnen und Schüler der homogenen leistungsschwächeren Partner sich durch Beobachten das Vorgehen der homogenen leistungsstärkeren Partner zu eigen machten. Innerhalb der heterogenen Partnerarbeiten war zu beobachten, dass die leistungsschwächeren an der Herangehensweise der leistungsstärkeren Lernenden partizipierten und somit davon profitierten. Sie tauschten sich nicht nur rege aus, sondern fragten auch nach und brachten ihre eigenen Ideen mit in den Lösungsprozess ein. Einige leistungsstärkere Lernende unterstützten über den gesamten Bearbeitungsprozess bei Bedarf als „Experten" die Leistungsschwächeren.

Diese Unterrichtsphase ergab unterschiedliche Schätzwerte für das Ordnergewicht, was im weiteren Verlauf zu unterschiedlichen Berechnungen führte. An dieser Stelle wurde die Auswirkung des Schätzergebnisses deutlich, da dieses als eine Grundlage der Preiskalkulation direkten Einfluss auf den Endpreis hat und somit beim späteren Angebotsvergleich für die Auswahl entscheidend ist. Der Großteil der Schülerinnen und

Schüler legte als Schätzwert für das Gewicht eines Ordners 2,5 kg oder 3,0 kg zu Grunde. Ein unrealistischer Schätzwert von Seiten der leistungsschwächeren Lernenden, welcher auf fehlendes Größenverständnis zurückzuführen ist, betrug z. B. 6,0 kg. Dieser Wert wurde allerdings durch das Unterstützungssystem der „Experten" sowie die minimale Hilfe der Lehrkraft und die Reflexion in einen realistischen Wert für die folgenden Berechnungen geändert. Anhand der Schätzwerte wurde im weiteren Unterrichtsgeschehen entsprechend das Gesamtgewicht der Ordner mittels der für das Angebot 1 bestimmten Ordneranzahl berechnet und dem entsprechenden Preis (ohne MwSt.) aus der Angebotsliste zugeordnet.

Bei der Berechnung der Gesamtkosten für das Schreddern der Ordner im Kontext des Angebots 2 kamen im weiteren Lösungsprozess entsprechend der Leistungsniveaus die gleichen Vorgehensweisen wie bei Angebot 1 zum Tragen. So berechneten fast alle Leistungsstärkeren sowohl bei der Verwendung des Dreisatzes als auch bei der Operatormethode direkt den Endpreis (59,50 € bei 2,5 kg und 71,40 € bei 3,0 kg). Der überwiegende Teil der leistungsschwächeren Lernenden berechnete in seinem Lösungsprozess zuerst die 19 % Mehrwertsteuer und daran anschließend additiv den Endpreis (Abb. 6).

Nach der Berechnung der Endpreise sowohl bei Angebot 1 als auch bei Angebot 2 haben die Schülerinnen und Schüler nun schlussfolgernd das günstigere Angebot ausgewählt, was zu keinerlei Schwierigkeiten führte.

Präsentation

Die Präsentationen zeigten sowohl die verschiedenen Herangehensweisen bei der Bearbeitung der Problemstellung und bei der Bestimmung der Ordneranzahl, die unterschiedlichen Schätzstrategien und Schritte der Kostenberechnungen als auch Ergebnisse, auf die näher eingegangen werden konnte. So standen innerhalb dieser Unterrichtsphase die Bestimmung der Anzahl der verdeckten Ordner, die verschiedenen Vergleichsgrößen beim Schätzen des Ordnergewichts und die unterschiedlichen Vorgehensweisen bei der Prozentrechnung (Operatormethode und Dreisatz) sowie deren rechnerische Umsetzung bei der Preiskalkulation im Zentrum der Diskussion. Zudem wurden weitere Fragestellungen und Meinungen vorgebracht, welche rege diskutiert wurden. So äußerten Lernende zum

Beispiel, dass es natürlich Sinn macht, nur vollständig gefüllte Ordner zu schreddern, aber vielleicht waren einige Ordner gar nicht voll und somit würde ein niedrigeres Gesamtgewicht und eine geringere Ordneranzahl (wenn alle Ordner vollständig aufgefüllt werden würden) für die Kostenberechnung als Ausgangspunkt dienen, was zu niedrigeren Kosten geführt hätte. Andere Lernende teilten dem Plenum mit, dass ihnen auf Grund der Auseinandersetzung mit der Thematik die Wichtigkeit einer ordnungsgemäßen Vernichtung ihrer Unterlagen bewusst wurde. Andere Schülerinnen und Schüler warfen u. a. die folgenden Fragen auf: Reicht für unsere Unterlagen nicht ein Aktenvernichter mit der richtigen Sicherheitsstufe aus? Wäre der Kauf eines Aktenvernichters nicht günstiger, als eine Firma mit der Papiervernichtung zu beauftragen? Ab welcher Menge macht es aus Zeitgründen Sinn, eine Firma mit der Vernichtung heranzuziehen? Wie geschieht eigentlich die sichere Vernichtung von elektronischen Datenträgern? Wie sichere ich meine digitalen Daten vor dem Zugriff von anderen?

5   Schlussbemerkung und Ausblick

Die Problemstellung der Vernichtung von sensiblen Papierunterlagen ist für Schülerinnen und Schüler der Sekundarstufe I geeignet, wenn es um das Vernetzen der unterschiedlichen mathematischen Fähigkeiten und Kenntnisse geht. So werden bei dieser realitätsbezogenen Aufgabenstellung neben einem strukturierten Vorgehen die Kompetenz des Schätzens bei der Ermittlung des Ordnergewichts, das räumliche Vorstellungsvermögen bei der Bestimmung der Ordneranzahl, die Kostenberechnungen im Zusammenhang mit der Prozentrechnung, das in Verbindung setzen einzelner Zwischenergebnisse und auch das schlussfolgernde Denken gefördert. Die Phase der Präsentation zeigt nicht nur die Herangehensweise und die Niveaus der einzelnen Lernenden auf, sondern bietet auch den wichtigen Platz, um u. a. einzelne Vorgehensweisen (wie bspw. bei der Grobplanung des Lösungsprozesses oder der Schritte bei der Kostenberechnung), Größenvorstellungen oder die weiterführenden Schülerfragen und Meinungen zu thematisieren.

Die differenzierte Aufgabenstellung bietet der Lehrkraft gezielt die Möglichkeit, die Schülerinnen und Schüler entsprechend ihrem Leistungsniveau einzuteilen. Neben der homogenen Partnereinteilung im Kontext des Leistungsstandes hat sich bei dieser Aufgabe auch die genau geplante heterogene Einteilung als produktiv erwiesen. Durch das Beobachten der Bearbeitungsprozesse, der schriftlichen Schülerergebnisse und Präsentationen bekommt die Lehrkraft Rückmeldung über verschiedene Bereiche des Leistungs- und Kompetenzstands der Lernenden, welche im weiteren Unterricht gezielt gefördert werden können, wie bspw. die Prozentrechnung oder das Vorstellungsvermögen.

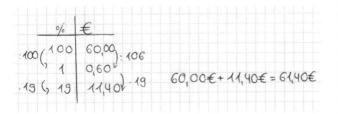

Abb. 6 Lösungsprozess Angebot 2

Diese authentische, facettenreiche Aufgabe ist zudem geeignet, um im Allgemeinen auf die Sicherheit im Umgang mit sensiblen Unterlagen, welche nicht für Dritte bestimmt sind, näher einzugehen. So kann der in der Aufgabe behandelte Sicherheitsaspekt in Bezug auf Papierunterlagen auch auf digitale Daten übertragen werden und sollte thematisiert werden. Datensicherheit nimmt nämlich einen entscheidenden Stellenwert in unserer Welt ein und muss somit mit entsprechender Sorgfalt im eigenständigen Tun beachtet werden.

Literatur

Greefrath, G.: Modellieren lernen mit offenen realitätsnahen Aufgaben. Aulis, Köln (2007)

Herget, W., Jahnke, T., Kroll, W.: Produktive Aufgaben für den Mathematikunterricht in der Sekundarstufe I. Cornelsen, Berlin (2008)

Krauthausen, G., Scherer, P.: Einführung in die Mathematikdidaktik. Spektrum Akademischer Verlag, München (2007)

Kuch, A.: Wie viel schafft die Fähre? Schätzend zu Näherungswerten gelangen. Mathematik lehren **207**, 20–24 (2018)

Zech, F.: Grundkurs Mathematikdidaktik. Theoretische und praktische Anleitungen für das Lehren und Lernen von Mathematik. Beltz Verlag, Weinheim und Basel (2002)

https://papershred.de/angebote/preise. Zugegriffen: 24. Jan. 2020

https://www.aktenvernichter.org/privathaushalt. Zugegriffen: 24. Jan. 2020

https://www.avo-aktenvernichtung.de/preisliste. Zugegriffen: 24. Jan. 2020

https://www.bewertet.de/aktenvernichtung/aktenvernichter-fuer-zuhause. Zugegriffen: 24. Jan. 2020

https://www.deutsche-handwerks-zeitung.de/so-vernichten-sie-personenbezogene-unterlagen-rechtlich-sicher/150/3098/369929. Zugegriffen: 24. Jan. 2020

https://www.suez-deutschland.de/leistungen/verwertungstechnologien/aktenvernichtung. Zugegriffen: 24. Jan. 2020

Einige einfache Modelle zum Populationswachstum von Sperbern

Jürgen Maaß, Stefan Götz und Elena Zanzani

1 Einleitung

Aufgaben zum Thema „Bevölkerungswachstum" gehören zum Standard im Analysisunterricht (vgl. z. B. Kap. 1 in Götz und Reichel 2013). Eine Exponentialfunktion mit geeigneten Parametern liefert plausible und erstaunliche Werte für die Erdbevölkerung in einigen Jahren oder Jahrzehnten. Selten wird ausgerechnet, wie lange es dauert, bis die Masse aller Menschen auf der Erde in etwa der Masse des Planeten Erde entspricht. Stattdessen wird die Idee des logistischen Wachstums eingeführt – offenbar gibt es für jedes Bevölkerungswachstum Obergrenzen, die nur kurzfristig überschritten werden können. Wer mit so vielen Milliarden von Menschen rechnet, braucht sich um einzelne Menschen oder gar Nachkommastellen nicht wirklich zu kümmern. Anders ist die Situation, wenn es um ganz kleine Populationen und auch für jüngere Schülerinnen und Schüler nachvollziehbare Anzahlen geht. Aus diesem Grund und dank einiger Informationen von Helmut Steiner, einem Linzer Biologen, der seit vielen Jahren die Vogelpopulation im Süden von Linz empirisch untersucht, rücken wir einen kleinen Greifvogel, den Sperber, ins Zentrum dieses Beitrages. Wir wissen aus seinen Forschungen, dass die Anzahl der Sperber im untersuchten Gebiet (ca. 100 Quadratkilometer) über viele Jahre relativ konstant bei etwa 30 liegt. Ausnahmen waren Jahre, in denen in diesem Gebiet eine Straße gebaut wurde bzw. eine sperberspezifische Krankheit Opfer gefordert hat.

Erstens haben wir also die Information, dass die Anzahl der Sperber in einem bestimmten Gebiet über viele Jahre etwa konstant ist und zweitens erfahren wir: Je ein Paar Sperber setzt jährlich fünf Junge in die Welt (mündliche Mitteilung von Helmut Steiner). Wenn genügend Nahrung und Lebensraum und keine Feinde vorhanden sind, werden deshalb in einem Jahr aus zwei Sperbern sieben Sperber. Dieser Optimalfall tritt in der Realität natürlich nicht immer ein. Die fünf Nachkommen sind nach einem Jahr ebenfalls geschlechtsreif. Erste (unrealistische) Modellierungen sollen den Schülerinnen und Schülern anschaulich machen, wie schnell eine Population wächst, wenn die Vermehrungsrate so groß ist, alle Nachkommen überleben und die Geschlechteraufteilung 50:50 ist. In der zweiten Gruppe von Modellierungsversuchen im Sinne einer Modellverbesserung wird sich zeigen, dass eine lineare Bremse (das ungebremste Wachstum wird genauer modelliert, die Vermehrungsrate sinkt dadurch im Modell) einen kaum nennenswerten Einfluss hat. Deshalb müssen andere mathematische Modelle (logistisches Wachstum, systemdynamische Modellierung mit einer stärkeren Bremse über die Berücksichtigung der jeweils verbleibenden Freiräume) gefunden werden, um die reale Situation besser zu erklären.

Ziel dieser Arbeit ist es nicht, empirische Detailmodelle über den aktuellen Forschungsstand in der Greifvogel- und Sperberforschung zu erarbeiten (vgl. Newton 1988, 1991, 1998; Newton et al. 1997; Millon et al. 2009; Steiner 2014), sondern vielmehr mathematisch-fachdidaktische Gesichtspunkte abwechselnd zu diskutieren. Dazu gehören das Aufzeigen von möglichen schrittweisen Modelladaptionen, um realitätsnähere Ergebnisse zu gewinnen, die aber auch komplexere Methoden mit sich bringen, und die abwechselnde Berechnung und Darstellung von konkreten Werten mittels digitaler Technologie einerseits und das Herleiten, Diskutieren und Interpretieren von theoretischen Modellen andererseits.

J. Maaß (✉)
Institut für Didaktik der Mathematik, JKU Linz, Linz, Österreich
E-Mail: juergen.maasz@jku.at

S. Götz
Fakultät für Mathematik, Universität Wien, Wien, Österreich
E-Mail: stefan.goetz@univie.ac.at

E. Zanzani
Körnergymnasium Linz, Linz, Österreich

H. Humenberger und B. Schuppar (Hrsg.), *Neue Materialien für einen realitätsbezogenen Mathematikunterricht 7*, Realitätsbezüge im Mathematikunterricht, https://doi.org/10.1007/978-3-662-62975-8_9

2 Eine erste diskrete Modellierung

Wir beginnen mit einer stark vereinfachenden Modellierung. Wir rechnen dazu aus, was passiert, wenn tatsächlich über mehrere Jahre aus je zwei Sperbern sieben Sperber werden. Tod durch Krankheit und Altersschwäche fehlen im ersten Modell – also sind im jeweils nächsten Jahr in unserem ersten Modell alle sieben Sperber einer Familie bereit und in der Lage, sich zu vermehren. Nun können die Schülerinnen und Schüler mit oder ohne elektronische Rechenhilfsmittel selbst ausrechnen, wie das Modell für die ersten zwei Jahre folgende Werte liefert: Tab. 1 mit der Startanzahl von 30 Sperbern.

Aus 105 Sperbern nach dem ersten Jahr können aber nur 52 Paare gebildet werden – ein Tier bleibt einsam zurück. Es kommen also $52 \cdot 5 = 260$ Junge zur Welt, insgesamt sind dann $105 + 260 = 365$ Sperber vorhanden. Die Tabellenkalkulation geht darüber hinweg, wenn nicht auf die nächste gerade Zahl abgerundet wird: Tab. 2. – Was mögen 0,5625 Sperber sein (siehe letzter Eintrag in Tab. 2)? Wir merken uns das Problem für ein verbessertes Modell (Abschn. 3).

Eine analytische Beschreibung des Wachstums wird aber einfacher. Wir schreiben die „Programmierung" (Formel in einer Zelle) aus der Tabellenkalkulation in einer im Mathematikunterricht üblichen Weise formal auf und erhalten $a_{n+1} = a_n + \frac{a_n}{2} \cdot 5 = a_n \cdot 3{,}5$ mit $a_0 = 30$, wobei a_n die Anzahl der Sperber im n-ten Jahr meint.

Das exponentielle Wachstum können wir explizit so schreiben: $a_n = a_0 \cdot 3{,}5^n = 30 \cdot 3{,}5^n$ aus der Rekursion. Entscheidend ist also der konstante jährliche Wachstumsfaktor, hier: 3,5.

Das grafische Ergebnis der Simulation für die ersten neun Jahre zeigt Abb. 1 in zwei Varianten: Balken- und Liniendiagramm. Neben den eben erfolgten (technischen) Berechnungen gilt es hier fachdidaktisch abzuwägen, welche Darstellung zu bevorzugen ist.

Eine moderne Tabellenkalkulation bietet eine große Auswahl von Möglichkeiten eine Wertetabelle grafisch darzustellen. Wir haben zwei Möglichkeiten ausgewählt, die vermutlich auch von Schülerinnen und Schülern verwendet werden. Soll die Lehrkraft die Auswahl thematisieren oder eine bestimmte Wahl favorisieren? Wir halten das für eine gute Lernchance und erinnern in diesem Zusammenhang an

zwei didaktisch wertvolle Argumente. Auf der einen Seite ist das Liniendiagramm suggestiv. Wir können uns leicht vorstellen, dass bei einer größeren Anzahl von Punkten die Knickpunkte aus dem Liniendiagramm optisch verschwinden und das Diagramm (Abb. 1b) dem Graph einer Exponentialfunktion immer ähnlicher wird. Auf der anderen Seite legt gerade die Verbindung der einzelnen Punkte eine realitätsferne Interpretation nahe, eine Vielzahl aus den Daten nicht begründeter Aussagen über die Anzahl von Sperbern zu einem beliebigen Zeitpunkt. Die Vergrößerung der Sperberpopulation verläuft – ganz anders als es das Liniendiagramm oder der Graph einer Exponentialfunktion nahelegen – keinesfalls kontinuierlich und stetig über das Jahr verteilt. Irgendwann im Frühjahr wird gebrütet, dann schlüpfen die Jungen und danach ist der Höchststand der Population für dieses Jahr erreicht. Keinesfalls brütet ein Zwölftel der Sperber im November oder Dezember. Die Verbindungslinien zwischen den gesicherten Punkten (vgl. Abb. 1a) suggerieren falsche Annahmen oder Vorstellungen.

Kommen wir zurück zu den Anzahlen: 2.364.469 Sperber nach neun Jahren (und 4,3 Mrd. nach 15 Jahren) – das zeigt eindrucksvoll wie ungebremstes Wachstum wirkt. Schon auf den ersten Blick sieht es nach dramatischer Überbevölkerung aus. Verteilen wir zur Veranschaulichung in Gedanken die Sperber auf etwa 100 Quadratkilometer Fläche, so „wohnen" nach nur 25 Jahren etwa zwölf Millionen Sperber auf einem Quadratmeter. Ganz offensichtlich haben so viele Sperber weder Nahrung noch Lebensraum.

3 Erste Verbesserung: einsame Sperber

Wir gehen der Idee nach, dass nicht alle Sperber sich zu Paaren zusammenfinden und erweitern das Basismodell, indem wir die Anzahl der möglichen paarbildenden Sperber um einen frei zu wählenden Prozentsatz verringern. Nehmen wir 10 % an. Wir – als studierte Mathematiker*innen – ahnen schon, was die Schülerinnen und Schüler lernen sollen: prinzipiell ändert das nichts, aber die Bevölkerungsexplosion geht eine Spur langsamer.

Es ist nun $a_{n+1} = a_n + \frac{a_n \cdot 0{,}9}{2} \cdot 5 = 3{,}25 \cdot a_n$ und wiederum $a_0 = 30$. Daraus folgt explizit $a_n = 3{,}25^n \cdot 30$. Das Wachstum ist also langsamer als im ersten Modell (Abschn. 2), aber immer noch exponentiell.

Tab. 1 Ein erstes Modell

Jahr	0	1	2
Anzahl	30	105	365

Tab. 2 Fortsetzung im ersten Modell

Jahr	0	1	2	3	4	5
Anzahl	30	105	367,5	1286,25	4501,875	15.756,5625

Rechnen wir nur mit ganzzahligen Anzahlen von Sperbern (vgl. Abschn. 2), ergibt sich folgende Rekursion: $a_{n+1} = a_n + \lfloor \lfloor a_n \cdot 0{,}9 \rfloor / 2 \rfloor \cdot 5$ mit $a_0 = 30$. Dabei bezeichnet $\lfloor \cdot \rfloor$ die Abrundungsfunktion (GAUSS-Klammer) auf die nächst kleinere oder gleiche ganze Zahl. Nach zehn Jahren sind es dann 3.787.075 Sperber, nach 15 Jahren 1.373.158.100 Sperber und nach 25 Jahren unglaubliche 180.531.983.093.410 Sperber – „nur noch" 1.805.319 Sperber pro Quadratmeter statt etwa zwölf Millionen Sperber.

Die einsamen Sperber lehren uns also, dass eine lineare „Bremse" im exponentiellen Modell das Wachstum verzögert, aber den exponentiellen Anstieg im Prinzip nicht verhindert (und sogar kaum verlangsamt).

4 Zweite Verbesserung: Todesfälle

Todesursache 1: Alter. Sperber werden bis zu 15 Jahre alt[1]. Das können wir modellieren, indem wir die Anzahl der Sperber jährlich um 1/15 reduzieren. In einer realitätsnäheren Modellierung sterben nicht alle im Winter; es wäre zu modellieren, dass Tod im Säuglingsalter oder im Elternalter oder nach 15 Jahren unterschiedliche Auswirkungen auf die Gesamtpopulation hat.

Hier errechnen wir ebenfalls wie erwartet ein geringeres, aber noch immer exponentielles Wachstum. Eine lineare Bremse im exponentiellen Modell um 1/15 wirkt etwas weniger als die in Abschn. 3 angenommenen 10 % „einsamen" Sperber. Wir berechnen dazu die Rekursion $a_{n+1} = a_n \cdot \frac{14}{15} + \frac{a_n \cdot \frac{14}{15}}{2} \cdot 5 = \frac{49}{15} \cdot a_n = 3{,}2\dot{6} \cdot a_n$. Der jährliche Wachstumsfaktor $3{,}2\dot{6}$ ist nun etwas größer als jener in Abschn. 3 mit dem Wert 3,25.

Auch die Kombination von „Einsam" und „Alter" ändert nichts am exponentiellen Charakter des Wachstums: $a_{n+1} = a_n \cdot \frac{14}{15} + \frac{a_n \cdot \frac{14}{15} \cdot 0{,}9}{2} \cdot 5 = 3{,}0\dot{3} \cdot a_n$. Andere die Population verringernde Ursachen können mit Reduktionssubtrahenden statt -faktoren modelliert werden.

Todesursache 2: Jagen. Wir nehmen an, dass eine Anzahl x von Sperbern im Jahr durch Jagd getötet wird. Dazu sollten wir erwähnen, dass für Sperber eine ganzjährige Schonzeit gilt (also ein Jagdverbot). Allerdings mag es sein, dass auch ein Sperber zufällig erschossen wird. Sicher steht der Sperber aber auf dem Speisezettel anderer Tiere, etwa beim Marder (der mag vor allem junge Sperber im Nest) oder Habicht. Wir lassen die Frage offen, wer wie erfolgreich Sperber jagt und konzentrieren uns auf die Folgen für die Gesamtpopulation.

Bei genügend großer Anzahl x kann die ganze Population ausgerottet werden. Konkret: Wenn etwa im ersten Jahr 29 oder 30 Sperber getötet werden, gibt es kein Paar mehr, das brüten kann. Wenn zufällig alle 15 männlichen oder alle 15 weiblichen Sperber getötet werden, ist es auch schon aus (wenn keine Zuwanderung von außen erfolgt). Im nur hypothetischen und unrealistischen Fall, dass sehr viele Sperber (etwa eine Million oder mehr) im erforschten Gebiet südlich von Linz leben würden, machen 30 tote Sperber offenbar keinen merkbaren Unterschied.

Nun ist es an der Zeit, die Schulklasse aufzufordern, die Jagd zu modellieren und aus dem Modell zu entnehmen, bei welchen Anzahlen von getöteten Sperbern die Gesamtzahl abnimmt, etwa konstant bleibt oder (wie stark?) zunimmt. Wie geht das? Wir bleiben bei der rekursiven Vorgangsweise und variieren die Anzahl x der entnommenen Sperber.

Von der Ausgangszahl (im Beispiel 30) werden zum Beispiel 20 gejagte Sperber abgezogen. Aus der verbleibenden Zahl werden Paare gebildet, die je fünf Junge großziehen. Im Beispiel mindert die Jagd (bei gleichem jährlichen Jagderfolg) das ursprüngliche exponentielle Wachstum. Nach 15 Jahren wären es im Modell in Abschn. 2 4,3 Mrd. Sperber. Nun können die Schülerinnen und Schüler je nach Kenntnis mit Intervalleingrenzung oder Schieberegler (GeoGebra) die Zusatzaufgabe lösen. Wir versuchen eine Intervalleingrenzung:

Für 20 getötete Sperber ergibt sich Tab. 3.

Wir gehen dabei so vor: $a_0 = 30$, $a_1 = (30 - 20) + \frac{30-20}{2} \cdot 5 = 35$, und $a_2 = \lfloor \frac{35-20}{2} \rfloor \cdot 5 + (35 - 20) = 50$ usw. Dabei ist $\lfloor \cdot \rfloor$ wieder die GAUSS-Klammer, die die Abrundungsfunktion darstellt. So vermeiden wir nichtganzzahlige Anzahlen.

Für 21 getötete Sperber ergibt sich analog Tab. 4.

Jetzt ist es nicht wichtig, zu untersuchen, ob 20 (oder etwas mehr? – dann würden wieder nichtganzzahlige Werte für Anzahlen von Sperbern ins Spiel kommen) die gesuchte Zahl ist, für die die Sperberpopulation (irgendwann) konstant bleibt, sondern mit etwas Distanz darüber nachzudenken, was diese beiden Werte wohl bedeuten können. Vermutlich können wir daraus schließen, dass bei mehr als 20 getöteten Sperbern die Population ausstirbt (wenn nicht welche von außen einwandern – unsere Gebietsgrenzen, also die Grenze zwischen erforschtem und nicht erforschtem Sperbersiedlungsgebiet südlich von Linz sind den Sperbern natürlich nicht bewusst und spielen für sie keine Rolle). Vermutlich ist die Gruppe auch schon bei 15 getöteten Sperbern bedroht, weil ja das Geschlecht der Toten im Modell nicht angemessen berücksichtigt wird. Wenn nur männliche (oder weibliche) Sperber gejagt werden, sinkt die Zahl weiter: Es müssen für den Erhalt mindestens vier Paare erfolgreich brüten. Bei drei Paaren kämen 15 Individuen dazu und 20 Sperber würden getötet.

---

[1] https://www.brodowski-fotografie.de/beobachtungen/sperber. html, Zugriff am 09.04.2018.

Tab. 3 Wachstum, wenn 20 Sperber pro Jahr getötet werden

Jahr	0	1	2	3	4	5	6	7
Anzahl	30	35	50	105	295	960	3290	11.445

Tab. 4 Wachstum, wenn 21 Sperber pro Jahr getötet werden

Jahr	0	1	2	3	4	5	6
Anzahl	30	29	28	22	1	-70	-321

Tab. 5 Wachstum, wenn 20 Sperber pro Jahr getötet werden und nicht „rechtzeitig" abgerundet wird

Jahr	0	1	2	3	4	5	6	7
Anzahl	30	35	53	114	328	1078	3705	12.896

Die folgenden Untersuchungen sind bloß theoretischer Natur, sie führen aber zu expliziten Ergebnissen per Hand und passen zum Kapitel „Differenzen- und Differenzialgleichungen; Grundlagen der Systemdynamik" des österreichischen Mathematiklehrplans für Gymnasien. Wenn wir nämlich das Wachstum durch eine Differenzengleichung modellieren, dann kommen wir auf (die rekursive Darstellung) $a_{n+1} = \frac{a_n - 20}{2} \cdot 5 + (a_n - 20) = 3{,}5 \cdot a_n - 70$ mit $a_0 = 30$. Das ist eine lineare Differenzengleichung erster Ordnung in einer Variablen („Tilgungsgleichung"). Ihre Lösung ist $a_n = 3{,}5^n \cdot 2 + 28$ (vgl. Götz und Reichel 2013, S. 11, oder Dürr und Ziegenbalg 1984, S. 48), wie man mit der Summenformel für die geometrische Reihe zeigen kann (vgl. Götz und Reichel 2013, S. 10).

Da hier nicht abgerundet wird, unterscheiden sich die erhaltenen Anzahlen (deutlich) von jenen in Tab. 3 (die Werte sind mathematisch gerundet): Tab. 5.

Nach sieben Jahren liegt der prozentuelle Fehler bei fast 12,7 %. Die Rekursion ohne Gauss-Klammer erlaubt es auf einfache Art, Fixpunkte zu berechnen. Wir lösen dazu die Gleichung $a_{n+1} = \frac{a_n - x}{2} \cdot 5 + (a_n - x) = 3{,}5 \cdot a_n - 3{,}5 \cdot x = a_n$, wobei das letzte Gleichheitszeichen eine Forderung ausdrückt. Umformungen liefern $x = \frac{2{,}5}{3{,}5} \cdot a_n$. Mit $a_0 = 30$ ergibt sich $x = \frac{150}{7} = 21{,}42\ldots$ In diesem Modell bleibt also bei $\frac{150}{7} \approx 21{,}43$ gejagten Sperbern die Anfangsanzahl 30 konstant. Das passt gut zu unserer Intervalleingrenzung, zeigt aber auch numerische Unterschiede, die durch das Rechnen ausschließlich mit ganzen Zahlen entstehen: $a_{n+1} = \left\lfloor \frac{a_n - 20}{2} \right\rfloor \cdot 5 + a_n - 20$ versus $a_{n+1} = \frac{a_n - 20}{2} \cdot 5 + a_n - 20$

Aus $a_4 = 328$ folgt $x = \frac{2{,}5}{3{,}5} \cdot 328 = 234,\ldots$ Das bedeutet, es entwickelt sich in den ersten vier Jahren die Sperberpopulation nach Tab. 5. Werden dann jährlich 234 Sperber gejagt, so ändert sich die Sperberanzahl ab dem fünften Jahr nicht mehr: $a_5 = 328 = a_6 = a_7 = \ldots$ Eine solche Grenze exponentiellen Wachstums kann für jedes Jahr gemäß der Formel $x = \frac{2{,}5}{3{,}5} \cdot a_n$ berechnet werden. Ab dem n-ten Jahr ändert sich die Anzahl a_n der Sperber nicht mehr, wenn danach

jedes Jahr x Sperber durch Jagd der Population entnommen werden. Diese Anzahl x hängt also von n ab: $x = x_n$.

5　Dritte Verbesserung: Nahrungsmangel und Reviergrenzen

In einem begrenzten Gebiet gibt es nur eine beschränkte Menge an Nahrung für Sperber. Damit ist eine mehr oder weniger fixe Obergrenze für die Anzahl von Sperbern in diesem Gebiet anzunehmen. Je näher die Gesamtzahl an diese Obergrenze kommt, desto weniger Nahrung bleibt; wird sie überschritten, gibt es sogar Hunger(tote). In der Realität gelingt dann nicht mehr jedem Paar die Aufzucht von fünf Jungen. Wie können wir den Einfluss von Nahrungsmangel bzw. einer Obergrenze verfügbarer Nahrung mathematisch in der Schule modellieren?

Günther Ossimitz beschrieb im Abschnitt „Wirkungsdiagramme" seines Buches „Entwicklung systemischen Denkens" (Ossimitz 2000) auch Wachstumsmodelle. Auf S. 67 ff. geht es um eine Tierpopulation. Hier wird der „Freiraum" f als regulierende Größe erläutert: In einem Modell wird eine maximal mögliche Population N angenommen. Gründe für eine Obergrenze können begrenzte Nahrungsmittelvorkommen oder auch ein beschränkter Platz sein. Wenn sich z. B. eine Mäusefamilie in einem Getreidespeicher ungestört ernährt, geht irgendwann das Getreide aus. Wenn eine Algenart in einem Gartenteich wächst, bedeckt sie vielleicht die gesamte Oberfläche, bevor den Algen die Nahrung ausgeht. In beiden Fällen ist anschaulich klar, dass die Zahl der Individuen begrenzt ist. Je kleiner der restliche Freiraum ist, desto weniger Wachstum ist möglich. In der Natur wird oft beobachtet, dass Mäuse, Algen etc. offenbar nicht mathematisch modellieren und optimieren, wie viele von ihnen sich für längere Zeit gut ernähren können. Das Wachstum der Population führt über schnellen Schwund des Freiraums bis zur Überbevölkerung und zwingt die Mäuse zur Suche nach anderen Nahrungsquellen (Auswanderung), falls sie nicht verhungern wollen. Die Algen erleiden ein Massensterben, weil sie nicht auswandern können. Bei Sperbern und vergleichbaren Tieren kann Freiraum auch wörtlicher im Sinne von Reviergrenzen verstanden werden. Ein Sperberpärchen verteidigt sein Revier gegen andere Sperber. Für die Zwecke dieses Beitrages reicht es völlig aus, in Betracht zu ziehen, dass auf der beobachteten Fläche südlich von Linz (wie auf jeder anderen Fläche an einem anderen Ort) eine maximale Anzahl N von Sperberpärchen nistet. Offenbar liegt dieses Maximum N in unserem konkreten Fall bei etwa $N = 30$ Sperbern. Die folgenden Modellierungsversuche würden nicht wesentlich beeinflusst, wenn wir die Grenze willkürlich etwas größer oder kleiner setzen würden.

Die Größe des Freiraums f wirkt sich auf die Geschwindigkeit des Wachstums aus: Je geringer der Freiraum, desto kleiner das Wachstum. In den „Materialien zur Systemdynamik" (auf S. 39 ff., Ossimitz 1990) erklärte GÜNTHER OSSIMITZ, wie **ein Freiraum f in Gleichungen** gefasst werden kann. Da dieses Buch längst vergriffen ist, erläutern wir statt eines Zitates die benötigten Gleichungen hier zuerst in Wortvariablen. Zum Zeitpunkt t ist

Freiraum $(t) =$ (Maximale Population – aktuelle Population (t))/ Maximale Population, wir schreiben als Formel: $f(t) = \frac{N-n(t)}{N}$.

Wir nehmen dabei an, dass die maximale Population N nicht von t abhängt (konstant ist). Bemerkung: Wenn vereinfacht ein **absoluter Freiraum** (t) als **Maximale Population – aktuelle Population** (t) verwendet wird, ist das Modell weniger interessant.

Ein kleiner Test: Wenn die aktuelle Population zum Zeitpunkt t 30 Sperber beträgt, ist sie maximal. Also ist der Freiraum zu diesem Zeitpunkt $f(t) = \frac{30-30}{30} = 0$ – sehr einleuchtend!

Die zweite Gleichung von OSSIMITZ beschreibt den Einfluss des Freiraums auf das Wachstum der Population vom Zeitpunkt t bis zum Zeitpunkt $t + \mathrm{d}t$ (wieder erst in Wortvariablen):

Populationszuwachs $(t, \quad t + \mathrm{d}t) =$ aktuelle Population $(t) *$ Zuwachsrate $*$ Freiraum (t), als Formel: $\Delta n(t, t + \mathrm{d}t) = n(t) \cdot r \cdot f(t)$, dabei ist r die (konstante) Zuwachsrate im Zeitraum Δt. Sie ist wie bisher im einfachsten Modell (Abschn. 2) Anzahl durch zwei (Paarbildung) mal fünf (Junge pro Paar), also kurz 2,5 jährlich.

Wenn wir über einen längeren Zeitraum (sagen wir: $n \cdot \mathrm{d}t$) immer wieder nachrechnen wollen, ist es bisweilen sinnvoll, die einzelnen Zeitpunkte zu nummerieren: $t_1, t_2, t_3, \dots, t_n$. Wir erhalten $\Delta n(t_1, t_2) = n(t_1) \cdot r \cdot f(t_1)$.

Was passiert in diesem Modell, wenn die Population zum Zeitpunkt t_1 z. B. gleich 20 ist? – Der Freiraum ist dann $f(t_1) = \frac{N-n(t_1)}{N} = \frac{30-20}{30} = \frac{1}{3}$ und der Populationszuwachs $\Delta n(t_1, t_2) = n(t_1) \cdot r \cdot f(t_1) = 20 \cdot 2,5 \cdot \frac{1}{3} \approx 16,67$.

Die Population zum Zeitpunkt t_2 steigt in diesem Modell um 16 oder 17 Sperber auf 36 oder 37 insgesamt. Was nun? – Wir entscheiden uns für 36 Sperber (abrunden) und rechnen weiter: $f(t_2) = \frac{N-n(t_2)}{N} = \frac{30-36}{30} = -\frac{1}{5} = -0,2$. Der negative Freiraum bestätigt, dass zum Zeitpunkt t_2 zu viele Sperber in Beobachtungsgebiet leben. Der ebenfalls negative Populationszuwachs $\Delta n(t_2, t_3) = n(t_2) \cdot r \cdot f(t_2) = 36 \cdot 2,5 \cdot (-0,2) = -18$ lässt die Population von 36 auf 18 Sperber sinken.

Die weiteren Schritte haben wir in der folgenden Grafik (Abb. 2) zusammengefasst. Sie zeigt einen jährlich schwankenden Rhythmus: Mal ist es zu viel und mal zu wenig. Im Hinblick auf die vorliegenden empirischen Daten ist das Modell nicht optimal: Zwar explodiert die im Modell berechnete Anzahl nicht wie beim Modell mit exponentiellem Wachstum, aber die berechneten Schwankungen sind wesentlich größer als die realen Anzahlen.

Im Unterricht kann ein Experiment mit verschiedenen Startwerten durchgeführt werden. Es zeigt, dass sich bei allen Startwerten zwischen 1 und 41 nach einigen Jahren eine Situation wie beim Startwert 20 ergibt: Das Modell springt zwischen 18 und 36 Sperbern. Bei 42 Sperbern als Startwert ist der Populationszuwachs genau – 42 $(= 42 \cdot 2,5 \cdot \frac{30-42}{30})$ – und fortan gibt es im Modell nur noch null Sperber. Uns gefällt auch das Modell nicht: Wir wollen

a   Balkendiagramm Sperber

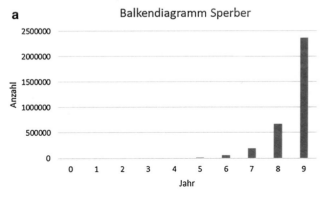

b   Liniendiagramm Sperber

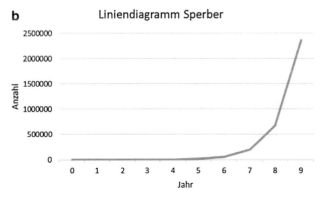

Abb. 1 a und b: Ungebremstes Wachstum als Balkendiagramm und als Liniendiagramm

Abb. 2 Entwicklung der Anzahl von Sperbern im Modell mit Freiraum

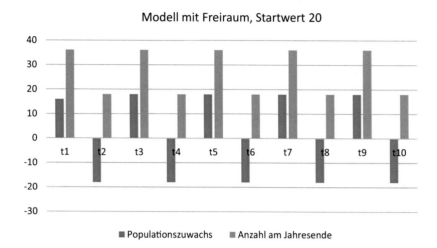

Abb. 3 Variation 1 zur Entwicklung der Anzahl von Sperbern im Modell mit Freiraum

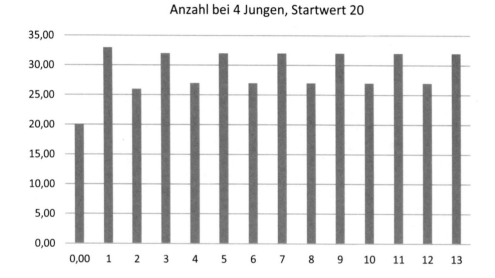

weder hinnehmen, dass aus einem Sperber viele werden, noch die großen Sprünge akzeptieren.

Unter dem Eindruck der Abhängigkeit der Populationsentwicklung vom Startwert kann eine mögliche Modellverbesserung als **Aufgabe** formuliert werden: **Mit den gegebenen Daten und dem Ausgangsmodell gibt es jährlich starke Schwankungen, die aufgrund der empirischen Daten unrealistisch sind. Mit welchen Parameteränderungen im Modell wird eine stabilere Situation erreicht? Finde und ändere die Ausgangsparameter so, dass die Anzahl der Sperber nach einigen Jahren immer bei etwa 30 liegt! Begründe die Änderung der Parameter mit Argumenten aus der Biologie!**

Eine Überlegung dazu könnte sein, dass die Anzahl der erfolgreich großgezogenen Jungen pro Familie sinken wird, wenn die Nahrung knapper wird. Also nehmen wir an, es gibt nur noch vier Junge pro Sperberfamilie. Das sieht dann so aus: Wir sehen in Abb. 3, dass die Schwankungen

geringer werden und wähnen uns auf dem richtigen Weg. Allerdings gibt es noch immer berechtigte Modellkritik. Bei allen Startwerten zwischen 1 und 45 pendelt es sich nach einigen Jahren auf einen jährlichen Wechsel zwischen 27 und 32 Sperbern ein.

Wir experimentieren weiter und senken die Erfolgsrate beim Brüten von vier auf drei Sperberkinder pro Paar. Bei allen Startwerten zwischen 1 und 50 erreicht das Modell schnell den Wert 30 und bleibt dort (Abb. 4). Ein Glückstreffer!

Zur Abgrenzung des Modells stellen wir fest, ein Sperber allein kann sich nicht vermehren, und mehr als 50 sind wegen der von den schon vorhandenen Sperbern gut verteidigten Reviergrenzen unrealistisch. Wir verbieten also Startwerte kleiner als 10 (oder 2) und größer als 50 (das Modell zeigt z. B. beim Startwert 100 nach drei Jahren minus 712.500 Sperber an – das ist offenbar sehr unrealistisch).

Abb. 4 Variation 2 zur
Entwicklung der Anzahl von
Sperbern im Modell mit Freiraum

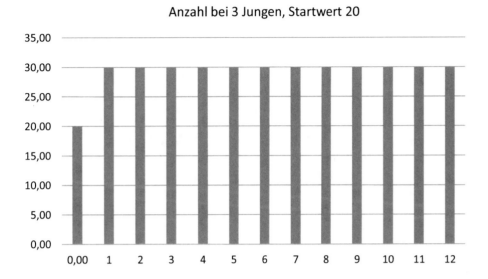

Anzahl bei 3 Jungen, Startwert 20

6 Modellierung mit logistischem Wachstum

Wie eingangs versprochen wenden wir uns nun der Frage zu, ob wir auch mit einem eher schultypischen Instrument aus der Analysis eine gute Modellierung erreichen, nämlich mit dem logistischen Wachstum. Damit ändert sich auch unser Zugang: nach der experimentellen Auffindung von Phänomenen und Anpassung der Parameter (beides machte die jeweilige Modellierung aus) kommen wir nun zu analytischen Herleitungen bzw. Ansätzen. Dieser Bruch in der Modellierung äußert sich inhaltlich und methodisch.

Wir übersetzen nun die Formeln aus Abschn. 5 in die Rekursionsgleichung (wobei wie oben a_n die Anzahl der Sperber im Jahr n ist) $a_{n+1} = a_n + a_n \cdot 2{,}5 \cdot \frac{30-a_n}{30} = 2{,}5 \cdot a_n \cdot \left(1{,}4 - \frac{a_n}{30}\right)$. Sie entspricht der Grundgleichung des diskreten logistischen Wachstumsprozesses (Dürr und Ziegenbalg 1984, S. 201) und

ist eine nichtlineare Differenzengleichung erster Ordnung in einer Variablen. Modellieren mit einer Tabellenkalkulation ergibt Abb. 5. Eine explizite Lösung kann nicht angegeben werden (Ableitinger 2010, S. 39).

Anders als in Abb. 2 zeigt sich in Abb. 5 doppelt periodisches Verhalten (vgl. Ableitinger 2010, S. 40 f.). Das einfache Pendeln in Abb. 2 rührt vom (Ab-)Runden her (vgl. Abschn. 5). **Diese vom Kontext her begründete Vorgangsweise verändert also das Lösungsverhalten!**

Das Auftreten von Oszillationen wie in Abb. 5 ist übrigens typisch für diskrete logistische Wachstumsprozesse bei bestimmten Parametern (vgl. Ableitinger 2010, Abschn. 2.1.4). Wenn wir allgemein die Rekursionsgleichung $a_{n+1} = a_n + a_n \cdot k \cdot \frac{30-a_n}{30}$ betrachten, wobei die Variable k die Anzahl der Jungen pro Sperberpärchen dividiert durch 2 bedeutet, dann können wir mit $x_n := \frac{a_n}{30}$ die Rekursionsgleichung in der Form $x_{n+1} = x_n + x_n \cdot k \cdot (1 - x_n)$

Abb. 5 Diskretes logistisches
Wachstum mit $a_0 = 20$

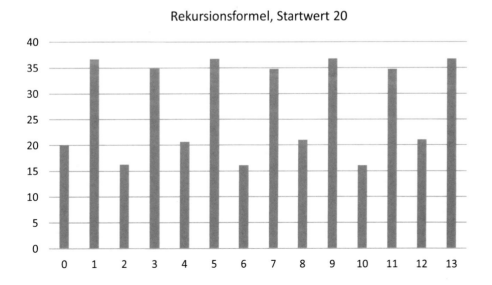

Rekursionsformel, Startwert 20

schreiben. Für $k = \frac{3}{2} = 1{,}5$, also für drei Junge pro Sperberpärchen, pendeln sich die Anzahlen an Sperbern rasch bei der maximalen Anzahl von 30 ein, für den Startwert 20 sofort (vgl. Abb. 4). Ist dagegen $k = \frac{4}{2} = 2$ (also vier Junge pro Sperberpärchen), dann ergibt sich periodisches Verhalten wie in Abb. 3. In diesem Sinne entsteht Abb. 5, wenn fünf Junge pro Sperberpärchen angenommen werden, also für $k = \frac{5}{2} = 2{,}5$.

Nun schreiben wir $a_{n+1} - a_n = a_n \cdot \frac{1}{12} \cdot (30 - a_n)$, woraus wir die suggestive Gleichung $\frac{a_{n+1}-a_n}{n+1-n} = \frac{1}{12} \cdot a_n \cdot (30 - a_n)$ erhalten. Schreiben wir den Bruch links des Gleichheitszeichens funktional als $\frac{a(n+1)-a(n)}{(n+1)-n}$ und bezeichnen wir die Schrittweite allgemein mit Δt, so ergibt sich der Differenzenquotient $\frac{a(n+\Delta t)-a(n)}{n+\Delta t-n}$. Die absolute Änderung $a(n + \Delta t) - a(n)$ (der „Zuwachs") ist nun also proportional zur Zeitspanne Δt. Der Differenzenquotient konvergiert für $\Delta t \to 0$ (die Schrittweite geht also gegen null) gegen den Differenzialquotienten $a'(n)$. Daraus gewinnen wir eine gewöhnliche Differenzialgleichung erster Ordnung, nämlich $a'(t) = \frac{1}{12} \cdot a(t) \cdot (30 - a(t))$, welche den Wachstumsprozess immer noch näherungsweise beschreibt. Alternativ kann gleich als bewusste Modellannahme „Der **Zuwachs** soll proportional zu Δt sein" formuliert werden: $a_{n+\Delta t} - a_n = \frac{1}{12} \cdot a_n \cdot (30 - a_n) \cdot \Delta t$.

Aus der diskreten Zeitbeschreibung ist nun eine kontinuierliche geworden, die durch den Wechsel der Bezeichnung der unabhängigen Zeitvariablen noch betont wird.

Diese Differenzialgleichung kann exakt gelöst werden mittels Trennung der Variablen (Ableitinger 2010, S. 43). Nach einigen Schritten bestimmt man als Lösung $a(t) = \frac{30}{1+\left(\frac{30}{20}-1\right)\cdot e^{-30\cdot\frac{1}{12}\cdot t}} = \frac{30}{1+\frac{1}{2}\cdot e^{-2{,}5\cdot t}}$ für den Anfangswert $a_0 = 20$ (vgl. Bradley 2001).

Abb. 6 zeigt die Lösungskurve a, von Oszillationen keine Spur. **Die stetige Modellierung zeigt ein ganz anderes Lösungsverhalten als die diskrete Beschreibung!**

Wir gelangen zu einem Bild von logistischem Wachstum – die Anzahl nähert sich der Obergrenze von unten, so wie wir es von einem Grenzwert erwarten.

Die in Abschn. 2 geäußerten Bedenken, dass eine kontinuierliche Beschreibung des Populationswachstums von Sperbern den nicht der Realität entsprechenden Eindruck erweckt, zu jedem Zeitpunkt existiere eine in den meisten Fällen nicht ganzzahlige Anzahl von Sperbern, sind weiterhin aufrecht. Nun stehen aber die unterschiedlichen (Lösungs-)Verhalten diskreter bzw. stetiger logistischer Wachstumsprozesse als eigenes Thema im Fokus.

Bei einem Startwert von 50 Sperbern hingegen sinkt die Anzahl stetig, bis sie den Wert 30 erreicht hat: Abb. 7.

Wir sehen hier eine Chance für einen Unterricht, der sowohl handlungsorientiert ist als auch theoretische Einsichten liefert und so ganz unterschiedliche Perspektiven einnimmt. Das kann auf Schüler und Schülerinnen anregend und motivierend wirken, sich auf die Thematik einzulassen,

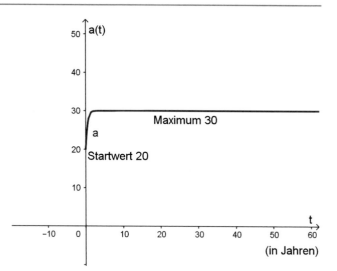

Abb. 6 Kontinuierliches logistisches Wachstum mit $a_0 = 20$

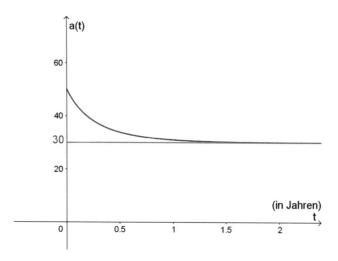

Abb. 7 Kontinuierliches logistisches Wachstum mit $a_0 = 50$

wirken. Wir haben auf der einen Seite ein selbst erarbeitetes Resultat einer Modellierung für das beschränkte Wachstum einer kleinen Sperberpopulation, das mit dem Bild einer stark schwankenden Population vorläufig endet (Abb. 5). Auf der anderen Seite haben wir ein aus der Analysis bekanntes und erwartetes Bild von logistischem Wachstum. Wie passen die beiden Modelle zusammen? Liegt irgendwo ein Fehler? Dies ist ein guter Zeitpunkt, die Schülerinnen und Schüler daran zu erinnern, dass es beim Modellieren nicht um ein simples RICHTIG oder FALSCH geht wie bei einer einfachen Rechenaufgabe. Selbstverständlich können auch beim Modellieren Rechenfehler auftreten, die gefunden und verbessert werden müssen, bevor die Ergebnisse der Modellrechnung interpretiert werden können. Aber es gibt immer unterschiedliche Modellierungsansätze, deren Qualität sich in der Regel nicht mit RICHTIG oder

FALSCH beurteilen lässt, sondern damit, wie passend ein Modell die Realität beschreibt (und wie „schön", einfach, nachvollziehbar etc. es ist).

Abschließend noch ein didaktischer Hinweis für Lehrkräfte. Es wäre natürlich wesentlich effizienter, wenn die Lehrkraft die Lernenden gleich zum „besten" Modellierungsansatz führt und diesen erläutert. Dann geht aber verloren, dass Schüler und Schülerinnen im Unterricht lernen, verschiedene Modellierungsansätze zu entwickeln und kritisch zu vergleichen. Nur so können sie Selbstständigkeit im mathematischen Handeln lernen.

7 Resümee

Aus unserer Sicht zeigt sich, dass sich der etwas erhöhte Rechenaufwand diskreter Berechnungen, der dank Tabellenkalkulationsprogrammen leicht zu bewältigen ist, für kleine Populationen lohnt, weil mehr Realitätsnähe erreicht wird. Die Frage nach der jährlichen Veränderung der Sperberanzahlen erweist sich als der zentrale „Aufhänger". So können im Lehrplan vorgesehene Modelle mit Leben erfüllt werden.

8 Erprobung im (Informatik-)Unterricht

Getestet wurden Teile des in den Abschn. 2 bis Abschn. 6 vorgestellten Unterrichtsmodells am Körnergymnasium in Linz mit Schülern und Schülerinnen aus einem Wahlpflichtgegenstand **Informatik** der siebenten Klasse (elfte Schulstufe). „Modellierung" war den Schülern und Schülerinnen zwar ein Begriff, mit dem sie etwas anfangen konnten. Eine genauere Beschäftigung bzw. Anwendung der zugehörigen Techniken erfolgte im bisherigen Unterricht jedoch noch nicht.

Die Erarbeitung der Thematik erfolgte zu einem kleinen Teil frontal, teilweise fragend-erarbeitend und zum Teil in Gruppen- bzw. Partnerarbeit. Der fragend-erarbeitende Teil bietet eine gute Möglichkeit, den Schülern und Schülerinnen den komplexen Teil des Stoffes gelenkt erforschen zu lassen und sofort Feedback für einen irreführenden Gedankengang zu geben. Die weniger anspruchsvollen Teile, wie z. B. die Arbeit mit der Tabellenkalkulation, konnten in Partnerarbeit durchgeführt werden.

Am Beginn trat der Hauptakteur unseres Unterrichtsmodells in Erscheinung, der Sperber. Nach einer kurzen biologischen Einführung und der Aufforderung, weitere Informationen über den besagten Vogel im Internet zu recherchieren, konnte gemeinsam mit den Schülern und Schülerinnen eine erste Auswahl an Populationsgrößen beeinflussenden Faktoren ermittelt werden: Abb. 8. Diese Faktoren werden allerdings in den einfacheren Ausführungen des Modells zunächst ignoriert.

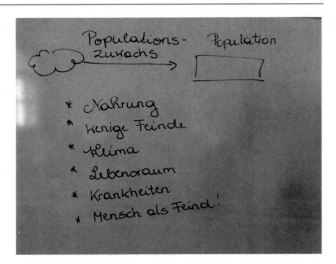

Abb. 8 Sammlung der Populationsgrößen beeinflussenden Faktoren

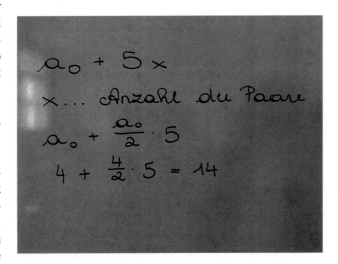

Abb. 9 Erarbeitung an der Tafel

In einer ersten Phase wurden die Schüler und Schülerinnen mit dem Zusammenhang der Anzahl der Brutpaare und der Anzahl der Nachkommen konfrontiert. Die Schüler und Schülerinnen wurden in einer ersten kleinen Übung aufgefordert, die Information, dass aus einem Brutpaar insgesamt sieben Vögel werden, als Formel aufzuschreiben. Didaktisch sollte so der aktuelle Wissensstand über Gleichungen abgefragt werden. Von einer Schülerin kam der Vorschlag, den Sachverhalt mit $a_0 + 5x$ aufzuschreiben (siehe Abb. 9). Ein grundsätzlich produktiver Vorschlag, allerdings musste an dieser Stelle dann geklärt werden, wofür die Variable x überhaupt steht, worauf die Schülerin antwortete, dass dies die Anzahl der Paare sei. Nach einer weiteren Überlegungsphase und einem Hinweis, man solle die Anzahl der Brutpaare, die am Anfang stehen, für die Berechnung der Nachkommen heranziehen, kam dann von einer Schülerin ein richtiger Ansatz, nämlich der, von der Anzahl der Vögel

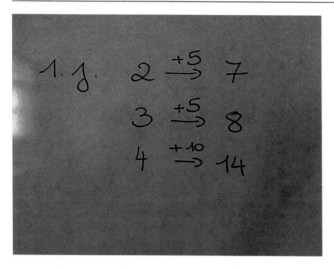

Abb. 10 Unterschied zwischen gerader und ungerader Anzahl der Tiere und der Zahl ihrer Nachkommen

auf die Anzahl der Paare zu schließen und diese dann mit der Anzahl der Nachkommen zu multiplizieren.

Nach ein paar weiteren Gedankengängen und ein paar Hinweisen meinerseits wurde die Formel als $a_n = a_0 \cdot 3{,}5^n$ zusammengefasst (vgl. Abschn. 2). Schnell kamen die Schüler und Schülerinnen beim Rechnen mit verschiedenen Brutpaarzahlen auf das „Problem der halben Vögel". Hier brachte eine Schülerin selbstständig eine allgemeine statistische Problematik zur Sprache und nannte in diesem Zusammenhang das Beispiel des „1,4 Kinder-Haushaltes" in Österreich. An der Tafel wurde der Sachverhalt dann wie in Abb. 10 erarbeitet und diskutiert. Die Rundungsproblematik stellte also für diese Schüler und Schülerinnen der elften Schulstufe keine große Herausforderung dar, zumal sie eigenen Angaben zufolge schon sehr oft mit gerundeten Zahlen arbeiten mussten, unter denen man sich aber durchaus etwas vorstellen konnte.

Nun folgte die Berechnung mit Tabellenkalkulation. Mit dem jährlichen Wachstumsfaktor von 3,5 wurde begonnen, mit den Schülern und Schülerinnen entsprechende Säulendiagramme zu zeichnen. Bei der Interpretation der Ergebnisse erkannten die Schüler und Schülerinnen den Sachverhalt des ungebremsten Wachstums selbstständig. Alle waren sich alle einig, dass dies keinesfalls die reale Situation widerspiegeln könne. Nun wurden die zuvor besprochenen eine Populationsgröße beeinflussenden Faktoren (Abb. 8) ins Spiel gebracht, zu allererst jener, dass, obwohl genügend Vögel vorhanden, nicht alle Paare zusammenfinden.

Die Anzahl der möglichen paarbildenden Sperber wurde in unserem Beispiel um 10 % verringert (vgl. Abschn. 3). Auch dieser Sachverhalt wurde gemeinsam mit den Schülern und Schülerinnen als Formel dargestellt. Vorher wurde das Prinzip des Wachstums- oder Verringerungsfaktors wiederholt. Die Bearbeitung von

$a_{n+1} = a_n + \frac{a_n \cdot 0{,}9}{2} \cdot 5 = 3{,}25 \cdot a_n$ mit Tabellenkalkulation machte keine nennenswerten Probleme. Nach kurzer Betrachtung der Wachstumskurve erkannten die Schüler und Schülerinnen schnell, dass die eingebaute Restriktion das Sperberwachstum zwar reduzierte, dieses aber dennoch über alle Maßen wuchs.

Als nächstes begannen wir das Alter als Todesursache zu berücksichtigen (vgl. Abschn. 4). Dieser einschränkende Faktor wurde in der zuvor stattgefundenen Gesprächsrunde von den Schülern und Schülerinnen nicht gefunden (vgl. Abb. 8). Wir reduzierten die Anzahl der Sperber, wie in Abschn. 4 vorgeschlagen, um 1/15. Das exponentielle Wachstum konnte auch mit dieser Vorgehensweise nicht gedämmt bzw. verändert werden. Eine Schülerin meinte dazu, dass ein exponentielles Modell ziemlich unrealistisch sei, denn dann gäbe es ja bald „schon fast mehr Sperber als Menschen auf der Erde". Mit dieser Erkenntnis wurde eine weitere Restriktion eingebaut.

So fügten wir als weitere Restriktion die Jagd bzw. den Faktor „Mensch als Feind", der schon zuvor von den Schülern und Schülerinnen gefunden worden war, hinzu (vgl. Abschn. 4 und Abb. 8). Dieser Aspekt wurde von den Schülern und Schülerinnen besonders kritisch betrachtet, da sie schnell von selbst auf die Frage gestoßen sind, was denn passiere, wenn von einer Population alle gleichgeschlechtlichen Vögel vom Menschen eliminiert werden würden. Wir einigten uns im Sinne der Modellierung darauf, nicht vom schlimmsten Fall auszugehen und rechneten die in Abschn. 4 vorgegebenen Fälle mit 20 bzw. 21 entnommenen Vögeln nach. Allerdings kann eine geringere Anzahl an gleichgeschlechtlichen eliminierten Vögeln eventuell zu einer viel bedrohlicheren Situation führen[2]. Die anschließend in Abschn. 4 vorgeschlagene Darstellung mithilfe einer rekursiven Formel wurde an dieser Stelle noch weggelassen.

Die Restriktionen im Sinne der dritten Verbesserung des didaktischen Konzeptes wurden in der anfänglichen Gesprächsphase bereits mit den Schülern und Schülerinnen durchdiskutiert (vgl. Abschn. 5 und Abb. 8). So konnten wir gleich zur Modellierung bzw. zur Erarbeitung der dazu benötigten Formeln aus Ossimitz (1990) übergehen. Mithilfe der angeführten Beispiele zur Berechnung von Freiraum und Populationszuwachs waren den Schülern und Schülerinnen die Zusammenhänge bzw. auch die damit verbundenen Versuche mit wechselnden Startwerten schnell klar.

Im Anschluss haben die Schüler und Schülerinnen selbstständig das logistische Wachstum als vielversprechende Möglichkeit der Populationsbeschreibung des Sperbers identifiziert. Nun begannen wir mit der rekursiven Formel $a_{n+1} = 2{,}5 \cdot a_n \cdot \left(1{,}4 - \frac{a_n}{30}\right)$ zu arbeiten (vgl.

---

[2]Sperber führen eine monogame Saisonehe: https://de.wikipedia.org/wiki/Sperber_(Art)#Fortpflanzung, Zugriff am 18.09.2020.

Abschn. 6). Den Schülern und Schülerinnen wurde die Bedeutung einer Rekursion durch die Implementierung in einer Tabellenkalkulation schnell klar. Nach einer kurzen Erklärung, was die Grundgleichung des logistischen Wachstumsprozesses bedeutet, begannen die Schüler und Schülerinnen, die Ergebnisse der Formel mit Hilfe einer Tabellenkalkulation grafisch darzustellen. Abb. 11 zeigt einen Screenshot der Berechnungen bzw. der Diagrammdarstellungen einer Schülerin.

An dieser Stelle begannen wir die Vor- und Nachteile von Säulen- bzw. Liniendiagrammen zu diskutieren. Die Schüler und Schülerinnen erkannten schnell, dass ein Liniendiagramm eine eventuelle Kontinuität in der Darstellung vorgaukeln könne, die den Graphen anders erscheinen ließ, als es vielleicht den empirischen Daten entsprach.

Daraufhin folgte eine eigenständige Phase des Experimentierens – wie in den Abschn. 4 und Abschn. 5 vorgeschlagen – mit verschiedenen Startwerten und Anzahlen der Sperberkinder. Schnell erkannten die Schüler und Schülerinnen mithilfe des Tabellenkalkulationsprogrammes, dass gewisse Werte zu keinen anstrebenswerten Resultaten im Sinne der Modellierung führten. Besonders interessant

fanden sie die Tatsache, dass bei Eingabe gewisser Werte die Oszillation gestoppt wurde. Das Auftreten solcher Verhaltensänderungen in logistischen Wachstumsprozessen beim Einsetzen bestimmter Parameter wurde mit den Schülern und Schülerinnen anschließend zum besseren Verständnis besprochen. Die Schüler und Schülerinnen waren sich einig, dass diese Form der Modellbildung um einiges aussagekräftiger sei als das exponentielle Wachstum.

Die abschließende Thematik aus dem Unterrichtsmodell zur Gegenüberstellung diskreter und stetiger Beschreibungen der Sachverhalte wurde mit den Schülern und Schülerinnen theoretisch erarbeitet (Abschn. 6). Die Aufstellung der gewöhnlichen Differenzialgleichung erster Ordnung erfolgte an der Tafel. Der Wechsel von einer diskreten zu einer kontinuierlichen Beschreibung stellte für diese Schüler und Schülerinnen der elften Schulstufe kein großes Verständnisproblem dar, zumal sie ein paar Monate zuvor eben dieses Thema im regulären (Mathematik-)Unterricht behandelt hatten.

Auf die abschließende Frage, welche Art der Modellierung nun wohl die bessere gewesen sei, antwortete eine Schülerin so: „Kommt drauf an, was man will!" Eine

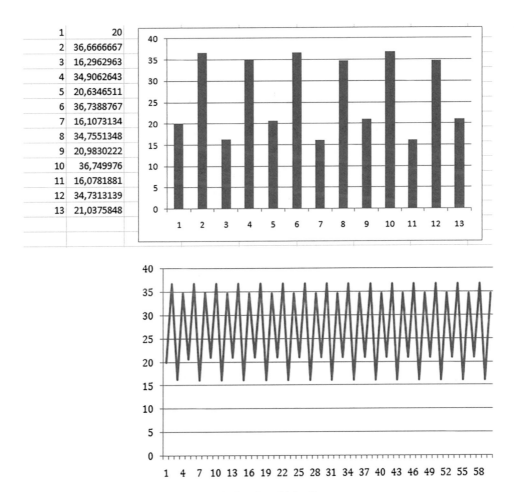

Abb. 11 Oszillierende Darstellung des Sperberwachstums als Säulen- bzw. Liniendiagramm

andere meinte: „Eigentlich war ja, fairerweise gesagt, nichts richtig, von dem was wir modelliert haben. Die Rekursion hat der Wahrheit aber mehr entsprochen als die Exponentialfunktion." Die Schüler und Schülerinnen erklärten, dass im Grunde genommen alle Modellierungen falsch seien, da man ja nie die Realität vollständig abbilden könne, wenn man dies aber in Betracht zöge, könne man trotzdem damit arbeiten. Sie hatten demnach das Prinzip von Modellen sehr genau internalisiert.

Literatur

Ableitinger, C.: Biomathematische Modelle im Unterricht. Fachwissenschaftliche und didaktische Grundlagen mit Unterrichtsmaterialien. Vieweg+Teubner, Wiesbaden (2010)

Bradley, D.M.: Verhulst's Logistic Curve. Coll. Math. J. **32**(2), 94–98 (2001)

Dürr, R., Ziegenbalg, J.: Dynamische Prozesse und ihre Mathematisierung durch Differenzengleichungen. Ferdinand Schöningh, Paderborn (1984)

Götz, S., Reichel, H.-C. (Hrsg.): Mathematik 8 von R. Müller und G. Hanisch. öbv, Wien (2013)

Millon, A., Nielsen, J.T., Bretagnolle, V., Møller, A.P.: Predator-prey relationships in a changing environment: the case of the sparrowhawk and its avian prey community in a rural area. J. Anim. Ecol. **78**(5), 1086–1095 (2009)

Newton, I.: A key factor analysis of a sparrowhawk population. Oecologia **76**(4), 588–596 (1988)

Newton, I.: Habitat variation and population regulation in Sparrowhawks. Ibis **133**(1), 76–88 (1991)

Newton, I.: The Role of the Individual Bird and the Individual Territory in the Population Biology of Sparrowhawks *Accipiter nisus*. In: Chancellor R.D., Meyburg, B.-U., Ferrero J.J. (eds.) Holarctic Birds of Prey, Proceedings of an International Conference, pp. 117–129. ADENEX & WWGBP, Mérida & Berlin (1998)

Newton, I., Rothery, P., Wyllie, I.: Age-related survival in female Sparrowhawks *Accipiter nisus*. Ibis **139**, 25–30 (1997)

Ossimitz, G.: Materialien zur Systemdynamik. Schriftenreihe Didaktik der Mathematik, Bd. 19. Hölder-Pichler-Tempsky, Wien (1990)

Ossimitz, G.: Entwicklung systemischen Denkens. Klagenfurter Beiträge zur Didaktik der Mathematik, Bd. 1. Profil, München-Wien (2000)

Steiner, H.: Aktuelle Schlüsselfragen im Artenschutz bei Vögeln: Bodenbrüter, Krähenvögel und Beutegreifer-Akzeptanz. Im Auftrag der Landesumweltanwaltschaft Oberösterreich. 69 S. https://www.ooe-umweltanwaltschaft.at/Mediendateien/Artenschutz_Bodenbruter.pdf (2014). Zugegriffen: 18. Sep. 2020

Zur anlasslosen Massenüberwachung

Jörg Meyer

1 Einleitung

Neulich stand in der Zeitung, dass ein deutscher Tourist nicht in die USA einreisen durfte, weil er auf die Frage des Grenzkontrolleurs, was er dort wolle, zur Antwort gab: „Ich möchte in Florida einen bombigen Urlaub verbringen" und der des Deutschen kaum mächtige Kontrolleur daraufhin meinte, der Tourist wolle in Florida Bomben legen. Ähnliche Missverständnisse sind zu erwarten, wenn Sicherheitsbehörden ohne Anlass E-Mails (oder Einträge in sozialen Netzwerken u. ä.) lesen und hellhörig werden, wenn sich jemand unbedarft über die Gefahren des „Terrorismus" äußert. Andererseits werden sich „wirkliche Terroristen" vermutlich nicht per E-Mail über ihre Pläne verständigen, sondern eher das Dark Net benutzen.

2 Tests auf eine seltene Krankheit

Strukturell hat man bei der anlasslosen Massenüberwachung dieselbe Situation wie beim anlasslosen Massentest auf eine bestimmte seltene Krankheit (Unterrichtsvorschläge dazu finden sich in Böer 1997, 2018; Meyer 2008, 2011, 2013). Welche Fehler dabei in welchem Maße entstehen können, lässt sich mit einer fiktiven Gesamthäufigkeit und einer Vierfeldertafel gut beurteilen. Das Beispiel in Tab. 1geht von 10.000 Einwohnern, einer Testzuverlässigkeit von 90 % und einem Gesamtanteil von 5 % wirklich Kranken aus.

Sollte der Test eine Person für „krank" halten, so ist sie wegen $\frac{450}{1400} \approx 0{,}32$ nur mit etwa 32 %-iger Wahrscheinlichkeit wirklich krank. Sollte andererseits der Test eine Person für „gesund" halten, so ist diese mit etwa 99 %-iger Wahrscheinlichkeit wirklich gesund. Diese Asymmetrie erklärt sich aus der geringen tatsächlichen Verbreitung der Krankheit: Es werden 10 % der wirklich Gesunden fälschlicherweise für „krank" erklärt (950 in Tab. 1), und das sind schon etwa doppelt so viele wie die wirklich Kranken.

3 Unsicherheiten beim Krankheitstest

Dieses bekannte Beispiel hat (mindestens) eine problematische Stelle: Woher kennt man den Prozentsatz p der wirklich Kranken in der Bevölkerung? Es wird sich nur um einen Schätzwert handeln können. Dass dieser Prozentsatz entscheidend ist, sieht man an der Vierfeldertafel in Tab. 2 und dem zugehörigen Graphen in Abb. 1; zur Abkürzung sei E die Einwohnerzahl. Mit p ist immer eine Zahl zwischen 0 und 1 gemeint, zu 5 % gehört dann $p = \frac{5}{100} = 0{,}05$.

Ist E hinreichend groß, lässt sich die bedingte Wahrscheinlichkeit prob(k|"k"), wirklich krank zu sein, wenn das Testergebnis dieses aussagt, durch die (von E unabhängige) zugehörige bedingte relative Häufigkeit $h(k|"k") = \frac{9 \cdot p}{1 + 8 \cdot p}$ abschätzen.

Es ist deutlich zu sehen, dass bei kleinen Werten von p die Wahrscheinlichkeit, wirklich krank zu sein, wenn der Test dieses aussagt, auch relativ klein ist. Ist hingegen p groß, ist auch das Testverfahren aussagekräftiger. Ist etwa $p = 0{,}5$, so kann die bedingte Wahrscheinlichkeit prob(wirklich krank | Test:"krank") durch die von E unabhängige bedingte relative Häufigkeit $h(k|"k") = \frac{9 \cdot 0{,}5}{1 + 8 \cdot 0{,}5} = \frac{4{,}5}{5} = 0{,}9$ abgeschätzt werden.

Auch die Zuverlässigkeit des Tests hat einen Einfluss; es seien

$q_1 := \text{prob}(\text{Test:"krank"} \mid \text{wirklich krank})$ und

$q_2 := \text{prob}(\text{Test:"gesund"} \mid \text{wirklich gesund})$.

Um nicht zu viele Abhängigkeiten betrachten zu müssen, wird der Einfachheit halber $q := q_1 = q_2$ gesetzt.

Tab. 3 zeigt die Vierfeldertafel für $p = 5\,\%$.

J. Meyer (✉)
Hameln, Deutschland
E-Mail: j.m.meyer@t-online.de

H. Humenberger und B. Schuppar (Hrsg.), *Neue Materialien für einen realitätsbezogenen Mathematikunterricht 7*, Realitätsbezüge im Mathematikunterricht, https://doi.org/10.1007/978-3-662-62975-8_10

Tab. 1 Zahlen zu einer seltenen Krankheit

	wirklich gesund	wirklich krank	
Test: „gesund"	8550	50	8600
Test: „krank"	950	450	1400
	9500	500	10.000

Tab. 2 Vierfeldertafel in Abhängigkeit vom Anteil der wirklich Kranken

	wirklich gesund	wirklich krank	
Test: „gesund"	$E \cdot (1-p) \cdot 0{,}9$	$E \cdot p \cdot 0{,}1$	$E \cdot (0{,}9 - p \cdot 0{,}8)$
Test: „krank"	$E \cdot (1-p) \cdot 0{,}1$	$E \cdot p \cdot 0{,}9$	$E \cdot (0{,}1 + p \cdot 0{,}8)$
	$E \cdot (1-p)$	$E \cdot p$	E

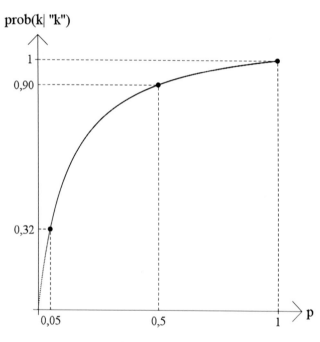

Abb. 1 Graph zu Tab. 2 in Abhängigkeit vom Anteil der wirklich Kranken

Die interessierende Wahrscheinlichkeit beträgt nun prob(krank | Test: "krank") $= \frac{q}{19 - 18 \cdot q}$, und zwar wieder unabhängig von E. Abb. 2 zeigt die Verhältnisse.

Hat ein Test die höhere Qualität $q = 0{,}95$, so steigt prob(krank | Test: "krank") nur auf den Wert 0,5 an.

Tab. 3 Vierfeldertafel in Abhängigkeit von der Testzuverlässigkeit

	wirklich gesund	wirklich krank	
Test: „gesund"	$E \cdot 0{,}95 \cdot q$	$E \cdot 0{,}05 \cdot (1-q)$	$0{,}05 \cdot E + 0{,}9 \cdot q \cdot E$
Test: „krank"	$E \cdot 0{,}95 \cdot (1-q)$	$E \cdot 0{,}05 \cdot q$	$0{,}95 \cdot E - 0{,}9 \cdot q \cdot E$
	$E \cdot 0{,}95$	$E \cdot 0{,}05$	E

4 Übertragung auf die anlasslose Massenüberwachung

Bei der *anlasslosen Massenüberwachung* ist der Anteil „echter Terroristen" in der Gesamtbevölkerung sehr schwer abzuschätzen, liegt aber sicher weit unter 5 %; hinzu kommt, dass aufgrund der offenen Grenzen dieser Prozentsatz nicht wirklich konstant sein wird.

Sehen wir uns den Ausschnitt nahe des Koordinatenursprungs näher an (Abb. 3).

Ersetzt man prob(tatsächlich krank | Test:"krank") durch prob(tatsächlich Terrorist | verdächtig), so sieht man an der Grafik, dass für kleine Prozentsätze „echter Terroristen" die Wahrscheinlichkeit, dass Leute zu Unrecht verdächtigt werden, sehr hoch ist. Ist bei einer Testqualität von 90 % nur jeder millionste Einwohner ein Terrorist, so hat man die Vierfeldertafel in Tab. 4; die Einwohnerzahl sei zehn Millionen.

Die Wahrscheinlichkeit, zu Unrecht verdächtigt zu werden, beträgt nach Voraussetzung 10 %, und die Wahrscheinlichkeit, dass ein Verdächtiger tatsächlich harmlos ist, lässt sich abschätzen durch h(wirklich harmlos | Test: verdächtig) $= \frac{999.999}{1.000.008} \approx 0{,}999991$. Es werden also fast alle Verdächtigen zu Unrecht verdächtigt.

5 Weitere Schwachpunkte

Ein schon angesprochener Schwachpunkt des Verfahrens besteht darin, dass der Prozentsatz der wahren Terroristen in der Gesamtbevölkerung (oder muss man die Gesamtheit aller Reisenden zugrunde legen?) nur grob geschätzt werden kann. Was ist überhaupt ein Terrorist? Jemand, der eine entsprechende Tat begangen hat oder plant, oder auch schon jemand, der eine solche Tat noch gar nicht einmal plant, es jedoch in Zukunft tun wird? Man beachte dazu Steven Spielbergs dystopischen Spielfilm „Minority Report", in

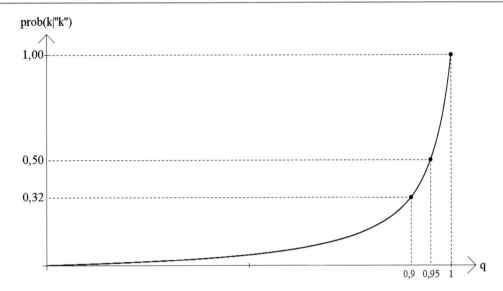

Abb. 2 Graph zu Tab. 3 in Abhängigkeit von der Testzuverlässigkeit

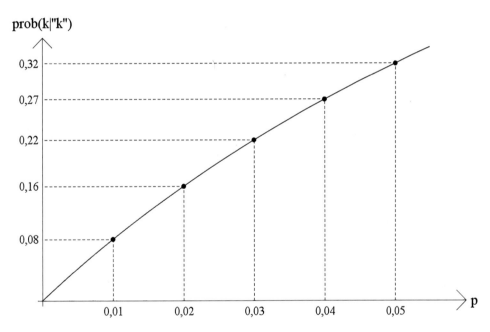

Abb. 3 Vergrößerter Ausschnitt aus Abb. 1

Tab. 4 Vierfeldertafel in Abhängigkeit vom Anteil wirklicher Terroristen

	wirklich harmlos	wirklich Terrorist	
Test: „unverdächtig"	8.999.991	1	8.999.992
Test: „verdächtig"	999.999	9	1.000.008
	9.999.990	10	10.000.000

dem die Polizei Menschen jagt, die – noch – nichts verbrochen haben.

Ein zweiter Schwachpunkt des geschilderten Verfahrens besteht darin, dass die Zuverlässigkeit der Tests auch nur eine schwer abzuschätzende Größe ist. Da selbst der Innenminister in seinen öffentlichen Reden Wörter wie „Terror", „Attentat", „Bombe" und dergleichen mehr benutzt, kann man nur sehr unsicher vom Gebrauch eines dieser Wörter auf die Terroristenverdächtigkeit schließen.

Damit ist man bei der vorletzten Grafik im Bereich $q < 50\,\%$, und dann kann man das Testen auch durch Raten ersetzen.

Damit beruht das anlasslose Überwachungsverfahren auf Größen, die nur grob abzuschätzen sind. Aber selbst wenn man diese genau kennen würde, würde das Verfahren wenig zuverlässige Resultate produzieren.

6 Wie macht man es besser?

So naiv, nach verdächtigen Vokabeln zu suchen, werden die Sicherheitsbehörden nicht sein, zumal die große Anzahl der zu Unrecht Verdächtigten das Verfahren auch unwirtschaftlich macht. Das ist anders als bei Massentests auf eine bestimmte Krankheit: Die Observation verdächtiger Personen ist kostenintensiver als eine weitere Untersuchung vermeintlich „kranker" Personen. Besser ist es, in E-Mails oder sozialen Netzwerken zu gucken, mit wem kommuniziert wird, um dann ggf. Verdächtige weiter beobachten zu können. Das ist dann nicht mehr anlasslos und auch keine Massenüberwachung.

Nicht zu unterschätzen ist das Problem, die große Anzahl der Daten verdächtiger Personen verarbeiten zu müssen. Ist der Test zu 90 % zuverlässig, wird etwa ein Zehntel der Bevölkerung als „verdächtig" eingestuft. Dass die Datenverarbeitung problematisch ist, erkennt man schon daran, dass häufig nach terroristischen Anschlägen gesagt wird, die Verursacher seien der Polizei schon bekannt gewesen. Und man sollte auch nicht vergessen, dass die DDR wohl derjenige Staat in Europa war, der am meisten über seine Bürger wusste und trotzdem von der Mächtigkeit der Protestaktionen in den späten 1980-er Jahren überrascht war. Andererseits ist man heute (2020) deutlich fortgeschrittener, wie man an der recht effizienten anlasslosen Massenüberwachung in China sieht. Natürlich muss jeder Staat Maßnahmen ergreifen, seine Bürger vor terroristischen Anschlägen zu schützen. Eine anlasslose Massenüberwachung mit dem alleinigen Fokus auf bestimmte Vokabeln eignet sich nicht dazu.

7 Fazit

Insgesamt sieht man, dass das Durchforsten von E-Mails ein Verfahren ist, bei dem alle Parameter unbekannt und nur Schätzwerte sind: Was ist ein Terrorist? Wie groß ist der Anteil der Terroristen in der Gesamtbevölkerung? Wie zuverlässig lässt sich vom Gebrauch bestimmter Wörter auf Terrorismus schließen? Dieses Unbekanntsein ist, wenn auch in deutlich kleinerem Maße, auch bei medizinischen Massentests der Fall: So gibt es Krankheiten, die man nicht mit 100 %-iger Sicherheit diagnostizieren kann, der Anteil der tatsächlich Kranken kann nur geschätzt werden, und auch die Tests sind nicht hundertprozentig zuverlässig. All dies ist auch bei der gegenwärtigen Covid-19-Pandemie der Fall: Man kennt weder den Anteil der Infizierten noch den Anteil der Kranken (nicht jeder Infizierte wird krank) noch die Zuverlässigkeit der Tests.

Literatur

Böer, H.: AIDS - Was ist von einem „positive" Test-Ergebnis zu halten? In: Blum, W., König, G., Schwehr, S. (Hrsg.) Materialien für einen realitätsbezogenen Mathematikunterricht (Schriftenreihe der ISTRON-Gruppe), Bd. 4, S. 38–57. Franzbecker, Hildesheim (1997)

Böer, H.: AIDS - Was ist von einem positiven Test-Ergebnis zu halten? In: Siller, S., Greefrath, G., Blum, W. (Hrsg.) Neue Materialien für einen realitätsbezogenen Mathematikunterricht 4, S. 111–124. Springer Spektrum, Wiesbaden (2018)

Meyer, J.: Bayes in Klasse 9. In: Eichler, A., Meyer, J. (Hrsg.) Anregungen zum Stochastikunterricht, Bd. 4, S. 123–135. Hildesheim, Franzbecker (2008)

Meyer, J.: Zweistufige Zufallsexperimente - Spannender, als man vermutet. Praxis der Mathematik **39**, 19–24 (2011)

Meyer, J.: Zweistufige Zufallsexperimente – Ein dynamischer Zugang. Praxis der Mathematik **54**, 45–47 (2013)

Wie Rationalität verschwinden kann

Jörg Meyer

1 Einführung

Die folgenden Beispiele bilden nicht das Skelett einer Unterrichtseinheit. Man kann als Lehrperson die Frage[1] stellen: „Kann es sein, dass drei Personen alle in sich folgerichtige Ansichten haben und dass trotzdem bei Abstimmungen großer Unsinn entsteht?" So ohne weitere Angaben werden die Schülerinnen und Schüler ratlos sein; um auf Ideen zu kommen, kann eines der folgenden Beispiele präsentiert werden. Dabei können die Schülerinnen und Schüler erfahren, wie man geschickt manipuliert, um ein gewünschtes Gesamtergebnis zu erhalten. Wenn Lernende zur Kritikfähigkeit erzogen werden sollen, dass müssen sie selber erlebt haben, mit welch einfachen Methoden Manipulationen möglich sind.

Mit hoher Wahrscheinlichkeit können einige der Lernenden weitere Beispiele konstruieren und so erfahren, dass eine rationale Ausgangssituation durchaus zu einer irrationalen Conclusio führen kann.

Dieses Phänomen begegnet den Neuntklässlern im Mathematikunterricht sogar mit derselben Vokabel, aber in anderer Bedeutung: Eine Argumentation anhand eines Quadrats oder eines Fünfecks führt dazu, dass man den Bereich der rationalen Zahlen verlassen muss. Nun ist zwar „rational argumentieren" überhaupt nicht deckungsgleich mit „rationale Zahlen verwenden", aber es gibt neben der gemeinsamen Vokabel auch die Gemeinsamkeit, dass der Rationalitätsbereich mitunter verlassen wird.

Gleichwohl ist eine definitive Zuordnung der folgenden Beispiele zu einer bestimmten Klassenstufe nicht sinnvoll.

[1]Ich danke Hans-Peter Kolb (Hannover), der mich auf diese Struktur aufmerksam gemacht hat.

J. Meyer (✉)
Hameln, Deutschland
E-Mail: j.m.meyer@t-online.de

Beispiel 1

Heinrich, Wolfgang und Leopoldt haben jeder für sich einen gleichen Geldbetrag zurückgelegt. Sie wollen mit dem Gesamtbetrag gemeinsam an der Börse spekulieren und legen vorab die Regel fest, nach denen sie Aktienkäufe vornehmen wollen: Sie wollen nämlich genau dann eine Aktie eines Unternehmens kaufen, wenn sie einen Kursgewinn erwarten. Hören wir, wie das letzte Gespräch verlief:

Heinrich: „Der Fußballverein WeißRot Trinken ist ja bekanntlich mein Lieblingsverein. Man kann jetzt günstig Aktien von WeißRot kaufen. Aktien von WeißRot zu besitzen, habe ich mir schon als Kind gewünscht. Da die in letzter Zeit nur gewonnen haben, wird der Kurs steigen. Wir sollten daher auf jeden Fall ein Aktienpaket erwerben. Das entspricht auch unserer Regel."

Wolfgang: „Die Regel ist sinnvoll. Ich meine aber, dass der Verein in letzter Zeit schwache Gegner hatte und vermutlich die nächsten Spiele verlieren wird. Dann wird die Aktie in den Keller gehen, und wir sollten nicht kaufen."

Leopoldt hat gar nicht richtig zugehört und meint: „Ich war auch schon immer Fan von WeißRot und wollte auch schon immer Aktien dieses Vereins haben, egal, zu welchem Preis. Jetzt haben wir die Gelegenheit dazu. Ich glaube zwar auch nicht, dass die Aktie steigt, aber man muss die Regel ja nicht immer so dogmatisch anwenden."

Man kann die Argumentationen wie in Tab. 1 zusammenfassen:

Alle drei Freunde argumentieren völlig rational. Da sie sich nicht einigen können, wird abgestimmt mit dem Ergebnis: Obwohl mehrheitlich kein Kurs-gewinn erwartet wird, wird das Aktienpaket trotzdem entgegen der von den meisten bejahten Regel gekauft. Die Mehrheitsentscheidung ist nicht mehr in sich konsistent und damit irrational.

Man braucht die Überlegung nicht auf drei Leute zu beschränken. 100 Personen teilen sich in drei un-terschiedlich große Gruppen auf; die beiden ersten Gruppen bestehen aus 49 und die dritte Gruppe aus nur 2 Personen (Tab. 2).

Die Mehrheit erwartet keinen Gewinn, will aber kau-fen, obwohl von fast allen die Regel für sinnvoll gehalten wird. Dies Beispiel zeigt, wie eine relativ kleine Gruppe von nur zwei Personen bewirken kann, dass die Kaufgier größer ist als der Verstand, obwohl sich jede Person rati-onal und vernünftig verhält. Die beiden großen Gruppen müssen nur etwa gleich stark sein. ◄

Tab. 1 Zusammenfassung der Argumentationen in Beispiel 1

	Gewinnerwartung	Regel	Kaufen
Heinrich	+	+	+
Wolfgang	−	+	−
Leopoldt	−	−	+

Tab. 2 Erweiterung von Beispiel 1

	Gewinnerwartung	Regel	Kaufen
1. Gruppe	49	49	49
2. Gruppe	0	49	0
3. Gruppe	0	0	2

Tab. 3 Zusammenfassung von Beispiel 2

	B kurz vor Mittag	A, B gleichzeitig	A kurz vor Mit-tag
1. Zeuge	+	+	+
2. Zeuge	−	+	−
3. Zeuge	−	−	+

Gestern um die Mittagszeit stießen auf einer Kreuzung die Autos A und B zusammen. Es gab drei Zeugen.

Zeuge 1: Beide Autos fuhren kurz vor Mittag gleichzeitig auf die Kreuzung.

Zeuge 2: Beide Autos fuhren kurz nach Mittag gleichzeitig auf die Kreuzung.

Zeuge 3: A fuhr kurz vor Mittag und B kurz nach Mittag auf die Kreuzung.

Die Polizei ist verwirrt und hält es für sinnvoll, das für wahr zu halten, was die Mehrheit der Zeugen sagt. Sehen wir uns das an:

Die meisten Zeugen sagen: Beide Autos waren gleichzeitig.

Die meisten Zeugen sagen: A kam vor Mittag.

Die meisten Zeugen sagen: B kam nach Mittag.

Obwohl jede der Zeugenaussagen in sich konsistent war, ist das Gesamtergebnis in sich widersprüchlich und so-mit nicht rational (unabhängig davon, ob die Zeugen die Wahrheit gesagt haben oder nicht). Man hat dasselbe Schema wie beim ersten Schema in Beispiel 1 (Tab. 3).

Beispiel 2 lässt sich ausbauen: Gestern am spä-ten Abend fuhr ein Auto auf ein anderes Auto und be-schädigte dieses. Es gab sieben Zeugen. Die Aussa-gen sind in der Tab. 4 zusammengefasst; die Fragezei-chen deuten an, dass der jeweilige Zeuge sich nicht sicher war.

Auch hier ist die Polizei ratlos und stellt fest: Die große Mehrheit hat den Fahrer nicht sicher telefonie-ren gesehen, auch dass er nicht nach vorne guckte oder zu schnell gewesen wäre, hat nur jeweils eine Minder-heit behauptet. Die Mehrheit hat den Fahrer nicht beim ausführlichen Gähnen beobachten können, und bezüg-lich des Lichts oder des Alkoholeinflusses gab es keine belastbaren Aussagen. Mit diesen Aussagen würde je-der Richter den Fahrer freisprechen. Gleichwohl war die

Tab. 4 Ausbau von Beispiel 2

	Fahrer telefonierte	Fahrer guckte nicht nach vorn	Fahrer fuhr zu schnell	Fahrer hatte Schuld	Fahrer gähnte ausgiebig	Fahrer hatte kein Licht an	Fahrer schien nicht nüchtern
1. Zeuge	+	+	+	+	−	?	?
2. Zeuge	−	+	+	+	+	?	?
3. Zeuge	−	−	+	+	+	+	?
4. Zeuge	−	−	−	+	+	+	+
5. Zeuge	−	−	−	?	−	?	?
6. Zeuge	?	−	−	?	−	?	?
7. Zeuge	?	?	−	?	−	?	?

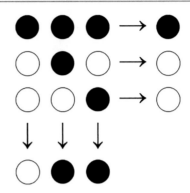

Abb. 1 Unterschiedliche Einteilungen der Wahlkreise

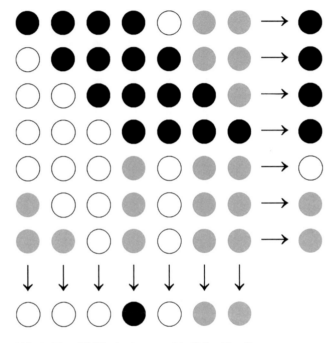

Abb. 2 Neun Wahlkreise in unterschiedlichen Einteilungen

Mehrheit der Zeugen mit Recht von der Schuld des Fahrers überzeugt (denn für jeden Zeugen bilden die Pluszeichen die Mehrheit) und würde einen Freispruch nicht nachvollziehen können. ◄

Beispiel 3

Bei einer Wahl treten die beiden Kandidaten Schwarz und Weiß an. Es gibt 9 Wählerinnen und Wähler, und das Land ist in drei gleich große Wahlkreise eingeteilt. (Natürlich gibt es bei 9 Personen keine Notwendigkeit, diese in Wahlkreise einzuteilen. Anders ist es, wenn man alle Zahlen mit 100.000 multipliziert und anschließend an den Ergebnissen etwas „wackelt".)

Die Wahlkreise lassen sich horizontal oder vertikal anordnen; das Wahlverhalten (Abb. 1) orientiert sich an den jeweils ersten Schemata von Beispiel 1 und Beispiel 2:

Weiß siegt in den meisten Zeilen, Schwarz siegt in den meisten Spalten und auch insgesamt.

Hier wird durch die Wahlkreiseinteilung nach Zeilen der Wählerwunsch nicht konsistent abgebildet. Solche Wahlkreiseinteilungen ermöglichen natürlich Manipulationen.

Auch dieses Beispiel lässt sich ausbauen: Es gibt 3 Kandidaten (Schwarz, Weiß und Grau). 49 Wählerinnen und Wähler werden in 7 Wahlkreise aufgeteilt mit den Ergebnissen von Abb. 2.

Schwarz gewinnt die Mehrheit der horizontalen Wahlkreise, Weiß die Mehrheit der vertikalen Wahlkreise, und Grau hat die meisten Stimmen. Der Wahlsieger hängt von der Methode ab, wie man den Sieger ermittelt. ◄

Big data – small school

Oder: Likert-Skalen, Kaufempfehlungen, soziale Netzwerke, das Skalarprodukt und all das

Reinhard Oldenburg

1 Daten – ein Rohstoff? Auch für den Unterricht?

In der politischen Diskussion ist die Bedeutung der Digitalisierung zum Allgemeinplatz geworden. Was hinter big data, künstlicher Intelligenz und all den anderen schillernden Begriffen steckt, scheint aber nicht immer klar zu sein. Es gibt zwar einige populärwissenschaftliche Bücher (z. B. das empfehlenswerte von Mayer-Schönberger und Cukier 2013, und das etwas polemische, aber sehr informative von O'Neil 2016), aber auf dieser Basis versteht man vermutlich zu wenig, um einzuschätzen, welche Möglichkeiten es in Zukunft geben wird, sei es, um selbst mit big data Geld zu verdienen, oder sei es, um politische Regulationsbestrebungen einzuschätzen). Ein bemerkenswertes Vorhaben zur Elementarisierung einiger der Methoden dieses Bereichs unternimmt das Projekt ProDaBi (https://www.prodabi.de/) – allerdings überwiegend aus informatorischer Perspektive. Es bleibt also ein Bildungsbedarf und für den Mathematikunterricht die Frage, ob er auch etwas beitragen kann, um diese neuen Möglichkeiten zumindest teilweise zu erschließen.

Die digitale Welt konfrontiert uns mit vielen scheinbar intelligenten Prozessen. Verblüffenderweise reicht in vielen Fällen sogar Schulmathematik aus, zumindest Prinzipien zu verstehen. Kombiniert mit Fähigkeiten, die der Informatikunterricht vermitteln kann, können viele Ideen sogar selbst realisiert werden. Programmieren kostet aber Zeit, erst im Erlernen (einer der Gründe, weswegen es längst nicht in allen Bundesländern verpflichtend ist), dann in der Anwendung. Nicht nur das, es gibt viele Jugendliche, die gar nicht Programmieren lernen wollen. Kann man trotzdem konkrete und nützliche Vorstellungen über die Bedeutung der Mathematik in diesem Feld vermitteln?

Ein zweites Problem ist offensichtlich: Daten als Rohstoff schaufeln die großen Internetunternehmen im Terabytebereich täglich durch die Welt. Sie haben darauf Zugriff, weil Milliarden von Menschen im Gegenzug für gute Suchergebnisse oder einen scheinbar kostenlosen Auftritt in einem sozialen Netzwerk bereitwillig durch Klick „unterschreiben", dass ihre Daten genutzt werden dürfen. In Schulen aber ist man an Datenschutzgesetze gebunden – von beschränkter Rechenleistung und Speicherkapazität mal ganz zu schweigen.

Damit ergibt sich ein didaktisches Problemfeld: Die erste Frage ist, auf welcher „Auflösungsstufe" man die Zusammenhänge der digitalen Welt vermitteln sollte, wie Lernende sie verstehen sollten. Diese Frage, die der passenden Auflösungsstufe, betrifft auch andere Wissenschaften. In der Biologie kann man einen Organismus, seinen Stoffwechsel, seine Steuerungsprozesse auf molekularbiologischer Ebene verstehen, und das ist für einige Fragen die passende Auflösungsstufe, für andere ist sie aber völlig ungeeignet. Wenn man einen Organismus als Ganzes verstehen will oder sogar ganze Ökosysteme, die sich aus sehr vielen Individuen zusammensetzen, dann ist eine wesentlich größere Brille geeigneter, um die relevanten Dinge in den Blick nehmen zu können. Ganz ähnlich liegen die Dinge in der Informatik. In den siebziger und achtziger Jahren war man weitgehend der Meinung, dass man Schüler*innen die Funktionsweise von Computern von der elementaren physikalischen Hardware an erklären sollte. Ausgehend von dem Aufbau der Atome und dem Phänomen der elektrischen Leitfähigkeit, die sich bei Halbleitern durch äußere elektrische Felder leicht beeinflussen lässt, wurde vermittelt, wie sich damit Schalter realisieren lassen und wie mit diesen Schaltern elementare boolesche Funktionen berechnet werden. Aus zwei NAND-Gattern konnte man ein Flipflop bauen, das 1 Bit speichert. Diese wurden aggregiert zu größeren Speichern, die über einen Adressbus angesteuert werden konnten. Es wurde geklärt, wie man mit elementaren Gatterschaltungen die Grundrechenarten umsetzt und

R. Oldenburg (✉)
Institut für Mathematik, Universität Augsburg, Augsburg, Deutschland

wie ein Taktgeber und ein paar weitere Speicher einen einfachen Prozessor ergeben, der zusammen mit dem Arbeitsspeicher einen universellen Computer darstellt. Es zeigte sich aber bald, dass dieses Verständnis der digitalen Hardware keineswegs nötig war, um mit Computern angemessen umgehen und diese sogar programmieren zu können. Statt eines solchen technischen Detailwissens braucht man offensichtlich nur geeignete mentale Modelle, um auf der Ebene der Interaktion mit dem System kompetent handeln zu können. Beispiel: Um über die elektronische Gesundheitskarte diskutieren zu können, benötigt man keineswegs technisches Wissen über Datenbanken, sondern es reicht aus, über die lokale Speicherung von Daten und die Kommunikation über das Netzwerk Bescheid zu wissen. Damit kann man beispielsweise beurteilen, welche Folgen unzureichend gewählte Passwörter in diesem Bereich haben können und kann mitentscheiden, welche Personengruppe Schreib- bzw. Leserechte für welche Teildatensätze bekommen sollten. Für den Mathematikunterricht ergibt sich die gleiche Fragestellung in einer noch dringlicheren Form: Auch wenn klar ist, dass die Digitalisierung ohne eine breite mathematische Fundierung nicht funktionieren würde, stellt sich die Frage, ob der Mathematikunterricht relevante mathematische Grundlagen vermitteln kann, ob er erfolgreich aufzeigen kann, welche Rolle die Mathematik in der Digitalisierung spielt, und ob dieses Wissen zu einem besseren Verständnis der Bedeutung der digitalen Transformation für die Gesellschaft als Ganzes führt – d. h. ob auf einer passenden Auflösungsstufe die Mathematik überhaupt sichtbar ist. Die Frage ist also letztlich, ob und wie Mathematik für eine digitalisierte Gesellschaft allgemeinbildend unterrichtet werden kann.

Die zweite Frage ist praktischer Natur und deutlich einfacher zu beantworten. Welche Themen lassen sich im Schnittfeld der rechtlichen und technischen Möglichkeiten der Schule und den mathematischen wie informatorischen Fähigkeiten von Schüler*innen intellektuell ehrlich vermitteln?

Diese beiden Fragen sind m. E. wichtig, aber auch kompliziert. Der vorliegende Beitrag wird keine finalen Antworten geben können, sondern exemplarisch eine gestufte oder modularisierte Strategie verfolgen, die eine mögliche Antwort darstellt. Diese Strategie der gestuften Komplexität besteht darin, dass man in einer Abfolge von whitebox-blackbox-Schritten Bausteine kombiniert und dabei die Auflösungsstufe wechselt. Diese Art der Wissensmodularisierung entspricht der Modularisierung großer Softwareprojekte und ist von daher auch ein methodologisch legitimes Lehrziel.

Exemplifiziert wird dies im vorliegenden Beitrag durch das Themenfeld der Empfehlungen auf der Basis sozialer Daten.

2 Daten – Rohstoff-Gewinnung

Wenn man Menschen Empfehlungen geben will, muss man etwas über diese Menschen wissen. Es gibt verschiedene Möglichkeiten, an Daten zu kommen, die dieses Wissen liefern. Die offenste Form ist die einer Befragung. Wenn man mit Schüler*innen diskutiert, wie Studien zur Ermittlung von Präferenzen aussehen könnten, ergeben sich meist zwei einfache Formen. Eine Möglichkeit ist, dass man die Teilnehmer*innen an der Studie einfach aufschreiben lässt, welche Dinge oder Eigenschaften sie gerne haben. Das Ergebnis ist für jede Teilnehmer*in eine Menge von Objekten (oder Begriffen). Für eine systematische oder auch mit dem Computer automatisierte Auswertung ist es sinnvoll, diese Datenstruktur formal zu fassen: Man ermittelt für jede Proband*in eine *Menge* von Begriffen oder Objekten. Eine andere sehr verbreitete Möglichkeit ist die, Begriffe oder Aussagen vorzugeben und die Probanden auf einer Skala einschätzen zu lassen, wie sehr sie diese Dinge mögen oder bestimmten Aussagen zustimmen. Die Skalen können frei sein, sodass die Probanden eine beliebige Zahl (aus einem vorgegebenen Intervall) angeben können, oder man gibt ihnen eine Skala von Zustimmungsmöglichkeiten vor, zum Beispiel „ich stimme der Aussage ganz zu", „ich stimme der Aussage weitgehend zu", „ich bin neutral" und so weiter. Solche Skalen nennt man Likert-Skalen. Die Ergebnisse lassen sich leicht als Zahlen fassen.

Zwei Beispiele für die beiden Typen:

Beispiel 1: Jeder Lernende der Klasse (es seien nur fünf) nennt Sportarten, die ihm/ihr gefallen.

Anna: Tennis, Ski, Schwimmen, Minigolf, Schach
Berta: Joggen, Radfahren, Schwimmen, Inliner, Ski
Clara: Schwimmen, Tennis, Ski, Schach, Volleyball
Dora: Joggen, Judo, Radfahren, Inliner
Elena: Inliner, Radfahren, Judo, Klettern, Schwimmen

Beispiel 2: Wie sehr magst Du die Sportarten? 0 = „gar nicht"… 5 = „sehr"

SoS	Ski	Tennis	Schach	Judo	Klettern	Inliner	Radfahren	Schwimmen
Anna	4	5	3	1	2	0	0	5
Berta	1	2	0	2	1	3	4	4
Clara	5	5	4	2	1	2	1	5
Dora	2	1	1	5	0	4	5	0
Elena	3	2	0	3	4	0	3	4

Damit sind zwei Datenstrukturen gewonnen, die man in Umfragen erheben kann. Beiden Optionen ist gemein, dass man eine bestimmte Anzahl n von Personen oder Fällen hat, denen etwas zugeordnet wird:

1. Jedem Probanden $i \in \{1, ..., n\}$ wird eine Menge von Objekten M_i (z. B. Begriffe) zugeordnet.
2. Jedem Probanden $i \in \{1, ..., n\}$ wird ein Vektor $v_i \in \mathbb{R}^k$ zugeordnet, bei dem die j-te Komponente $v_{ij}, j \in \{1, ..., k\}$ den Skalenwert des i-ten Probanden bei der j-ten Frage angibt.

Bei der ersten Art der Daten könnte man noch eine Variante erfinden, bei der Mehrfachnennungen erlaubt sind (was z. B. eine Gewichtung ausdrücken kann: „Ich mag Schokolade, Schokolade, Schokolade und nix"), sodass bei jedem Begriff oder Objekt auch eine Anzahl gespeichert wird (technisch gesprochen: Man ersetzt Mengen durch Multimengen).

Bei der zweiten Art der Datenerhebung kann sich das interessante Problem ergeben, dass eine Proband*in auf eine Frage nicht antwortet. Dann muss man sich überlegen, wie man damit umgeht. Entweder die Proband*in wird nicht in die Auswertung einbezogen, oder man nimmt beispielsweise einfach einen mittleren Wert statt der fehlenden Antwort an. Zu welchen Verzerrungen diese Möglichkeiten führen, ist ein interessanter Diskussionsanlass. Auch in der professionellen Statistik ist dieses Problem vielfältig untersucht (Stichwort: Imputation).

Daten dieser Bauarten können auch im Kurs oder der Klasse leicht erhoben werden. Umfragen des ersten Typs beispielsweise können erheben, welche Sportarten oder Musikstücke man mag. Fragen, die sich für den zweiten Typ eignen sind etwa, wie sehr man einige vorausgewählte Künstler*innen mag oder wie man zu politischen Aussagen steht. Nicht mehr Sache der Mathematik, aber trotzdem wichtig und auch in der Schule behandelbar, ist die Frage, wie man im größeren Maßstab an solche Daten herankommt. Im Internet fallen ganz natürlich viele solcher Datenmengen an. Daten des ersten Typs beispielsweise gewinnt eine Versandhändler*in, indem er/sie betrachtet, welche Produkte jede Kund*in bisher gekauft hat. Die Variante, bei der auch Häufigkeiten berücksichtigt werden können, eignet sich beispielsweise für eine Mail-Provider*in, die/ der auszählt, welche Worte wie häufig von seinen Kund*innen genutzt werden. Daten des zweiten Typs gewinnt ein soziales Netzwerk, wenn es für jede Benutzer*in notiert, wie häufig er/sie bestimmte Angebote nutzt. Im Informatikunterricht kann besprochen werden, wie man solche Daten aus dem Internet legal auch im Schulunterricht erheben kann – das ist für den Mathematikunterricht nicht zentral.

Exkurs Big data ist ein sehr variabler Begriff, der sich letztlich auf alle Bereiche erstreckt, in denen große (und von Hand nicht mehr beherrschbare) Datenmengen mit-hilfe von Computern verarbeitet werden können. An große Datenmengen heranzukommen ist keineswegs schwierig. Eine Möglichkeit sind Webcams: Diese liefern zu jedem Zeitpunkt eine Matrix von Helligkeitswerten der drei Farbkanäle. Einfache statistische Kenngrößen bekommen dabei eine greifbare Bedeutung: Der Mittelwert der Werte ist das, was man in der Technik als Bildhelligkeit kennt, und die Standardabweichung ist der Kontrast. Die Daten können in das zweite Szenario eingebettet werden: Jedem Zeitpunkt i wird ein Vektor mit Pixeldaten zugeordnet.

Andere Daten verdankt man dem Trend zu open data: Viele politische und wissenschaftliche Institutionen stellen Daten bereit. Beim Deutschen Wetterdienst kann man etwa für die meisten Stationen ein Tagesprotokoll abrufen, auf dem für jeden Tag der letzten Jahrzehnte eine Reihe von Wetterdaten (Tageshöchst- und -minimaltemperatur, Niederschlagsmenge, Windstärke und -richtung, Luftfeuchtigkeit, …) verzeichnet sind. Auch dieser Datensatz lässt sich dem obigen Format 2 zuordnen, und das wird in einem Beispiel weiter unten verwendet werden.

Soweit zur Datengewinnung: Es zeigt sich, dass Tabellen zwar nicht für alle Situationen, aber doch für recht viele zur Datenmodellierung geeignet sind. Damit kann die genaue Analyse der Situation in einer Blackbox verschwinden und man konzentriert sich auf Analysemethoden, die diese Form voraussetzen. Das zeigt, dass die dann erarbeiteten Methoden unabhängig von der konkreten Situation nützlich sein können. Lernende können also das Modularisierungsprinzip ein weiteres Mal erfahren, das die moderne Wissenschaft und Technik so erfolgreich gemacht hat. Aus didaktischer Sicht ist die Einsicht wichtig, dass die Abstraktion durch die Bildung der Blackbox keine Einbahnstraße sein sollte: Wenn man überlegt, wie man die Daten auswertet, kann es sinnvoll sein, wieder in die Blackbox hineinzuschauen.

3 Daten – Vermessung

Die Vielfalt der möglichen Datenauswertungen ist kaum überschaubar. Lernende verfügen in der Sekundarstufe II bereits über viele statistische Verfahren und Begriffe, die sich hier anwenden lassen: Mittelwerte, Häufigkeiten, etc., … Aber in diesem Kontext liegen viele Fragen nahe, die sich mit den üblichen Mitteln der Schulstatistik nicht gut beantworten lassen. In dem Sport-Beispiel aus dem vorhergehenden Abschnitt könnte man beispielsweise folgende Fragen stellen: Gibt es Gruppen von Schüler*innen, die besonders gut gemeinsam Sport betreiben können? Gibt es zueinander ähnliche Sportarten, die die gleichen Menschen ansprechen? Welche Sportarten, die sie noch nicht mögen oder betreiben, könnte man den Schüler*innen noch vorschlagen?

Der entscheidende Begriff, mit dem man hier weiter-
kommt, ist der der Ähnlichkeit. Wenn man aus den statistischen Daten ermitteln kann, wie ähnlich zwei Personen
oder wie ähnlich zwei Sportarten einander sind, dann kann
man Empfehlungen geben.

In Beispiel 1: Welche Schüler*innen sind in ihrem Sport-
verhalten einander besonders ähnlich? Bei solch kleinen
Datenmengen kann man durch „darauf Schauen" einen guten Überblick bekommen und es mag an der Motivation
fehlen, ein berechenbares Ähnlichkeitsmaß zu haben. Hier
hilft die Perspektive auf „big data", man weiß ja, dass die
großen Internet-Unternehmen gigantische Datenmengen
bewerten müssen. Noch größer dürfte die Motivation sein,
wenn im Informatikunterricht solche Auswertungen auch
programmiert werden.

Wie könnte man mit einem Zahlenwert erfassen, wie
ähnlich Anna und Berta einander in ihren freien Nennun-
gen in Beispiel 1 sind? Eine naheliegende Idee ist, die Anzahl der Übereinstimmungen zu nehmen (das wären zwei).
Wenn es nun aber eine weitere Schüler*in gäbe, die extrem
viele Sportarten aufgeschrieben hätte, ergäbe sich automatisch eine hohe Überschneidungszahl, d. h. es ist sinnvoll,
relativ zur Gesamtzahl der genannten Sportarten zu rechnen:

Ähnlichkeit Anna, Berta $= \frac{2}{5+5-2} = \frac{2}{8} = 0{,}25$

Diese Zahl nennt man den Tanimoto-Koeffizienten. Er
misst die Ähnlichkeit zweier Mengen M_i, M_j gemäß der
Formel: $T = \frac{|M_i \cap M_j|}{|M_i \cup M_j|}, 0 \leq T \leq 1$.

Damit lässt sich eine Ähnlichkeitsmatrix aufstellen:

	Anna	Berta	Clara	Dora	Elena
Anna	1	0,25	0,67	0,00	0,11
Berta	0,25	1	0,25	0,50	0,43
Clara	0,67	0,25	1	0,00	0,11
Dora	0,00	0,50	0,00	1	0,50
Elena	0,11	0,43	0,11	0,50	1

Eine offene Fragestellung ist, wie man vorgeht, wenn neben den Objekten selbst auch eine Häufigkeit erfasst wird
(z. B. „Nenne Sportarten und gib an, wie oft du sie im letzten Jahr betrieben hast"). Es gibt naheliegende Antworten,
die hier aber nicht verraten werden sollen. Es ist gerade
eine schöne Eigenschaft dieses Themas, dass es bei vielen
Fragen nicht die eindeutig richtige Lösung gibt. Stattdessen
kann man sich verhältnismäßig leicht Dinge ausdenken, und
letztlich entscheidet die Praxis, was am erfolgreichsten ist.

Eine analoge Auswertung im zweiten Fall (Beispiel 2)
erfordert ein Ähnlichkeitsmaß für Vektoren $u, v \in \mathbb{R}^k$. Dafür gibt es viele Kandidaten. Eine Idee ist, den euklidischen
Abstand der Vektoren zu nehmen: $d_1(u, v) := |u - v|$. Das
ist in vielen Anwendungen gut, aber man denke an folgende

Konstellation: Zwei Schüler*innen bewerten vorgelegte
Sportarten auf einer Skala von 0 bis 20 mit den Werten
(9,15,0,12) und (12,20,0,16). Dann haben sie die gleichen
Vorlieben, aber ihr Abstand erscheint doch groß. Deswegen
kann es besser sein, die Vektoren erst zu normieren:

$$d_2(u, v) := \left| \frac{u}{|u|} - \frac{v}{|v|} \right|.$$

Stellt man sich die Datenvektoren als geometrische Vektoren in einem hochdimensionalen Raum vor, könnte Ähnlichkeit bedeuten, dass die Vektoren in die gleiche Richtung
zeigen. Aus dieser Idee folgt die Messung der Ähnlichkeit über das Skalarprodukt: $d_3(u, v) := -u \cdot v$. Das negative Vorzeichen polt den Wert so, dass wie bei d_1, d_2 kleine
Werte für hohe Ähnlichkeit stehen. Auch hier gibt es aus
den gleichen Gründen die Idee, die Vektoren erst zu normieren:

$$d_4(u, v) := -\frac{u}{|u|} \cdot \frac{v}{|v|}.$$

Das Beispiel mit den Vektoren (9,15,0,12) und
(12,20,0,16) zeigte, dass die absolute Länge u. U. nicht re-
levant ist. Bei Likert-Skalen zeigen einige Menschen die
Tendenz, höhere Werte anzukreuzen als andere, obwohl
sie aber vermutlich etwas Ähnliches meinen. Das Problem
kann als ein Faktor auftreten, der wie oben durch Division
eliminiert wird, es kann aber auch als Summand auftreten.
Es kann daher ratsam sein, die Einträge des Vektors so zu
verschieben, dass der Mittelwert 0 entsteht. Dazu definiert
man für $u \in \mathbb{R}^k$ den Mittelwert als $\bar{u} := (u_1 + \ldots + u_k)/k$
und den zum Mittelwert 0 verschobenen Vektor als
$N(u) := (u_1 - \bar{u}, \ldots, u_k - \bar{u})$. Modifiziert man d_4 entsprechend, erhält man $d_5(u, v) := d_4(N(u), N(v))$. Dieses Maß
nennt man (negativen) Korrelationskoeffizienten.

Jetzt stehen fünf Maße zur Verfügung und für jedes dieser Maße kann man eine entsprechende Ähnlichkeitsmatrix
wie oben ausrechnen. Welches Ähnlichkeitsmaß in der Praxis verwendet werden sollte, wird am besten auf Basis von
Erfahrungen beantwortet wird. Man kann aber aufgrund der
mathematischen Eigenschaften der definierten Maße ein
paar Schlüsse ziehen. Segaran (2011) empfiehlt alle Programme so zu schreiben, dass man das Ähnlichkeitsmaß
leicht austauschen kann. In vielen Fällen aber, z. B. bei der
Klassifikation von News-Blogs, bevorzugt er aus seiner Erfahrung die Korrelation.

Exkurs Es gibt noch viele weitere wichtige Ähnlichkeits-
maße, je nachdem welche Art von Daten vermessen werden sollen. Die Edit-Distanz bestimmt die Ähnlichkeit von
Wörtern: Wie viele elementare Vorgänge (ein Zeichen lö-
schen, eines einfügen, zwei aufeinanderfolgende Zeichen
vertauschen) muss man mindestens durchführen, um vom
einen Wort zum anderen zu kommen? Das ist nicht nur für
die Rechtschreibkorrektur wichtig zu wissen (welches Wort
könnte jemand gemeint haben), sondern auch für die Mo-
lekularbiologie, wo man die Ähnlichkeit von Lebewesen

durch die Ähnlichkeit ihrer DNS-Sequenzen ermitteln kann. Der Hamming-Abstand ist ein weiteres Ähnlichkeitsmaß für diesen Zweck, das vor allem dann geeignet ist, wenn Verschiebungen unwahrscheinlich sind.

Eine etwas exotische und nicht sehr gut, aber immerhin halbwegs funktionierende Anwendung von Ähnlichkeitsmaßen ist die Folgende: Wie wird das Wetter morgen? Dazu besorgt man sich die Wetterdaten für jeden Tag des Jahres der letzten Jahrzehnte. Dann gibt man die heutigen Daten ein und sucht einen Tag in der Vergangenheit, an dem das Wetter möglichst ähnlich war wie heute und schaut, wie es damals am Folgetag war. Das funktioniert leidlich gut. Professionelle Wettervorhersagen werden nicht so gemacht – und man kann gleich lernen, dass big data nicht alle Probleme löst.

Die didaktischen Bemerkungen am Ende des letzten Abschnitts lassen sich hier sinngemäß wiederholen.

4   Daten – Ähnlichkeit nutzen

Die Details der elementaren Mathematik der Vektoren kann man weitgehend vergessen in ihren Anwendungen: Ab dieser Stelle braucht man nur noch irgendeine Distanzfunktion. Das genaue Wissen darüber, wie diese definiert ist, kann in einer Blackbox verschwinden.

Der Stand ist jetzt also, dass es eine Menge O von Objekten (z. B. Menschen) gibt, deren „Abstand" berechnet werden kann. Was lässt sich damit machen? Zunächst kann man durch Mittelwertbildung auch Mengen solcher Objekte einen Abstand zuordnen:

$$A, B \subset O, d(A, B) := \frac{\sum_{a \in A} \sum_{b \in B} d(a, b)}{|A| \cdot |B|}$$

Allerdings gibt es sehr viele Teilmengen (ihre Zahl steigt ja exponentiell mit der Zahl der Objekte). Man braucht also eine Strategie, die Ähnlichkeitsstruktur mit geeigneten Teilmengen darzustellen. Das gelingt durch Clusterbildung.

Eine solche Ähnlichkeitsstruktur (Cluster) kann ganz einfach rekursiv definiert werden: Man bildet im ersten Schritt die Menge aller einelementigen Mengen von Objekten: $C_1 := \{x | x \in O\}$ Dann sucht man die beiden Teilmengen mit dem geringsten Abstand und verbindet sie zu einer zweielementigen Menge, sodass die neue Menge C_2 aus einer zweielementigen und vielen einelementigen Mengen besteht. Nun sucht man wieder die beiden Teilmengen, die sich am ähnlichsten sind und verbindet sie. So fährt man fort bis man letztlich nur noch eine Menge hat. Angewendet auf die Sportangaben aus Beispiel 1 ergibt sich folgende Folge von Mengen:

1. {{Anna}, {Berta}, {Clara}, {Dora}, {Elena}}
2. {{Anna,Clara}, {Berta}, {Dora}, {Elena}}
3. {{Anna,Clara}, {Berta,Dora}, {Elena}}
4. {{Anna,Clara}, {Berta,Dora,Elena}}
5. {{Anna,Clara,Berta,Dora,Elena}}

Eine schöne Darstellung ist ein Dendogramm, bei dem die fortschreitende Vereinigung dargestellt wird.

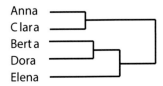

Auf Basis dieser Erkenntnisse kann man jetzt folgende Empfehlungen geben:

* Anna und Clara könnten gut zusammen Sport machen, ebenso Berta und Dora
* Das beste Dreierteam ist Berta, Dora, Elena
* Man könne Anna Volleyball vorschlagen, denn die ihr ähnliche Clara mag das.

Der Transfer von dieser Situation auf das Empfehlen von Produkten oder Beiträgen in Journalen oder Musik ist nicht schwierig.

Neben dieser Strategie der Clusterung gibt es noch viele andere. Beim k-means-Algorithmus gibt man die Zahl k der Cluster vor (siehe (Oldenburg 2011) für eine einfache Implementierung). Das kann man natürlich für jedes $k = 2, ..., n - 1$ machen und sich ein Maß überlegen, das angibt, wie gut eine Clusterung zu den Daten passt. Auch da gibt es viele Möglichkeiten und in der Praxis zählt Fantasie und Erfahrung.

Clusterbildung ist auch die wissenschaftliche Grundlage für das Schubladendenken: Einige empirische Studien in den Sozialwissenschaften funktionieren so, dass eine Gruppe von Menschen auf Basis bestimmter Merkmale (z. B. Fragebogenantworten) in einige wenige Cluster-Schubladen gesteckt werden, deren Gemeinsamkeiten dann von Menschen (das leisten die Algorithmen nicht) in „Typen" gefasst werden.

Ein zweites Beispiel soll diesen Punkt noch erweitern. Oben wurde bereits darauf hingewiesen, dass man beim Deutschen Wetterdienst für sehr viele Stationen Tag-genaue Tabellen der Wetterverhältnisse der letzten Jahrzehnte bekommen kann. Ein sehr naiver Ansatz zur Wettervorhersage ist, in dieser Liste der alten Daten einen Tag zu suchen, bei dem das Wetter so ähnlich war wie heute, und zu vermuten, dass dann der morgige Tag so ähnlich wird wie der damals folgende Tag. Aus der Fülle der Wetterdaten, die der Wetterdienst notiert, sucht man sich dabei ein paar aussagekräftige heraus, die man auch selbst für den heutigen Tag leicht bestimmen kann, z. B. Minimal- und Maximaltemperatur m, M, ungefähre Windgeschwindigkeit w in m/s,

Sonnenscheindauer s und Niederschlagsmenge n in mm und Luftdruck p in mbar. Bei der Beurteilung der Ähnlichkeit zweier daraus gebildeter Vektoren $(m, M, w, s, n, p) \in \mathbb{R}^6$ wird man auf eine weitere wichtige Technik gestoßen: Normierung. Es ist nämlich ziemlich schnell offenbar, dass ein Unterschied zwischen einer Sonnenscheindauer von 0 und 10 h erheblich ist, ein Unterschied im Luftdruck von 1000 mbar zu 1010 mbar aber nicht ganz so wichtig ist. Daher normiert man die Daten zuerst, d. h. man bildet sie z. B. linear auf das Intervall $[0,1]$ ab. Dabei ermittelt man die minimalen und maximalen Werte für jede Größe, z. B. p_{min}, p_{max} und berechnet den normierten Luftdruck als $p' := \frac{p - p_{min}}{p_{max} - p_{min}}$. Mit den so normierten Vektoren (m', M', w', s', n', p') gibt dann der Euklidische Abstand ein brauchbares Ähnlichkeitsmaß ab. Auch hierbei zeigt das Vorgehen eine Reihe von denkbaren Alternativen auf: Es gibt viele andere Normierungsmethoden und die Frage, welches Ähnlichkeitsmaß in der konkreten Anwendung das Beste ist, lässt sich nicht so einfach beantworten. Das Beispiel zeigt aber exemplarisch, wie mathematische Reflexion über die Eigenschaft von Größen zu verbesserten Verfahren führt. In der konkreten Situation der Wettervorhersage sind die Ergebnisse allerdings nicht sehr gut. Wie Wettervorhersagen tatsächlich berechnet werden, ist vom Standpunkt der Schulmathematik aus leider viel zu schwierig. Die Dynamik der Atmosphäre wird durch gekoppelte partielle Differenzialgleichungssysteme beschrieben.

5 Daten – Ausblick

Die oben dargestellten Themen sind nur ein kleiner Teil der mathematischen Modellierung im Bereich der angewandten Datenwissenschaften. Weitere verbreitete Methoden sind Neuronale Netze, Klassifikatoren (Entscheidungsbäume, bayesches Klassifizieren, Support-vector-machines) und Regressionsrechnung mit all ihren Variationen (z. B. Faktorenanalyse). Aber ein erster Einblick ist, wie gezeigt, relativ elementar möglich und kann hoffentlich die Fantasie anregen, was man alles machen könnte – und ob man es sollte!

Literatur

Meyer-Schönberger, V., Cukier, K.: Big data. John Murray, London (2013)

O'Neil, C.: Weapons of Math Destruction. Crown Publisher, New York (2016)

Oldenburg, R.: Mathematische Algorithmen für den Unterricht. Vieweg, Wiesbaden (2011)

Segaran, T.: Kollektive Intelligenz. O'Reilly, Köln (2011)

Entwicklung von Modellierungsaufgaben unter Rückgriff auf das Webportal „MathCityMap" in einem fachdidaktischen Seminar für Lehramtsstudierende

Anna-Katharina Poschkamp, Robin Göller und Michael Besser

1   Ausgangssituation

Der fortschreitende digitale Wandel bietet, neben vielfältigen Herausforderungen für die Zivilgesellschaft des 21. Jahrhunderts, die große Chance, Bildungsangebote in Deutschland substanziell und nachhaltig weiterzuentwickeln und zu verbessern (Arnold et al. 2018; Fischer 2017; Handke 2017). Aus- und Weiterbildungsinstitutionen für Lehrkräfte sehen sich dabei jedoch mit der Problematik konfrontiert, entsprechende (Aus-)Bildungsangebote für einen zielgerichteten Einsatz digital-gestützter Lehr-Lern-Formate anzubieten, um (angehende) Lehrkräfte hierdurch bei der lernförderlichen Nutzung eben dieser zu unterstützen (van Ackeren u. a., 2019). Im Strategiepapier der KMK (2017) werden entsprechend explizit Handlungsfelder zur Qualitätsentwicklung universitärer Lehrkräftebildung benannt, die diese „Herausforderung" adressieren. Hiernach müssen Hochschulen Potenziale digital-gestützter Lehr-Lern-Formate bzgl. der Nutzung in Schule identifizieren, um hierdurch (1) angehende Lehrkräfte mit Blick auf Anforderungen einer digitalen Schule gezielt zu unterstützen und um hiermit einhergehend (2) Entwicklung von Unterricht in Form einer lernförderlichen Bereitstellung digitaler Unterstützungselemente durch Lehrkräfte nachhaltig voranzutreiben. Doch obwohl Digitalisierung in nahezu allen Lebensbereichen des Alltags voranschreitet, fokussiert sich Lehre – und damit auch die Ausbildung angehender Lehrkräfte –

strukturell und inhaltlich noch immer weitestgehend auf einen „klassisch analogen Lernraum" (Schmid et al. 2017). Dieser Status Quo mag bei einem Abgleich mit der realen Lebenswelt der Lernenden nicht allein aus normativer Sicht überraschen. Eine aktuelle Meta-Studie vom Zentrum für internationale Bildungsvergleichsstudien und der Technischen Universität München zeigt vielmehr sogar auf, dass digital-gestützte Lehr-Lern-Formate in den MINT-Fächern einen echten Mehrwert für Lernprozesse darstellen können – nämlich dann, wenn diese ausgehend vom Gegenstandsbereich jene Handlungsoptionen anbieten, die dem analogen Lehrbuch bzw. -material nicht zur Verfügung stehen und die eine tiefgehende Auseinandersetzung mit einer Problemstellung ermöglichen (Hillmayr et al. 2017).

Ausgehend von dieser Situation wurde im Wintersemester 2019/2020 im Rahmen der Förderung einer auf Potenziale digital-gestützter Lehr-Lern-Formate fokussierenden Lehrkräfteausbildung das fachdidaktische Seminar „Realitätsbezüge im Mathematikunterricht"[1] unter Verwendung der digitalen Webplattform „MathCityMap" an der Leuphana Universität Lüneburg durchgeführt. Der vorliegende Beitrag beschreibt Ziele und Inhalte dieses Seminars und stellt darüber hinaus exemplarisch zwei der entstandenen Seminarprodukte in Form von bei „MathCityMap" eingepflegten mathematischen Spaziergängen vor. Der Beitrag dokumentiert und reflektiert dabei sowohl die durch Studierende entwickelten und digital aufbereiteten Modellierungsaufgaben als auch die durch Studierende erfolgte Bereitstellung zugehöriger, idealtypischer Lösungsprozesse. Aufbauend auf einer begleitenden Seminarevaluation können außerdem Einblicke in von Studierenden wahrgenommene Herausforderungen im Umgang mit Modellierungsaufgaben sowie einer digitalen Aufbereitung dieser sichtbar gemacht werden. Durch diese bewusste Verzahnung der Darstellung konkreter Seminarpro-

A.-K. Poschkamp (✉)
Institut für Mathematik und ihre Didaktik sowie Zukunftszentrum Lehrkräftebildung, Leuphana Universität Lüneburg, Lüneburg, Deutschland
E-Mail: anna-katharina.poschkamp@leuphana.de

R. Göller · M. Besser
Institut für Mathematik und ihre Didaktik, Leuphana Universität Lüneburg, Lüneburg, Deutschland
E-Mail: robin.goeller@leuphana.de

M. Besser
E-Mail: besser@leuphana.de

[1]Gefördert durch das Niedersächsische Ministerium für Wissenschaft und Kultur als Teilprojekt der Entwicklungsmaßnahme *Innovation Plus* im Rahmen des Hochschulpakts 2020. Projektleitung: M. Besser.

H. Humenberger und B. Schuppar (Hrsg.), *Neue Materialien für einen realitätsbezogenen Mathematikunterricht 7*, Realitätsbezüge im Mathematikunterricht, https://doi.org/10.1007/978-3-662-62975-8_13

dukte (aufbereitet für eine digitale Lernplattform) einerseits sowie begleitender Evaluationen (reflektierenden Bewertungen angehender Lehrkräfte über die entstandenen Seminarprodukte) andererseits bietet der vorliegende Beitrag Mathematiklehrkräften konkrete Einblicke in Möglichkeiten und Grenzen der Implementation digital-gestützter Lehr-Lern-Formate im modernen – d. h. eben insbesondere auch: kompetenzorientierten – Mathematikunterricht.

2 Theoretische Vorüberlegungen

2.1 Professionalisierung für einen digital-gestützten Mathematikunterricht

Ausgehend von einer fortschreitenden Digitalisierung der Gesellschaft fordert die Gesellschaft für Fachdidaktik e. V. (2018), digital-gestützte Lehr-Lern-Formate dann in den Unterricht einzubeziehen, wenn hierdurch – im Sinne des Primats der Pädagogik – fachliches Lernen verbessert und darüber hinaus Schüler*innen durch die Nutzung dieser auf eine digitale Welt bestmöglich vorbereitet werden können. Für das Unterrichtsfach Mathematik konkretisiert die Gesellschaft für Didaktik der Mathematik (2017) in ihrer Stellungnahme einen solchen Einsatz digital-gestützter Lehr-Lern-Formate im Fachunterricht: Diese könnten vor allem zur Förderung des Verstehens und Lernens sowie zum Zwecke des Erkundens und Anwendens von Mathematik (wie bspw. beim Modellieren) eine sinnvolle Erweiterung und Ergänzung bestehender Lernstrukturen darstellen. Doch um die mit diesem Einsatz digital-gestützter Lehr-Lern-Formate einhergehenden Potenziale im Kontext Schule tatsächlich ausschöpfen zu können, ist eine explizit fachdidaktische Ausbildung von (angehenden) Lehrkräften zum Umgang mit digitalen Unterstützungselementen im Unterricht erforderlich. Konkretisiert werden derartige Ausbildungsziele im theoretischen Konzept des „DigCompEdu"-Kompetenzrahmens (Redecker 2017): Dieser umfasst sowohl den Kompetenzbereich des Lehrens und Lernens mit digital-gestützten Lehr-Lern-Formaten selbst als auch des Umgangs bzw. Einsatzes digital-gestützter Lehr-Lern-Formate zur Differenzierung, Individualisierung sowie zur aktiven Einbindung der Lernenden (Redecker 2017). Maßgabe einer zukunftsorientierten Lehrkräfteausbildung an der Hochschule muss es somit sein, angehende Lehrkräfte derart zu fördern bzw. auszubilden, dass diese (1) solche fachdidaktischen Kompetenzen erwerben, welche eine lernförderliche Initiierung und Unterstützung schulischer Lehr-Lern-Prozesse ermöglicht (van Ackeren u. a., 2019), und dass sich Lehrkräfte (2) Kompetenzen zum lernförderlichen Einsatz

digital-gestützter Lehr-Lern-Formate im Fachunterricht aneignen (Kultusministerkonferenz 2017; Redecker 2017). Dass derartige Kompetenzen bei (angehenden) Lehrkräften keineswegs als „per se existent" vorausgesetzt werden können, zeigt sich nicht zuletzt erneut im Kontext der CORONA-Pandemie 2020. So wird aus neuesten Befunden des Schul-Barometers deutlich, dass sich Lehrkräfte insbesondere im Umgang mit digital-gestützten Lehr-Lern-Formaten fachdidaktische Unterstützung und Beratung wünschen (Huber u. a., 2020). Das durchgeführte und in Kap. 3 vorgestellte Seminarkonzept versucht genau hier anzusetzen: Angehende Mathematiklehrkräfte sollen in der Entwicklung von Kompetenzen zum Einsatz digitaler Unterstützungselemente am Beispiel des Gegenstandsbereichs „Mathematisches Modellieren" begleitet werden – denn gerade hier bietet sich ein derartiger Einsatz digital-gestützter Lehr-Lern-Formate an, um Potenziale für einen echten Mehrwert im Mathematikunterricht abzurufen (Greefrath und Siller 2018).

2.2 Modellierungsaufgaben in einem kompetenzorientierten Mathematikunterricht

Mathematisches Modellieren, im Unterricht oftmals manifestiert durch Aufgaben als zentrales Element schulischen Lehrens und Lernens von Mathematik (Bromme et al. 1990; Christiansen und Walther 1986; Krainer 1991), stellt ein durch die Bildungsstandards in Deutschland verbindlich verankertes Moment von Mathematikunterricht dar (Kultusministerkonferenz 2003). Aufgaben zum mathematischen Modellieren gibt es dabei in unterschiedlichen Arten bzw. Typen. Allen ist jedoch gemein, dass sie in einem konkreten Anwendungskontext der realen Welt stehen (Maaß, 2010). In vorangegangenen Beiträgen der IS-TRON-Reihe wurde bereits ausführlich auf verschiedene Typen von Modellierungsaufgaben eingegangen. So auch z. B. von Blum und Kaiser (2018), die in ihrem Beitrag die in der Literatur gängigen vier Unterscheidungen von Modellierungsaufgaben wie folgt herausgestellt haben: eingekleidete Aufgaben, Textaufgaben, Sachprobleme und Fermi-Aufgaben. Insbesondere die letzten beiden Aufgabentypen beschreiben authentische Problemstellungen, welche unter Rückgriff auf das „Hilfsmittel Mathematik" bearbeitet werden (Humenberger 2017; Van Dooren et al. 2006). „Authentisch" bedeutet hier dabei vor allem, dass diese Aufgabentypen Problemstellungen der realen Lebenswelt wahrheitsgemäß beschreiben und dass die Aufgabenbearbeitung selbst einer realen Problembearbeitung möglichst nahe kommt bzw. diese simuliert (Palm 2007). Typische

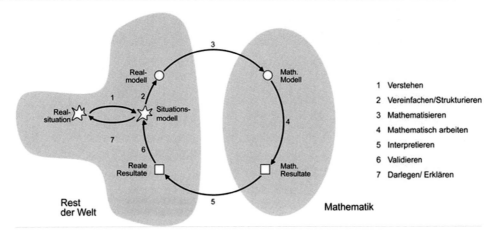

Abb. 1 *Modellierungskreislauf* (Leiss 2010)

Lösungsprozesse zu diesen Aufgaben – verstanden als „mathematisches Modellieren" – sind durch das Verstehen und Vereinfachen einer solch authentischen Problemstellung, durch das Herausbilden eines vereinfachten realen Modells und durch eine Übersetzung dieses in die Mathematik, durch das Finden einer innermathematischen Lösung sowie durch eine Interpretation und Validierung mathematischer Ergebnisse charakterisiert (Blum et al. 2002; Kaiser et al. 2006; Maaß, 2006). Der in Abb. 1 gegebene Modellierungskreislauf (im Original bei Blum und Leiss (2005), hier zitiert nach Leiss (2010)) beschreibt einen derartigen Lösungsprozess in idealisierter Form. Empirische Forschungsergebnisse zeigen, dass all diese Schritte mathematischen Modellierens von Schüler*innen bei der Bearbeitung von Modellierungsaufgaben durchlaufen werden und dass jeder dieser Schritte eine potentielle kognitive Hürde darstellt (Borromeo Ferri 2007; Galbraith und Stillman 2006; Matos und Carreira 1997; Sol, Ginémez, und Rosich 2011; Treilibis et al. 1980). Fachdidaktische Kompetenzen – hier: in Form von Wissen über gute Modellierungsaufgaben im Sinne obiger „Typisierung", über solch idealtypische Prozesse des mathematischen Modellierens im Allgemeinen sowie über eine reflektierte Auseinandersetzung mit dem in Abb. 1 gegebenen Modellierungskreislauf zur Aufgabenkonstruktion und -analyse im Speziellen – sind somit für (angehende) Lehrkräfte essentiell. Ein derartiges Wissen kann jedoch keineswegs vorausgesetzt werden, sondern muss vielmehr gezielt bei (angehenden) Lehrkräften aufgebaut werden (Besser et al. 2015). Wird nun ergänzend ein lernförderlicher Einsatz digital-gestützter Lehr-Lern-Formate eingefordert, erscheint die Notwendigkeit der Gestaltung explizit hierauf ausgerichteter Professionalisierungsangebote (bereits in der universitären Ausbildungsphase) unmittelbar gegeben.

2.3 Aufbereitung und Bearbeitung von Modellierungsaufgaben mit „MathCityMap"

„Wenn Schülerinnen und Schüler durch das Betreiben von Mathematik an außerschulischen Lernorten Kompetenzen erwerben, um Mathematik in einfachen und komplexen unbekannten Realsituationen anzuwenden, so entspricht dies den Lernzielen von Modellierungsaufgaben" (Buchholtz und Armbrust 2018, S. 145). Mathematische Spaziergänge (oder auch „math trails" bzw. „mathematische Wanderpfade") können als solche außerschulischen Lernorte verstanden werden. Das Webportal „MathCityMap" (Ludwig et al. 2013) ermöglicht, derartige mathematische Spaziergänge in eine App einzupflegen (siehe Abb. 2), und kann unter anderem dazu dienen, motivational ansprechende Problemstellungen zu schaffen, die für Schüler*innen greifbar sind und die zugleich eine positive Abwechslung zu der sonst meist analogen Aufgabenbearbeitung im klassischen Lernraum darstellen (Buchholtz und Armbrust 2018). Die zum Webportal gehörende App kann als „Stadtführer" verstanden und per Smartphone bedient werden, mit dessen Hilfe u. a. auch zusätzliche Informationen zu realen Problemstellungen eingeholt werden können. Da mittlerweile nahezu jede*r Jugendliche ein Smartphone besitzt, liegt es bei gegebenem didaktischen Mehrwert nahe, eine solch digital-gestützte Lehr-Lern-Plattform in den Mathematikunterricht zu implementieren (Zierer 2018).

(Angehende) Lehrkräfte können im Webportal eigene Modellierungsaufgaben digital aufbereiten und bereitstellen und Spaziergänge anlegen. Die Aufgaben müssen dabei von den (angehenden) Lehrkräften im Detail fachdidaktisch durchdrungen werden: Zu jeder Aufgabe müssen gestufte Hilfestellungen sowie eine konkrete idealtypische Muster-

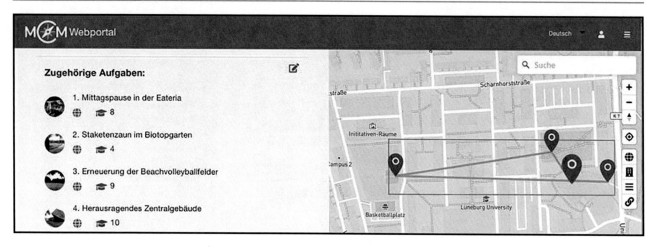

Abb. 2 Ansicht eines Spaziergangs in „MathCityMap" auf dem Campus der Leuphana Universität Lüneburg. (Copyright 2020 MathCityMap)

lösung in digitaler Form zur Verfügung gestellt werden. Bevor entwickelte Aufgaben in der App genutzt werden können, durchlaufen diese zusätzlich einen manuellen Reviewprozess, in dem überprüft wird, ob die Aufgaben spezifische technische sowie inhaltliche Kriterien erfüllen. Wesentliche Voraussetzungen sind dabei u. a., dass die Aufgaben nur vor Ort durch aktive mathematische Handlungen gelöst werden können und dass diese gleichzeitig moderate – und nicht zu komplexe – Modellierungsprozesse einfordern (siehe Gurjanow et al. 2019 für eine ausführliche Darstellung des Modellierens mit MathCityMap).

Damit Modellierungsaufgaben mit „MathCityMap" im Unterricht – natürlich stets dem Primat der Didaktik folgend – genutzt werden können, ist es notwendig, dass Lehrkräfte solche Modellierungsaufgaben zielgerichtet entwickeln und implementieren können, die jenen Kriterien gerecht werden und die dabei dennoch Modellierungsaktivitäten entlang des idealtypischen Modellierungskreislaufes von Schüler*innen abverlangen. Hierzu benötigte Kompetenzen können u. a. bereits im Studium durch eine gezielte Auseinandersetzung mit Modellierungsaufgaben unter Rückgriff auf das Webportal „MathCityMap" aufgebaut werden. Genau hier setzt das vorgestellte Seminarkonzept an.

3   Ein fachdidaktisches Seminar zum mathematischen Modellieren unter Verwendung des Webportals „MathCityMap"

Das im Wintersemester 2019/2020 an der Leuphana Universität Lüneburg durchgeführte fachdidaktische Seminar „Realitätsbezüge im Mathematikunterricht" soll angehende Mathematiklehrkräfte auf ein digital-gestütztes Lehren und Lernen – hier im Speziellen unter Verwendung des Web-

portals „MathCityMap" – in der Schule vorbereiten, indem Studierende sich mit Potenzialen digital-gestützter Lehr-Lern-Formate in einem kompetenzorientierten Mathematikunterricht auseinandersetzen. Das Seminar verfolgt dabei zwei zentrale Ziele:

- *Aufbau fachdidaktischer Kompetenzen zu „Realitätsbezügen im Mathematikunterricht"*, d. h. insbesondere Aufbau von Wissen über Modellierungsaufgaben, von Wissen über Entwicklung und Gestaltung dieser und von Wissen über Schüler*innenlösungsprozesse – stets am Beispiel konkreter, authentischer Problemstellungen des Alltags.
- *Aufbau fachdidaktischer Kompetenzen zu „digital-gestützten Lehr-Lern-Formaten im Mathematikunterricht"*, d. h. insbesondere Aufbau von Wissen über die digitale Aufbereitung und Bereitstellung von Aufgaben und idealtypischer Lösungsprozesse sowie von Wissen über die Nutzbarkeit und Bedienung digitaler Lehr-Lern-Formate – hier stets am Beispiel des Webportals „MathCityMap".

Inhaltlich gliedert sich das Seminar in insgesamt 14 Seminarsitzungen. Während die erste Sitzung der rein organisatorischen und inhaltlichen Einführung gilt, legen die zweite bis vierte Sitzung theoretische Grundlagen zum mathematischen Modellieren und zu mathematischen Spaziergängen mit dem Webportal „MathCityMap" (im Sinne oben aufgezeigter Seminarziele). In der fünften bis achten Sitzung findet in selbstständiger Gruppenarbeit die Ausarbeitung und digitale Aufbereitung der zu entwickelnden mathematischen Spaziergänge für Schüler*innen der Sekundarstufe I als Seminarprodukte der Studierenden in „MathCityMap" statt. Die Seminarprodukte – je ein Spaziergang pro Gruppe – werden anschließend in der neunten bis zwölften Sitzung von den Studierenden selbst durchlaufen, im Plenum präsentiert, diskutiert und gemeinsam reflektiert. Die letzten beiden Sitzungen dienen der rückblickenden Reflexion über Inhalte des Seminars und der Erfassung von selbsteingeschätzten Entwicklungsprozessen der Studierenden.

3.1 Mathematische Spaziergänge in „MathCityMap" als Seminarprodukte der Studierenden

Während des Semesters wurden von teilnehmenden Studierendengruppen in „MathCityMap" insgesamt fünf mathematische Spaziergänge eingepflegt. Jeder Spaziergang umfasst dabei drei bis vier Modellierungsaufgaben. Die exemplarischen – in Abb. 3 und Abb. 4 dargestellten – Spaziergänge von jeweils einer Studierendengruppe sollen einen Eindruck von entstandenen mathematischen Spaziergängen sowie von zugehörigen Modellierungsaufgaben vermitteln (für detaillierte Informationen zu ausgewählten Modellierungsaufgaben siehe unten).

Mathematischer Spaziergang „in der Universitätsbibliothek", Gruppe 1 (Abb. 3): Der von einer Studierendengruppe entwickelte und in Abb. 3 veranschaulichte mathematische Spaziergang beschreibt Problemsituationen in der Universitätsbibliothek der Leuphana Universität Lüneburg. Der gesamte Spaziergang beinhaltet dabei vier Modellierungsaufgaben. Aufgabe 1 ist gewissermaßen ein „Spaziergang im Spaziergang", bei dem ein möglicher, zurückzulegender Weg zwischen verschiedenen Stationen modelliert werden soll. Ein entsprechender Lageplan findet sich als Grundlage hierzu im Eingangsbereich der Bibliothek, das Problem selbst kann dann bei geeigneter Vereinfachung/ Strukturierung unter Verwendung topologischer (bspw. Netz/ zusammenhängende Wege) und geometrischer (bspw. Maßstab und/ oder Größenvorstellungen zur Größe Länge) Überlegungen bearbeitet werden. In Aufgabe 2 erfolgt eine Modellierung einer gesuchten Anzahl an Studierenden, die – unter Rückgriff auf die mathematische Idee des Schätzens (bewusst: nicht des Ratens) – in Abhängigkeit von einer durchschnittlichen Nutzungsdauer in einer gegebenen Zeitspanne einen Platz in einem der vorhandenen Arbeitsbereiche der Bibliothek finden sollen. Ob die Aufgabe hier (un-)bewusst uneindeutig formuliert ist oder es sich bei der Angabe „ihr seid zu dritt" um explizit nicht benötigte und somit im klassischen Sinne überbestimmter Aufgaben um eine überflüssige Information handelt, wird leider nicht ersichtlich. In Aufgabe 3 (siehe im Detail unten) soll eine maximale Anzahl an einzuscannenden Buchseiten ermittelt werden, unter der Maßgabe, dass hierfür nur eine festgelegte Zeitspanne zur Verfügung steht. Aufgabe 4 thematisiert die Fragestellung, ab wann sich bei einer Leihfristüberschrei-

tung von ausgeliehenen Büchern die Fahrtkosten eines extra in Kauf zu nehmenden Anfahrtsweges lohnen, damit keine Mahngebühren anfallen. Hier gehen als zentrale Herausforderung der Aufgabe mathematische sowie alltägliche Bewertungsmaßstäbe fließend ineinander über, rein „innermathematisch deduktiv logisch abgeleitete" Entscheidungsbegründungen sind ebenso wie ökologische und/ oder ökonomischen Argumentationen möglich.

Mathematischer Spaziergang „in der Lüneburger (Alt-) Stadt", Gruppe 2 (Abb. 4): Eine zweite Studierendengruppe entwickelte den in Abb. 4 dargestellten mathematischen Spaziergang. In diesem wurden Problemsituationen in der Lüneburger (Alt-)Stadt in Form von drei Modellierungsaufgaben konzipiert. Der Spaziergang beginnt am Lüneburger Bahnhof. In dieser Aufgabe 1 soll durch eine Modellierung die Anzahl zusätzlich benötigter Fahrradstellplätze am Bahnhof berechnet werden. Hier ist zunächst ein geeignetes Verfahren zur Annäherung der aktuellen Anzahl an Stellplätzen zu bestimmen, um dann – ggfls. unter Einbeziehung stichprobenartiger Zählungen – die Anzahl tatsächlich benötigter Fahrradstellplätze explorativ abzuleiten. Aufgabe 2 zeigt die St. Johannis Kirche in der Lüneburger Altstadt. Zu modellieren ist in dieser Aufgabe die Anzahl der benötigten Kupferplatten für das Kirchturmdach im Rahmen einer Dachsanierung. Da Informationen über dieses Dach weder im Internet zugänglich noch direkt messbar/ erfahrbar sind, muss ein geeigneter Ansatz zur Bestimmung der Größe der Dachfläche (bspw. über Abgehen der Grundseiten des Turmes zur Bestimmung benötigter Längen) gefunden werden. Aufgabe 3 des Spazierganges (siehe im Detail unten) ist am Marktplatz vor dem Lüneburger Rathaus verortet. Hier soll die Anzahl benötigter Feldsteine für eine Marktplatzerneuerung bestimmt werden.

Die beschriebenen und in den Abb. 3 und 4 dargestellten mathematischen Spaziergänge zeigen repräsentativ für das Seminar sehr anschaulich, wie Studierende bereits am Ende eines einzigen fachdidaktischen Seminars authentische Problemstellungen identifizieren und hieraus mathematische Modellierungsaufgaben entwickeln können, welche darüber hinaus digital für das Webportal „MathCityMap" aufbereitet werden.

3.2 Ausgewählte Modellierungsaufgaben der mathematischen Spaziergänge und idealtypische Lösungsprozesse

Neben der im Seminar vorgenommenen Vorstellung und Diskussion der oben gezeigten mathematischen Spaziergänge wurden jeweils auch Lösungsschritte entlang des Modellierungskreislaufes aus Abb. 1 diskutiert. Die in den

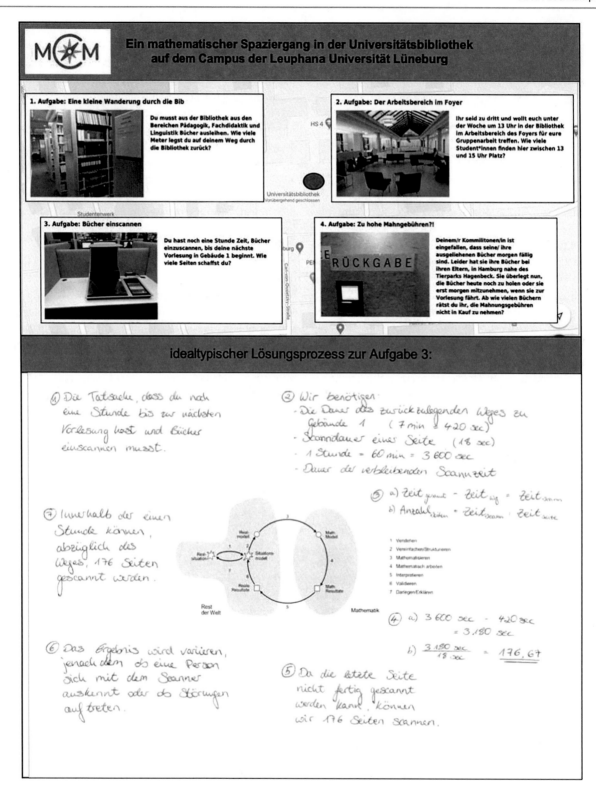

Abb. 3 Ein mathematischer Spaziergang in der Universitätsbibliothek auf dem Campus (teilweise Copyright 2020 MathCityMap), erstellt durch die Studierenden Celia, Nicole und Lena Marie der Leuphana Universität Lüneburg

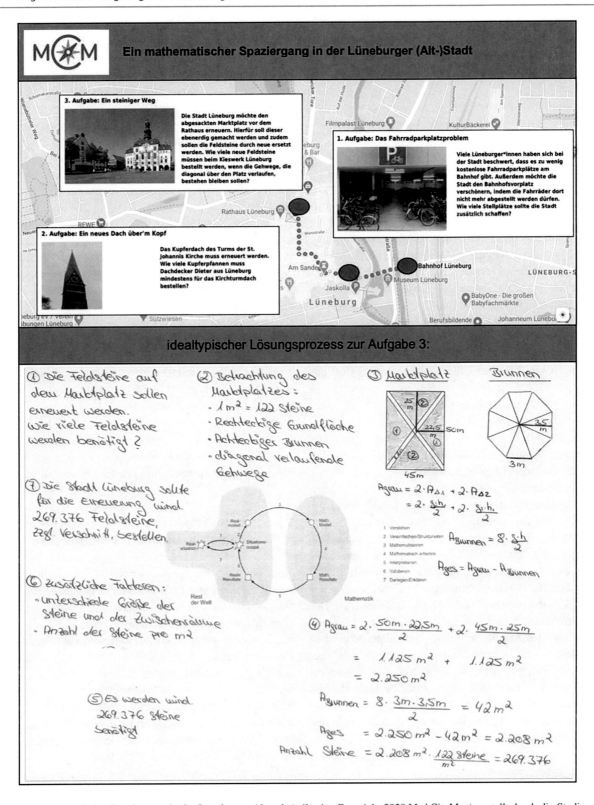

Abb. 4 Ein mathematischer Spaziergang in der Lüneburger Altstadt (teilweise Copyright 2020 MathCityMap), erstellt durch die Studierenden Hanna Selina, Elisabeth Hannah Michelle, Philipp, Florian und Naomi Anna der Leuphana Universität Lüneburg

Abb. 3 und 4 ebenfalls gegebenen und skizzierten Lösungs-schritte (in abstrahierter Form[2]) zu zwei ausgewählten Aufgaben geben einen Einblick in die von den Studierenden erstellten idealtypischen Lösungsprozesse entlang des Modellierungskreislaufes.

Idealtypischer Lösungsprozess zur Modellierungsaufgabe „Bücher einscannen", Gruppe 1 (Aufgabe 3; Abb. 3): Die durch die Studierenden skizzierten Lösungsschritte umfassen den gesamten Modellierungsprozess aus Abb. 1. Während zunächst die Problemstellung selbst gegeben ist (1), erfolgt mit Hilfe einer Aufzählung der benötigten Angaben und einer Umrechnung von Zeitspannen in Sekunden eine Vereinfachung und Strukturierung der Problemstellung (2). Es schließt sich die Herleitung eines mathematischen Modells sowie das Arbeiten mit diesem an. Hierzu werden die benötigten Formeln formal aufgeschrieben (3), anschließend werden geeignete Werte eingesetzt und das Ergebnis wird berechnet (4). Das ermittelte mathematische Resultat wird interpretiert – hierbei wird herausgestellt, dass das mathematische Resultat auf eine ganze Zahl zu runden ist, da der Scannvorgang der letzten Seite nicht abgeschlossen werden kann (5). Nach einer Validierung (6) wird das Resultat zurück auf die Problemstellung übertragen und in Form eines Antwortsatzes beantwortet (7).

Modellierungsaufgabe „Ein steiniger Weg", Gruppe 2 (Aufgabe 3; Abb. 4): Auch bei dem hier skizzierten, idealtypischen Lösungsprozess werden die einzelnen Modellierungsschritte des Modellierungskreislaufes aus Abb. 1 durch die Studierenden explizit benannt. Die Problemstellung wird erfasst und in Form einer Fragestellung herausgearbeitet (1). Bei der Vereinfachung/ Strukturierung werden die für die Bearbeitung charakteristischen Merkmale herausgestellt – die Anzahl an Feldsteinen pro m^2, die rechteckige Grundfläche des Marktplatzes, die jeweils diagonal über den Marktplatz verlaufenden Gehwege und ein auf dem Marktplatz stehender achteckiger Brunnen (2). Der Schritt der Mathematisierung erfolgt durch Anfertigungen von Skizzen, der Angabe relevanter Seitenlängen in eben dieser Skizze sowie durch Nennung der benötigten Formeln in allgemeiner Form (3). Final wird das mathematische Resultat bestimmt, indem der ermittelte Flächeninhalt mit der Anzahl der Steine pro m^2 multipliziert wird – hier wird jedoch vergessen, dass für die diagonal verlaufenden Gehwege eben keine neuen Steine benötigt werden (4). Das Resultat wird interpretiert, indem die Anzahl der Steine

(aufgerundet auf die nächste ganze Zahl) benannt werden – wobei hier Fragen danach, in welcher Stückzahl derartige Steine bestellt/ geliefert werden können, nicht erörtert werden (5). Der Schritt der Validierung (6) erfolgt, das Resultat wird letztlich in Form eines Antwortsatzes zurück auf die Problemstellung übertragen (7).

Die dargestellten idealtypischen Lösungsprozesse der Studierenden stellen natürlich nur exemplarische Einblicke in mögliche Lösungsprozesse dar, die keineswegs als „einzig korrekte Lösung" zu verstehen sind (die Studierenden selbst erörtern weitere Ansätze/ Vorgehensweisen im Seminar). Dennoch wird bereits anhand dieser wenigen Einblicke deutlich: Die Studierenden verfügen im Seminar über solch fachdidaktisches Wissen, welches sie dazu befähigt, Modellierungsaufgaben (für Schüler*innen der Sekundarstufe I als Zielgruppe) für ein Webportal zu entwickeln und erwartbare Lösungsprozesse unter Verwendung des „Hilfsmittels Modellierungskreislauf" beschreiben zu können. Als hochschuldidaktisches Moment der Lehrkräftebildung erfüllt der Rückgriff auf das Webportal als ausgewähltes Tool in der Lehrkräftebildung somit das intendierte Ziel, bei angehenden Mathematiklehrkräften fachdidaktisches Wissen zu mathematischem Modellieren aufzubauen. Inwieweit hierüber hinaus eine gewünschte Sensibilisierung dafür erreicht wurde, digital-gestützte Lehr-Lern-Formate allein auf der Basis didaktischer Überlegungen (und nicht als Selbstzweck) in den Unterricht zu integrieren, kann auf der Basis der erfolgten Begleitevaluation diskutiert werden.

3.3 Begleitevaluation: Selbstberichte zu wahrgenommenen Lernprozessen

Nach der zwölften Seminarsitzung – also nach Abschluss von Diskussion und Präsentation der mathematischen Spaziergänge – wurden die Studierenden gebeten, schriftlich eine rückblickende Bewertung eigener, durch das Seminar initiierter professioneller Lernprozesse vorzunehmen. Um diese implizit abzubilden, wurden von den Studierenden hierzu zunächst spezifische, wahrgenommene Schwierigkeiten einerseits sowie Potenziale/ Chancen andererseits beim Einsatz von Modellierungsaufgaben unter Rückgriff auf eine digitale Lernplattform skizziert, die durchaus bereits einen reflektierten Umgang der Studierenden mit den zentralen Inhaltsbereichen/ Zielsetzungen des Seminars – und damit eine positive Wirkung eben dieses auf die professionelle Entwicklung der Studierenden – deutlich werden lassen. So gilt:

Schwierigkeiten und Potenziale mathematischen Modellierens: Als zentrale Schwierigkeit bzgl. des Einsatzes von Modellierungsaufgaben im Mathematikunterricht werden von Studierenden vor allem ein hoher Zeitaufwand bei der Erstellung der Aufgaben selbst (*„Zeitaufwendig in*

---

[2]Die skizzierten, durch die Studierendengruppen erstellten idealtypischen Lösungsprozesse sind zur vereinfachten Darstellung in diesem Artikel teils deutlich „gestrafft", jedoch inhaltlich nicht verfremdet. „Flüchtigkeitsfehler" der Studierenden in der Darstellung/ Rechnung, die den Modellierungsprozess und dessen qualitative Bewertung selbst nicht inhaltlich beeinträchtigen, wurden im Sinne einer besseren Nachvollziehbarkeit der gegebenen Lösungsprozesse behoben.

der Erstellung wirklich guter realitätsnaher und lebensnaher Aufgaben"; „Wie schwierig es sein kann, gute Aufgaben zu gestalten") sowie Fragen nach einem lernförderlichen Umgang der Lehrkraft mit unterschiedlichen, vielfältigen Lösungswegen der Schüler*innen („Es ist schwierig, ein Thema gemeinsam zu erarbeiten, aufgrund individueller Lösungswege") benannt. Allerdings identifizierten die Studierenden auch Chancen und Einsatzpotentiale von realitätsbezogenen Mathematikaufgaben, insbesondere mit Blick auf eine Steigerung von Motivation und Interesse von Schüler*innen („Schüler*innen werden mehr motiviert und durch das höhere Interesse an Mathematik steigt die Qualität & Quantität des Gelernten"), die sich aus Einsatzmöglichkeiten im direkten Lebensumfeld von Schüler*innen ergeben („Hohe Chancen, selbst auf dem Schulhof oder in den Schulgebäuden lassen sich viele Aufgaben finden") und die hierdurch für Schüler*innen zur Sinnstiftung bzgl. des Lernens von Mathematik beitragen können („Sinn verstehen im Sinne von ‚Warum muss ich das lernen?'").

Schwierigkeiten und Potenziale digital-gestützter Lehr-Lern-Formate im Mathematikunterricht: Als zentrale Schwierigkeiten bzgl. des Einsatzes digital-gestützter Lehr-Lern-Formate im Mathematikunterricht wird von Studierenden vor allem die (tendenziell eher fachunspezifische) Problematik benannt, dass Schüler*innen unterschiedlich gut mit digitalen Unterstützungselementen umgehen können und dass eine Gefahr der Ablenkung durch eben diese bestehe („Handys, Smartphones verleiten zum Ablenken und senken meiner Meinung nach die Konzentrationsfähigkeit"). Potenziale werden hingegen direkt auf Ebene der Weiterentwicklung von Unterrichtsqualität verortet („Einsatz ist unabdingbar. Höhere Qualität im Unterricht. Mehr Motivation der Schüler*innen") – teils derart weitgehend, dass der Einsatz solch digital-gestützter Lehr-Lern-Formate als zukünftig unabdingbar zu verstehen sei („In der heutigen Zeit sind digitale Werkzeuge im Mathematikunterricht unverzichtbar. Die Welt wird immer digitaler und dieser Umbruch muss auch in der Schule stattfinden"). Eine explizite Konkretisierung bzw. Zuspitzung dieser „Einschätzungen" durch die Studierenden erfolgt jedoch nicht.

Über diese retrospektiven Bewertungen der Studierenden zu Möglichkeiten und Chancen des Einsatzes mathematischer Modellierungsaufgaben in einem modernen, digital-gestützten Mathematikunterricht (als implizite Belege für Lernprozesse der Studierenden) hinausgehend ist nun insbesondere interessant, welche Lernfortschritte die Studierenden auch explizit (in Form retrospektiver Selbstberichte und damit natürlich hochgradig subjektiv) berichten. Einhergehend mit den aus den Seminarprodukten bereits abgeleiteten Entwicklungsprozessen der Studierenden ergibt die Begleitevaluation auch hier ein durchaus positives Bild: Die Studierenden berichten, dass das Seminar zu einem tieferen Verständnis des „Hilfsmittels

Modellierungskreislauf" beigetragen habe („In dem Seminar habe ich inhaltlich noch einmal explizit gelernt, was in einem Modellierungskreislauf in jedem/unter jedem Punkt zu verstehen ist") und dass mithilfe dieses Kreislaufs explizit Schüler*innenlösungsprozesse – und somit vor allem auch Schwierigkeiten von Schüler*innen beim mathematischen Modellierungsprozess – identifiziert werden können („Was Schüler*innen an Modellierung schwerfällt"). Dass ein potenziell lernförderlicher Einsatz digital-gestützter Lehr-Lern-Formate dabei zielführend, jedoch keineswegs unproblematisch ist, wird von Studierenden ebenfalls erkannt und berichtet (Zunächst bedarf es einer gewissen Zeit, bis sich die Lehrkraft, aber auch die Schüler*innen mit dem digitalen Werkzeug auseinandergesetzt und es kennengelernt haben, aber im Anschluss bietet es eine weitere Methode und Arbeitsweise, die im Mathematikunterricht praktisch verwendet werden kann"; „Der Einsatz digitaler Medien erfordert für die Lehrkraft einen Mehraufwand und gute Vorbereitung. Wenn das digitale Medium gut beherrscht wird und getestet wurde, kann eine Anwendung für die Schüler*innen sehr hilfreich sein").

Zusammenfassend stützen – neben den Seminarprodukten selbst – auch die retrospektiven Reflexionen und Selbstberichte, dass die Studierenden erfolgreich bei der Entwicklung fachdidaktischer Kompetenzen (in Form des Aufbaus spezifischer Wissensfacetten, siehe oben) unterstützt werden konnten. Dass Digitalisierung von Schule beim Einsatz von Modellierungsaufgaben im Mathematikunterricht einen positiven, ergänzenden Beitrag leisten kann, wird ebenfalls wahrgenommen. Es wird aber auch – und dies erscheint fast noch viel wichtiger – erkannt, dass Digitalisierung von Schule im Allgemeinen bzw. Mathematikunterricht im Speziellen kein Selbstzweck sein darf:

> „Allgemein bin ich der Meinung, dass man im Zuge der Digitalisierung die digitalen Medien in jedes Unterrichtsfach, somit auch in Mathematik, integrieren muss. Die von der KMK geforderten Ziele in der Strategie „Bildung in der digitalen Welt" umfassen mehrere Themenbereiche. Neben dem Erlernen von digitalen Medien als praktisches Werkzeug muss auch ein verantwortungsbewusster Umgang mit diesen geschult werden. Der Mathematikunterricht bietet zahlreiche Einsatzgebiete von digitalen Medien, die in meinen Augen genutzt werden sollten. Allerdings sehe ich digitale Medien als ergänzendes Hilfsmittel zu den bisherigen Materialien an."

4   Zusammenfassung und Diskussion

Die Vorbereitung angehender Lehrkräfte auf Anforderungen eines modernen, kompetenzorientierten Mathematikunterrichts stellt eine zentrale Herausforderung an – nicht nur universitäre – Lehrkräftebildung dar. Einhergehend mit einer fortschreitenden Digitalisierung von Schule umfasst eine solche Vorbereitung auch zwingend die Unterstützung beim

Aufbau solcher Kompetenzen, die bspw. für die Auswahl, Bewertung und Nutzung digital-gestützter Lehr-Lern-Formen notwendig sind (Redecker 2017). Hierauf aufbauend wurde im vorgestellten Seminar versucht, Mathematik-Lehramtsstudierende aktiv in einem solchen Professionalisierungsprozess zu unterstützen: Am Beispiel einer ausgewählten prozessbezogenen Kompetenz sollten Studierende fachdidaktisches Wissen zum mathematischen Modellieren sowie Wissen zur Verwendung einer Webplattform beim mathematischen Modellieren aufbauen, indem diese über die Seminardauer hinweg „mathematische Spaziergänge" für Schüler*innen der Sekundarstufe entwickeln, digital aufbereiten und reflektieren.

Die Studierenden haben durch die Erarbeitung dieser mathematischen Spaziergänge (als zentrale Seminarprodukte) gezeigt, dass innerhalb eines fachdidaktischen Seminars fachdidaktisches Wissen sowie Wissen hinsichtlich digital-gestützter Lehr-Lern-Formate am Gegenstandsbereich mathematischen Modellierens derart aufgebaut wurde, dass sie eigene Modellierungsaufgaben entwickeln, idealtypische Musterlösungen entlang des Modellierungskreislaufs skizzieren und diese darüber hinaus digital aufbereitet in das Webportal „MathCityMap" einpflegen können. In einer begleitenden Evaluation haben Studierende in Form von abschließenden Selbstberichten sichtbar gemacht, dass sie sowohl Grenzen als auch Chancen und Potenziale des Einsatzes von Modellierungsaufgaben sowie von digital-gestützten Lehr-Lern-Formaten reflektieren und benennen können. Die Studierenden nehmen durch die Entwicklung von digital aufbereiteten Modellierungsaufgaben fachdidaktische Lernzuwächse wahr und benennen diese subjektiven Eindrücke explizit in den dokumentierten Rückmeldungen.

Einschränkend ist jedoch ebenso deutlich herauszustellen: Final wurde letztlich keiner der entwickelten mathematischen Spaziergänge durch die Redakteur*innen des Webportals zur Veröffentlichung freigegeben. Die Aufgaben können allein intern durch die Entwickler*innen abgerufen und verwendet werden. Bedingt wird dies durch die offensichtlich gegebene Diskrepanz der Anforderungen der entwickelten Aufgaben einerseits sowie der technisch bedingten Gegebenheiten einer digitalen Lehr-Lern-Plattform andererseits: Durch die von den Studierenden implementierten und teils sehr offen formulierten Aufgaben (durchaus im Sinne der eingangs skizzierten Aufgabentypen der „Sachprobleme" und „Fermi-Aufgaben") werden umfangreiche Modellierungsprozesse angestoßen (wie auch in den abgebildeten idealtypischen Lösungsprozessen in Abb. 3 und 4 ersichtlich), die die Angabe eines geeigneten Lösungsintervalls auf dem Webportal schwierig gestaltet. Eine unmittelbare Rückmeldung durch die App selbst ist somit kaum möglich, die Notwendigkeit der Begleitung des Lösungsprozesses durch eine Mathematiklehrkraft ist entsprechend gegeben.

Auch wenn aufgezeigte und diskutierte Ergebnisse keineswegs als „wissenschaftliche Erkenntnisse eines Forschungsprojektes" missinterpretiert werden dürfen – es handelt sich hier allein um ein mittels Seminarprodukten und subjektiver Selbstberichte begleitend evaluiertes Lehrentwicklungsprojekt –, so kann aus fachdidaktischer Sicht durchaus konstatiert werden: Die Idee einer gezielten Verzahnung generisch-fachlicher Unterrichtsinhalte bzw. -ziele mit Fragen einer digitalen Umsetzung eben dieser in Schule scheint einen durchaus praktikablen und gewinnbringenden Weg in der universitären Lehrkräftebildung darzustellen. Vor allem mit Blick auf einen Rückgriff auf digital-gestützte Lehr-Lern-Formate ist jedoch noch einmal abschließend explizit zu betonen, dass ein solcher natürlich stets dem eigentlichen Lernziel untergeordnet zu erfolgen hat. Am Beispiel des vorgestellten Webportals wird dies auch hier unmittelbar deutlich: Komplexe Modellierungsaufgaben (wie diese bspw. im Rahmen der Hamburger „Modellierungswoche" oftmals eingesetzt werden[3]), können in eben dieses Webportal kaum erfolgreich integriert werden – zumal für solche eine erfolgreiche Bearbeitung am außerschulischen Lernort nur bedingt erwartet werden kann (Leschkowski 2014). Rein technische (Angabe eines möglichst konkreten „Lösungsintervalls") und zeitliche (Dauer der Bearbeitung vor Ort) Einschränkungen zeigen hier die Grenzen dieses Formats auf. (Angehende) Lehrkräfte darin zu unterstützen, sich derartiger Grenzen bewusst zu sein und sich hierauf aufbauend reflektiert für oder gegen den Einsatz digitaler Lehr-Lern-Formate im Mathematikunterricht zu entscheiden, muss ein zentrales Ziel von Lehrkräftebildung darstellen.

Literatur

Arnold, P., Kilian, L., Thillosen, A., Zimmer, G.: Handbuch E-Learning. Lehren und Lernen mit digitalen Medien, 5. Aufl. W. Bertelsmann Verlag, Bielefeld (2018)

Besser, M., Leiss, D., Klieme, E.: Wirkung von Lehrerfortbildungen auf die Expertise von Lehrkräften zu formativem Assessment im kompetenzorientierten Mathematikunterricht. Zeitschrift für Entwicklungspsychologie und Pädagogische Psychologie **47**(2), 110–122 (2015)

Blum, W., Galbraith, P.L., Henn, H.-W., Niss, M.: ICMI study 14: applications and modelling in mathematics education – discussion document. Educ. Stud. Math. **51**, 149–171 (2002)

Blum, W., Kaiser, G.: Zum Lehren und Lernen des mathematischen Modellierens – eine Einführung in theoretische Ansätze und empirische Erkenntnisse. In: Siller, H.-S., Greefrath, G., Blum, W. (Hrsg.) Neue Materialien für einen realitätsbezogenen Mathematikunterricht 4. 25 Jahre ISTRON-Gruppe – eine Best-of-Auswahl aus der ISTRON-Schriftenreihe, S. 1–16. Springer Spektrum, Wiesbaden (2018)

---

[3]Siehe https://www.math.uni-hamburg.de/modellierungswoche/index. html [letzter Abruf: 15.06.2020].

Blum, W., Leiss, D.: Modellieren im Unterricht mit der „Tanken"-Aufgabe. Mathematik Lehren **128**, 18–21 (2005)

Borromeo Ferri, R.: Modelling problems from a cognitive perspective. In: Haines, C., Galbraith, P., Blum, W., Khan, S. (Hrsg.) Mathematical Modelling (ICTMA 12): Education, Engineering and Economics, S. 260–270. Horwood, Chichester (2007)

Bromme, R., Seeger, F., Steinbring, H.: Aufgaben, Fehler und Aufgabensysteme. In: Aufgaben als Anforderungen an Lehrer und Schüler, S. 1–30. Aulis Verlag Deubner, Köln (1990)

Buchholtz, N., Armbrust, A.: Ein mathematischer Stadtspaziergang zum Satz des Pythagoras als außerschulische Lernumgebung im Mathematikunterricht. In: Schukajlow, S., Blum, W. (Hrsg.) Evaluierte Lernumgebungen zum Modellieren, S. 143–163. Springer Sprektrum, Wiesbaden (2018)

Christiansen, B., Walther, G.: Task and activity. In: Christiansen, B., Howson, A.G., Otte, M. (Hrsg.) Perspectives on mathematics education, S. 243–308. D. Reidel Publishing Company, Dordrecht (1986)

Fischer, C. (Hrsg.): Pädagogischer Mehrwert? Digitale Medien in Schule und Unterricht. Waxmann, Münster (2017)

Galbraith, P.L., Stillman, G.: A framework for identifying student blockages during transitions in the modelling process. ZDM - The International Journal on Mathematics Education **38**, 143–162 (2006)

Gesellschaft für Didaktik der Mathematik e.V.: Die Bildungsoffensive für die digitale Wissensgesellschaft. Eine Chance für den fachdidaktisch reflektierten Einsatz digitaler Werkzeuge im Mathematikunterricht. GDM-Mitteilungen, 103, 39–41 (2017)

Gesellschaft für Fachdidaktik e.V.: Fachliche Bildung in der digitalen Welt. Positionspapier. Hannover & Berlin (2018)

Greefrath, G., Siller, H.-S.: Digitale Werkzeuge, Simulationen und mathematisches Modellieren. In: Greefrath, G., Siller, H.-S. (Hrsg.) Digitale Werkzeuge, Simulationen und mathematisches Modellieren, S. 3–22. Springer Sprektrum, Wiesbaden (2018)

Gurjanow, I., Jablonski, S., Ludwig, M., Zender, J.: Modellieren mit MathCityMap. In: Grafenhofer, I., Maaß, J. (Hrsg.) Neue Materialien für einen realitätsbezogenen Mathematikunterricht 6, S. 95–105. Springer Sprektrum, Wiesbaden (2019)

Handke, J.: Handbuch Hochschullehre Digital. Leitfaden für eine moderne und mediengerechte Lehre. Tectum Verlag, Baden-Baden (2017)

Hillmayr, D., Reinhold, F., Ziernwald, L., Reiss, K.: Digitale Medien im mathematisch-naturwissenschaftlichen Unterricht der Sekundarstufe. Einsatzmöglichkeiten, Umsetzung und Wirksamkeit. Waxmann, Paderborn (2017)

Huber, S.G., Günther, P.S., Schneider, N., Helm, C., Schwander, M., Schneider, J.A., Pruitt, J.: COVID-19 – aktuelle Herausforderungen in Schule und Bildung. Erste Befunde des Schul-Barometers in Deutschland, Österreich und der Schweiz. Waxmann, Münster (2020)

Humenberger, H.: Modellierungsaufgaben im Unterricht – selbst Erfahrungen sammeln. In: Hummenberger, H., Bracke, M. (Hrsg.) Neue Materialien für einen realitätsbezogenen Mathematikunterricht 3, S. 107–118. Springer, Wiesbaden (2017)

Kaiser, G., Blomhøj, M., Sriraman, B.: Towards a didactical theory for mathematical modelling. ZDM - The International Journal on Mathematics Education **38**(2), 82–85 (2006)

Krainer, K.: Aufgaben als elementare Bausteine didaktischen Denkens und Handelns. In: Beiträge zum Mathematikunterricht. Vorträge auf der 25. Bundestagung für Didaktik der Mathematik, S. 297–300. Bad Salzdetfurth, Franzbecker (1991)

Kultusministerkonferenz: Beschlüsse der Kultusministerkonferenz. Bildungsstandards im Fach Mathematik für den Mittleren Schulabschluss (2003)

Kultusministerkonferenz: Bildung in der digitalen Welt. Strategie der Kultusministerkonferenz (2017)

Leiss, D.: Adaptive Lehrerinterventionen beim mathematischen Modellieren – empirische Befunde einer vergleichenden Labor- und Unterrichtsstudie. Journal für Mathematik-Didaktik **31**(2), 197–226 (2010)

Leschkowski, P.: Mathematische Kompetenzentwicklung durch außerschulisches Lernen. Exemplarische Untersuchung am Beispiel mathematischer Stadtspaziergang. Unveröffentlichte Masterarbeit. Universität Hamburg, Hamburg (2014)

Ludwig, M., Jesberg, J., Weiß, D.: MathCityMap – faszinierende Belebung der Idee mathematischer Wanderpfade. Praxis der Mathematik **53**, 14–19 (2013)

Maaß, K.: What are modelling competencies? ZDM - The International Journal on Mathematics Education **38**(2), 113–142 (2006)

Maaß, K.: Classification scheme for modelling tasks. Journal für Mathematik-Didaktik **31**(2), 285–311 (2010)

Matos, J.F., Carreira, S.: The quest for meaning in students' mathematical modeling activity. In: Houston, K., Blum, W., Huntley, I., Neill, N. (Hrsg.) Teaching and Learning Mathematical Modeling (ICTMA 7), S. 63–75. Horwood, Chichester (1997)

Palm, T.: Features and impact of the authenticity of applied mathematical school tasks. In: Blum, W., Galbraith, P.L., Henn, H.-W., Niss, M. (Hrsg.) Modelling and Applications in Mathematics Education. The 14th ICMI Study, S. 201–208. Springer, New York (2007)

Redecker, C.: European framework for the digital competence of educators: DigCompEdu. (Y. Punie, Hrsg.), EUR 28775 EN. Luxembourg: Publications Office of the European Union. Luxembourg (2017)

Schmid, U., Goertz, L., Radomski, S., Thom, S., Behrens, J.: Monitor Digitale Bildung. Die Hochschulen im digitalen Zeitalter. Bertelsmann Stiftung, Gütersloh (2017)

Sol, M., Ginémez, J., Rosich, N.: Project modelling routes in 12–16-year-old pupils. In: Kaiser, G., Blum, W., Borromeo Ferri, R. (Hrsg.) Trends in Teaching and Learning of Mathematical Modelling (ICTMA 14), S. 231–240. Springer, Dordrecht (2011)

Treilibis, V., Burkhardt, H., Low, B.: Formulation Processes in Mathematical Modelling. Shell centre for mathematical education, Nottingham (1980)

van Ackeren, I., Aufenanger, S., Eickelmann, B., Friedrich, S., Kammerl, R., Knopf, J., Mayrberger, K., Schiefner-Rohs, M.: Digitalisierung in der Lehrerbildung. Herausforderungen, Entwicklungsfelder und Förderung von Gesamtkonzepten. DDS – Die Deutsche Schule **111**(1), 103–119 (2019)

Van Dooren, W., Verschaffel, L., Greer, B., De Broock, D.: Modelling for life: Developing adaptive expertise in mathematical modelling from an early age. In: Verschaffel, L., Dochy, F., Boekaerts, M., Vosniadou, S. (Hrsg.) Essays in Honor of Erik De Corte, S. 91–109. EARLI, Leuven, Belgien (2006)

Zierer, K.: Lernen 4.0. Pädagogik vor Technik. Möglichkeiten und Grenzen einer Digitalisierung im Bildungsbereich, 2. Aufl. Schneider Verlag, Baltmannsweiler (2018)

Große Zahlen anschaulich machen – (k)eine Kunst?

Berthold Schuppar

1 Einleitung

„Zahlen begleiten unser Leben", so lautet ein Werbespruch der Firma Union Investment. Zweifellos hat sie Recht – man könnte das sogar als Binsenweisheit bezeichnen. Jedoch wird in den Medien allzu häufig mit Millionen und Milliarden hantiert, ohne über die jeweilige Bedeutung zu reflektieren. Manchmal scheint sogar eine gewisse Absicht dahinterzustehen, denn große Zahlen wirken allemal imponierend. Jedenfalls wird die Interpretation oftmals den Leserinnen und Lesern überlassen, was nicht immer eine leichte Aufgabe darstellt.

Als erstes Beispiel sei eine Zeitungsmeldung über das angesparte Vermögen der Deutschen zitiert (RN[1] vom 18.10.2018). Die fette Überschrift lautet:

5.977.000.000.000 Euro

Die Nullen werden hier eindeutig als Ausdrucksmittel verwendet. Zwar geht der Autor im Text zur Bezeichnung „5,977 Billionen" über; das verändert zwar nicht die Zahl, aber ihr Erscheinungsbild, denn man kann „Billionen" wie eine Maßeinheit ansehen. Im weiteren Text wird jedoch nicht einmal versucht, diese Zahl zu interpretieren. Dabei wäre das in diesem Fall nicht besonders schwierig, im Grunde sogar ziemlich naheliegend: Wie groß ist das *durchschnittliche* Vermögen pro Einwohner von Deutschland? Überschlagsrechnung:

$$\frac{6\,\text{Billionen}\,€}{80\,\text{Mio.}} = \frac{6\,\text{Mio.}}{80}€ = \frac{600\,\text{Tsd.}}{8}€ = 75\,\text{Tsd.}€$$

Also 75.000 € pro Einwohner – mit Sicherheit wäre die überwiegende Mehrzahl der Deutschen froh, zum Durchschnitt zu gehören, aber das ist nicht unser Thema. Immerhin hat man jetzt eine vorstellbare Größenordnung zur Hand. Man beachte: Um diese zu erzielen, war im Grunde „nur" der Umgang mit Zehnerpotenzen und eine wenig Kopfrechnen notwendig, wobei „Mio." und Tsd." wie Einheiten fungieren, das erleichtert den Überblick und das Rechnen ein wenig.

Das nächste Beispiel betrifft ein aktuelles Thema: In einer Kurzmeldung (RN vom 5.7.2019) wird unter der Überschrift „Bäume können das Klima retten" eine Untersuchung der ETH Zürich zitiert, in der für eine Aufforstung der Wälder plädiert wird. In der Meldung heißt es:

> „Ebenso müsste ungefähr eine Milliarde Hektar Land neu mit Bäumen bepflanzt werden."

Wie viel Land ist das? Ohne eine Vorstellung hiervon ist die Meldung wertlos, aber der Text enthält nichts dazu – implizit ist das eine Aufgabe für die Zeitungsleser*innen! Es ist zu befürchten, dass diese Aufgabe in den allermeisten Fällen ungelöst bleibt.

Das Problem beginnt bei der Einheit: Zwar wird Hektar (Abkürzung ha) für landwirtschaftlich oder städtebaulich genutzte Flächen häufig verwendet, jedoch ist die Umrechnung $1\,\text{ha} = 10.000\,\text{m}^2$ bzw. $100\,\text{ha} = 1\,\text{km}^2$ nicht sehr geläufig, und auch die angegebene Größenordnung (1 Mrd. ha!) ist nicht alltäglich. Passender erscheint hier eine Angabe in km^2:

1 Mrd. ha = 10 Mio. km^2

Das kann man sich als Rechteck mit der Länge 5000 km und der Breite 2000 km vorstellen, also durchaus kontinentale Maße. Immerhin kann man jetzt gezielt googeln: Australien hat ca. 7,7 Mio. km^2, Europa bringt es auf ca. 10,7 Mio. km^2. Also soll eine Fläche von der Größe Europas neu aufgeforstet werden? Wir werden nicht diskutieren, ob und wie das geht, die ETH-Forscher halten es jedenfalls

B. Schuppar (✉)
Fakultät für Mathematik, IEEM, TU-Dortmund, Dortmund, Deutschland
E-Mail: berthold.schuppar@tu-dortmund.de

---

[1]Die Abkürzung RN steht hier und im Folgenden für die Tageszeitung „Ruhr-Nachrichten", Dortmund.

für möglich. Es ist zudem umstritten, ob diese Strategie eine sinnvolle Bekämpfung des Klimawandels darstellt[2]; auch das soll nicht vertieft werden. Wichtig ist an dieser Stelle: Die Größenangabe „1 Mrd. Hektar" ist konkret geworden.

Ein Artikel auf ZEIT ONLINE zum gleichen Thema[3] macht in dieser Hinsicht ausführlichere Angaben:

> „Der Studie zufolge ist die Erde derzeit mit 2,8 Mrd. Hektar Wald bedeckt – eine Neubepflanzung von 900 zusätzlichen Millionen Hektar sei möglich. Das entspräche in etwa der Fläche der USA oder einem Gebiet, das mehr als 27-mal so groß wie Deutschland ist."

Außer dem Flächenvergleich erhält man hier die zusätzliche Information über die existierende Waldfläche, woraus folgt: Der Wald müsste insgesamt um ca. ein Drittel seines jetzigen Bestandes vergrößert werden. Diese *Relation* macht die Idee der Aufforstung ein wenig plausibler – wenn auch der Trend momentan in die andere Richtung zu gehen scheint (Abholzung von Regenwald u. ä.).

Zurück zum Flächenmaß: Immerhin wurde die neu zu bepflanzende Fläche nicht in der neuen Einheit *Fußballfeld* gemessen – mehr dazu im nächsten Abschnitt.

2 Fußballfelder

Vermutlich sollte der Fußballplatz ursprünglich als Stützgröße für die recht spezielle Flächenmaßeinheit Hektar dienen. Selbst bei Wikipedia heißt es unter dem Stichwort „Hektar":

Beliebter Vergleichsmaßstab für den Hektar ist ein Fußballfeld, das meist allerdings kleiner ausfällt:

- häufigstes Maß für Fußballfelder: 68 Meter mal 105 Meter = 0,714 ha
- Minimum laut Regelwerk: 45 Meter mal 90 Meter = 0,405 ha
- Maximum laut Regelwerk: 90 Meter mal 120 Meter = 1,080 ha

Somit ist der Vergleich durchaus berechtigt, denn in der Tat liegt seine zulässige Größe grob gesagt zwischen einem halben und einem ganzen Hektar, die Standardgröße liegt etwa in der Mitte dazwischen bei ca. ¾ ha. Inzwischen hat sich jedoch „Fußballfeld" zu einer halboffiziellen Maßeinheit entwickelt, die sehr häufig verwendet wird. So kann man

z. B. auf der Internetseite www.convertworld.com/de/ (damit kann man für praktisch alle Größen die verschiedensten Einheiten umrechnen) beim Umrechner für die Flächenmaße die Einheit „Fußballplatz" finden: 1 Fußballplatz entspricht 7140 m², das ist die Standardgröße. Diese „Definition" wird aber wegen der o. g. Spannweite nicht immer präzise eingehalten, und außerdem geht der ursprüngliche Sinn, nämlich größere Flächen anschaulich zu machen, allzu häufig verloren. Hierzu einige Beispiele.

- Aus einem Artikel über Einkaufszentren in Deutschland (RN von 12.8.2017): Es geht um die gesamte Verkaufsfläche.
  „Knapp 15,5 Millionen m² sind es 2017. Das entspricht etwa 2163 Mal dem Spielfeld im Münchener Olympiastadion."
  Kann man sich über 2000 Spielfelder ausmalen, noch dazu als Vergleich für eine ziemlich unzusammenhängende Fläche? Hilft das wirklich, die Größe dieser Fläche zu verstehen? Hinzu kommt, dass aus der relativ ungenauen Quadratmeterzahl eine viel präzisere Zahl von Spielfeldern abgeleitet wird.
- Hier geht es um eine Wölfin, die aus ihrem Gehege in einem Tierpark ausgebrochen ist (RN vom 9.9.2017):
  „…, dass die Wölfin auch den Außenzaun um den 56 Hektar großen Tierpark überwunden hat. Die Fläche ist etwa so groß wie 28 Fußballfelder."
  Das könnte man sich vielleicht noch vorstellen. Aber 1 Fußballfeld entspricht 2 ha? Das passt gar nicht. Möglicherweise wurde hier die Umrechnung 1 ha = 2 Fußballfelder zugrunde gelegt, aber statt „mal 2" mit „durch 2" operiert.
- Über eine geplante Wiederaufforstung in Deutschland (RN vom 15.7.2019):
  „Allein durch Brände sei im Jahr 2018 Wald auf einer Fläche mit der Größe von 3300 Fußballfeldern verloren gegangen. Zusammen mit Schaden durch Stürme, Dürre und den Borkenkäfer gebe es einen Waldverlust von 110.000 Hektar."
  Die Maßzahl 3300 sagt hier nichts anderes aus als „sehr viel", zudem wird hier sogar der Vergleich mit dem Gesamtschaden blockiert. Eine kleine Umrechnung zeigt: Der Brandschaden beträgt ca. 2% des gesamten Waldverlustes.
- Über ein Feriendorf in Ägypten (Spiegel 28/2016, S. 13):
  „Das Terrain ist riesig, weit über vier Millionen Quadratmeter, das entspricht ungefähr einer Fläche von 616 Fußballplätzen."
  Es ist schon sehr merkwürdig, wie man aus einer sehr ungenauen Quadratmeterzahl eine derart präzise Anzahl von Fußballfeldern ermitteln kann, noch dazu mit dem Attribut „ungefähr" versehen; wenn überhaupt, hätte die Zahl 600 voll ausgereicht. Aber das nur nebenbei.

---

[2] www.springer.com/earth+sciences+and+geography?SG-WID=1-10006-2-425411-0 (letzter Zugriff 24.07.2019).

[3] https://www.zeit.de/wissen/umwelt/2019-07/klimawandel-klima-schutz-aufforstung-baeume-pflanzen-co2-emmissionen (letzter Zugriff 24.07.2019).

Warum wird das Flächenmaß nicht in km² umgerechnet, was in diesem Fall einer zusammenhängenden Fläche sehr naheliegend wäre? 4 Mio. m² = 4 km², das ist die Fläche eines Quadrats mit 2 km Kantenlänge oder eines Rechtecks mit den Seitenlängen 4 km und 1 km. Solche Flächen kann man sich wesentlich leichter vorstellen als 616 Fußballfelder!

- Das nächste Beispiel stammt aus einem hervorragenden Buch über die vulkanische Vorgeschichte der Eifel. Im folgenden Zitat (Schmincke 2014, S. 91) geht es um den letzten Ausbruch des Laacher-See-Vulkans vor ca. 13.000 Jahren.

„Die gewaltige Menge von 6,5 km³ Magma, die während dieser kurzen Zeit eruptiert wurde, entspricht etwa 1500 Fußballfeldern, die 50 m hoch mit Magma bedeckt sind."

Rechnen wir nach (mit einem Standard-Spielfeld von 7140 m²):

$$1500 \cdot 7140 \cdot 50 \text{ m}^3 = 535.500.000 \text{ m}^3 \approx 0,54 \text{ km}^3$$

Das ist zweifellos die falsche Größenordnung. In Wirklichkeit wären also sogar 15.000 Fußballfelder notwendig, um eine Magmaschicht von 50 m Dicke aufzunehmen (sind das alle Plätze in NRW oder alle in Deutschland oder …?), damit käme man den 6,5 km³ Magma schon sehr nahe. Es ist nur schade, dass man sich eine so große Zahl von Sportplätzen nicht vorstellen kann, ohne die o. g. neue Fermi-Aufgabe zu lösen.

Mein Vorschlag für ein besser geeignetes Bild: Wie hoch wäre eine Großstadt mit 6,5 km³ Gesteinsmasse bedeckt? Beispielsweise hat Dortmund eine Fläche von 280 km², das ergibt bei gleichmäßiger Verteilung eine Schicht der Dicke $\frac{6,5}{280}$ km $= \frac{6500}{280}$ m $\approx \frac{600}{25}$ m $= 24$ m. (Man beachte: Diese Überschlagsrechnung erlaubt eine vollständige Kontrolle der Größenordnung durch den sinnvollen Gebrauch der Einheiten.)

Hinzu kommt, dass das Magma bei der Eruption zu Bims aufgeschäumt wird, dabei verdreifacht sich das Volumen, sodass das Stadtgebiet von Dortmund unter einer Schicht von $3 \cdot 24$ m ≈ 70 m Bims begraben worden wäre. Zum Vergleich: „Über 1500 Jahre lag Pompeji unter einer bis zu 25 Meter dicken Schicht aus vulkanischer Asche und Bimsstein begraben." (Aus Wikipedia, Stichwort Pompeji, über den Ausbruch des Vesuv im Jahre 79.)

Zur Klarstellung: Der wesentliche Kritikpunkt in diesem Bespiel ist nicht der Rechenfehler, denn so etwas kann immer passieren; vielmehr kann man sich die gewaltige Masse, die der Vulkan ausgestoßen hat, auf die im Zitat angegebene Weise nicht gut vorstellen.

Dass eine Stützgröße zur Maßeinheit mutiert, ist nicht ungewöhnlich; man denke nur an die alten Einheiten Fuß, Elle, Meile (von milia passuum = 1000 Schritte) oder Mor-

gen. Viele von ihnen sind trotz der Metrisierung des Maßsystems heute noch gebräuchlich, weil jede Umstellung mit Schwierigkeiten verbunden ist; insbesondere im angloamerikanischen Raum sind nicht-metrische Einheiten weit verbreitet. Das Fußballfeld gehört jedoch nicht zu dieser Kategorie von altbewährten Einheiten, die aus Gewohnheit beibehalten werden.

Das metrische Einheitensystem bildet seit langem eine praktikable Basis für das Messen, und speziell bei Flächenmaßen sind die Einheiten zwischen m² und km² noch regelhaft abgestuft: 1 Ar = 100 m², 1 Hektar = 100 Ar, 1 km² = 100 Hektar. (Bei den Längenmaßen gibt es keine Analogie: „Dekameter" und „Hektometer" sind unbekannt.) Man braucht also nur mit einem Quadrat von 1 m Kantenlänge zu beginnen und wiederholt mit dem Streckfaktor 10 zu vergrößern. 1 ha ist somit der Flächeninhalt eines Quadrats mit 100 m Kantenlänge; dass ein Fußballplatz ca. 100 m × 70 m misst, dürfte allgemein bekannt sein. Das mag bei Flächen in dieser Größenordnung, insbesondere bei Grundstücken, eine gute Anschauungshilfe darstellen. Aber ob sich das Fußballfeld als Ersatz-Flächeneinheit eignet, darf doch bezweifelt werden, vor allem weil dadurch verhindert wird, eine Fläche mit gegebenem Inhalt als Rechteck mit bestimmten Seitenlängen zu interpretieren. (Ich kann mir jedenfalls die Fläche von 2163 Fußballfeldern nicht gut vorstellen.)

3 Pyramiden, Sterne und andere Körper

Die Cheops-Pyramide von Gizeh erfüllt in unserem Kontext eine doppelte Funktion: Einerseits besteht sie aus einer so „unvorstellbaren" Menge von Steinen, dass man daraus mit etwas Fantasie beeindruckende Vergleichsobjekte konstruieren kann. Andererseits ist sie hinlänglich bekannt, sodass sie selbst als Vergleichsobjekt für große Volumina dienen kann.

Zum ersten Punkt genügt schon Folgendes: Stellen Sie sich vor, die Pyramide bestünde aus würfelförmigen Steinblöcken der Kantenlänge 1 m (das stimmt nicht ganz, ist aber nicht unrealistisch); wie lang wäre die Mauer, wenn man alle Blöcke hintereinander aufstellte? Maße der Pyramide, leicht gerundet: Basislänge der quadratischen Grundfläche 230 m, Höhe 140 m. Mit wenig Aufwand kommt man zu einem erstaunlichen Ergebnis. Nebenbei: Ausgehend von Gizeh würde die Mauer beinahe bis München reichen (Luftlinie). Solche verblüffenden Resultate kommen häufig zustande, wenn man Volumina mit Längen veranschaulicht. In eine ähnliche Richtung zielt auch ein Vergleich, der Napoleon zugeschrieben wird: Beim Anblick der Cheops-Pyramide soll er ausgerufen haben, dass man daraus eine Mauer bauen könnte, die ganz Frankreich umschließt. Daraus sind schon oft Aufgaben entwickelt worden, mehr oder weniger offen formuliert. Ohne weitere Vorgaben (außer den Maßen der Pyramide, s. o.) sind natürlich erstmal Fragen wie die folgenden zu formulieren und zu beantworten: Wie lang müsste eine solche Mauer sein? Welche Breite, welche Höhe könnte sie haben? (Dem Charakter der offenen Fragestellung ist es geschuldet, dass auch die *Reihenfolge* dieser Fragen nicht vorgeschrieben ist; wichtig ist nur, dass Länge und Querschnitt der Mauer mit dem Volumen der Pyramide kompatibel sind.)

Eine schöne Veranschaulichung ist auch bei Tompkins (1978, S. 15) zu finden:

> „Für das feste Mauerwerk der Pyramide wurden mehr Steinblöcke benötigt als für sämtliche Dome, Kirchen und Kapellen, die jemals in England gebaut worden sind."

Wenn man allerdings diese Behauptung verifizieren wollte, dann hätte man schwierige Probleme zu lösen: Wie viele Dome, Kirchen, Kapellen gibt es (gab es) in England? Wie viele Steine sind in einer Kirche verbaut? Vermutlich neigt man als normaler Leser dazu, den Vergleich ungeprüft stehenzulassen („der Autor hat sich sicher etwas dabei gedacht"). Fazit: Gute Idee, aber es ist unsicher, ob der Vergleich wirklich tragfähig ist.

Zum zweiten Punkt: Der SPIEGEL 50/2017 berichtet über den Neubau einer Bahnstrecke Berlin-München (S. 120 ff.). Die Strecke durch den Thüringer Wald wird wie folgt beschrieben:

> „Die 107 km lange Neubaustrecke verläuft 54 km oberirdisch, 41 km durch Tunnel, 12 km auf Brücken. … Knapp 9 Mio. m³ Erdreich wurden ausgehoben, annähernd das Volumen von 3,5 Cheops-Pyramiden."

Zweifellos ist dieser Vergleich kurz, treffend und allgemein verständlich, erfüllt also drei wichtige Kriterien. Gleichwohl dürfte es für jemanden, der nicht am Fuß der Pyramiden gestanden hat, nichts anderes als „sehr viel" bedeuten. Es ist daher ratsam, sich selbst ein Bild zu verschaffen, etwa so: Welche Fläche hätte ein See mit 9 Mio. m³ Inhalt? Wir nehmen eine durchschnittliche Tiefe von 3 m an und rechnen:

$$\frac{9 \text{ Mio. m}^3}{3 \text{ m}} = 3 \text{ Mio. m}^2 = 3 \text{ km}^2$$

Damit ist man bei einer handlichen Größenordnung angelangt, und man könnte bei Wikipedia recherchieren, um passende Vergleichsobjekte zu finden. Beispielsweise würde der Aushub fast ausreichen, um die drei Ruhrstauseen nahe Dortmund zu füllen (Hengsteysee, Harkortsee und Kemnader See haben jeweils ca. 3 Mio. m³ Füllmenge); dieses Bild würde gut in die Ruhr-Nachrichten passen, aber möglicherweise wegen des regionalen Bezugs weniger zum SPIEGEL.

Ein anderes Vergleichsobjekt ähnlicher Größenordnung ist das größte Fußballstadion Deutschlands, der Signal

Iduna Park (früher Westfalenstadion) in Dortmund. Wir haben gesehen, dass „Fußballfeld" eine heimliche Flächeneinheit ist; die Idee, „Fußballstadion" als Volumen-Vergleich heranzuziehen (wenn auch nicht als „Einheit" zu etablieren) erscheint dann nur konsequent. So heißt es in einem Zeitungsbericht über das Projekt IceCube, einen Neutrino-Detektor in der Antarktis (RN vom 30.12.2013):

> „Der dazu im Eis des Südpols installierte Detektor … umfasst ein Volumen von einem Kubikkilometer – 80-mal größer als der Signal Iduna Park."

Welches Volumen hat nun das Stadion? Es ist näherungsweise ein Quader; dessen Länge und Breite kann man mit Google Earth recht genau messen: Man erhält 240 m und 190 m. Um die Rechnung zu vereinfachen, runden wir auf glatte Zahlen und schätzen die Höhe, d. h. wir setzen L = 250 m, B = 200 m, H = 40 m und erhalten:

$$V = L \cdot B \cdot H = 250 \cdot 40 \text{ m}^3 = 2.000.000 \text{ m}^3$$

Verblüffenderweise ist das gar nicht so weit vom Volumen der Cheops-Pyramide entfernt (mit dem gravierenden Unterschied: Die Pyramide ist massiv, das Stadion aber hohl). Der im Zitat genannte Kubikkilometer wäre jedoch nicht nur 80-mal, sondern sogar mindestens 500-mal so groß wie das Stadion – das ist schon eine andere Größenordnung, vielleicht steckt sogar ein Kommafehler dahinter. Die an sich schöne Veranschaulichung wird also durch einen Schätz- oder Rechenfehler verwässert: Wenn man schon quantitativ vergleicht, sollten die Zahlen auch korrekt sein (wobei „korrekt" nicht unbedingt „exakt" bedeutet!). Hier taucht aber auch wieder das Problem auf: Kann man sich 500 Fußballstadien gut vorstellen?

Für das nächste Beispiel bleiben wir in dieser kalten Region, vergrößern aber das Objekt der Beobachtung auf den gesamten *Antarktischen Eisschild*. Dazu findet man bei Wikipedia den folgenden Beitrag:

> „Der antarktische Eisschild (auch antarktisches Inlandeis) ist eine der beiden polaren Eiskappen. Er ist die größte Eismasse der Erde und bedeckt den antarktischen Kontinent (Antarktika) nahezu vollständig. Im antarktischen Inlandeis und dem von diesem gespeisten Schelfeis[4] sind fast 90 Prozent des Eises und 70 Prozent des Süßwassers der Erde gebunden. Die Fläche des Eisschildes beträgt 12,3 Millionen Quadratkilometer (zzgl. 1,63 Mio. km² Schelfeis), das Volumen 26,5 Millionen Kubikkilometer (zzgl. 0,4 Mio. km³ Schelfeis).
> Bei vollständigem Abschmelzen ergäbe dies theoretisch einen Meeresspiegelanstieg um etwa 58 Meter. Im Zeitraum 1979 bis 2017 nahm der jährliche Masseverlust der antarktischen Gletscher um etwa das Sechsfache zu. Betrug der Eisverlust 1979 bis 1990 noch ca. 40 Mrd. Tonnen pro Jahr, waren es im Zeitraum 2009 bis 2017 bereits 252 Mrd. Tonnen jährlich."

---

[4]Als *Schelfeis* bezeichnet man Eisplatten, die auf dem Meer schwimmen, aber mit dem kontinentalen Eisschild verbunden sind.

Diese „unvorstellbar" große Eismasse wird also durch ein Gedankenexperiment anschaulich gemacht: Man verteilt das geschmolzene Eis auf die gesamte Erdoberfläche; angeblich steigt dann der Meeresspiegel um 58 m. Wir prüfen dies zunächst durch einen Überschlag; zusätzlich entnehmen wir aus Wikipedia die Angabe, dass die Eisplatte durchschnittlich 2126 m $\approx$ 2 km dick ist.

Erdoberfläche $O = 4\pi R^2$ mit $R = 6.370$ km
$4\pi \approx 12$ (etwas mehr), $R^2 = 6,37^2 \cdot 10^6$ km^2
$\Rightarrow \quad O \approx 12 \cdot 40 \cdot$ Mio. km$^2 \approx 500$ Mio. km^2

Die Fläche des Eisschilds (12,3 Mio. km^2) beträgt also ca. 1/40 der gesamten Erdoberfläche. Wenn man das Eis mit 2 km Dicke auf die 40-fache Fläche verteilt, dann wird die Dicke auf 1/40 reduziert:

$$\frac{2 \text{ km}}{40} = \frac{2000 \text{ m}}{40} = 50 \text{ m}$$

Die Größenordnung stimmt also. Rechnet man mit einem TR nach, dann erhält man $O = 509,9$ Mio. km^2 und eine Erhöhung des Meeresspiegels um

$$\frac{\text{Eisvolumen}}{\text{Oberfläche}} = \frac{26,3 \text{ Mio.km}^3}{509,9 \text{ Mio.km}^2} = \frac{26,3}{509,9} \text{ km} = 51,6 \text{ m}$$

Dabei ist noch nicht berücksichtigt, dass Wasser eine höhere Dichte als Eis hat; außerdem wird nicht die gesamte Erdoberfläche vom Schmelzwasser betroffen, sondern nur das tief liegende Land. Zum ersten Einwand: Das Eisvolumen nimmt beim Schmelzen um ca. 8 % ab, dadurch würde sich die Zunahme des Wasserspiegels von 51,6 m auf 47,5 m reduzieren. Beim zweiten Einwand wird es sehr schwierig; ohne weitere Informationen ist man auf Schätzungen angewiesen: Der Land-Anteil beträgt ca. 30 % der Erdoberfläche; wie viel davon liegt hoch genug, um vom Schmelzwasser verschont zu bleiben? Wie die Geologen den Meeresspiegelanstieg berechnet haben, geht aus dem Wikipedia-Artikel nicht hervor, hierzu müsste man ggf. weitere Quellen heranziehen.

Eine Anmerkung zum letzten Satz des Zitats: Hierin geht es um den realen Masseverlust der antarktischen Gletscher, und zwar in Milliarden Tonnen. Das klingt allein wegen der Größenordnung „Milliarden" sehr bedrohlich, aber:

1 Tonne Eis $\hat{=}$ ca. 1 m^3 $\Rightarrow$ 1 Mrd. Tonnen $\hat{=}$ ca. 1 km^3

Die Angaben 40 km^3 bzw. 252 km^3 Volumen-Verlust würden nicht so dramatisch klingen. Dass das Abschmelzen der Gletscher tatsächlich bedrohlich ist, soll hier nicht bestritten werden, aber die Platzierung des realen Phänomens direkt hinter das reine Gedankenspiel (niemand behauptet, der Eisschild würde komplett abschmelzen!) sowie das Hantieren mit Milliarden in einer „geeigneten" Maßeinheit lässt die Darstellung leicht tendenziös erscheinen.

Wir verlassen nun die Erde und gehen in den Weltraum. In einem Bericht über einen neuentdeckten Zwergplaneten heißt es (RN vom 19.12.2018):

> „Der Himmelskörper hat einen Durchmesser von etwa 500 Kilometern, ist also etwa siebenmal kleiner als der Mond."

Laut Wikipedia hat der Mond einen mittleren Durchmesser von 3476 km $\approx$ 3500 km. Aber ist eine Kugel mit 1/7 des Durchmessers tatsächlich „siebenmal kleiner"? Man stelle sich das mithilfe konkreter Körper vor: Ist ein Haselnusskern (Ø 1 cm) wirklich nur „siebenmal kleiner" als ein Apfel (Ø 7 cm)? Wie man sieht, ist dieser Größenvergleich der Himmelskörper grandios gescheitert; der Grund dafür ist leicht zu erkennen: Die „Größe" eines Körpers wurde mit seiner linearen Ausdehnung gleichgesetzt. Schade nur, dass dieser Fauxpas ausgerechnet auf der Kinderseite der Zeitung passierte.

Hinzu kommt eine seltsame sprachliche Wendung: Wenn man sagt „Objekt A ist siebenmal so groß wie Objekt B", ist das klar und verständlich. Aber ist die Formulierung „Objekt B ist siebenmal so klein wie Objekt A" dann ebenso berechtigt? Man müsste den Faktor 7 als *Stauchfaktor* interpretieren; das ist zumindest ungewohnt.

Für das letzte Beispiel dieses Abschnitts dringen wir noch tiefer ins Universum ein. Astronomische Größen sind dankbare Objekte fürs Veranschaulichen, wenn auch die Größenordnungen in der Regel jenseits aller irdischen Vorstellungen liegen (nicht umsonst ist das Attribut „astronomisch" für eine Zahl gleichbedeutend mit „riesengroß"). So wurde z. B. die Dichte eines Neutronensterns wie folgt beschrieben[5]:

> Ein Teelöffel seiner Materie hat die gleiche Masse wie eine Million ICE-Züge.

Abgesehen davon, wie man sich eine Million ICE-Züge vorstellt, ergibt sich daraus eine Menge von Aufgaben, und zwar: Erstmal Daten sammeln, dann mit großen Zahlen rechnen! Der zweite Punkt sei den Leser*innen überlassen, zur Erleichterung sind hier ein paar Daten angegeben: 1 Teelöffel $\hat{=}$ ca. 5 ml. Mittlere Dichte eines Neutronensterns: ca. $5 \cdot 10^{17}$ kg/m^3. Leermasse eines 12-teiligen ICE 4 (das ist die lange Version): 620 t.

Zugegeben: Solche Probleme bleiben unverbindlich, weil sie für unseren Alltag absolut keine Relevanz haben. Gleichwohl kann man ihnen einen gewissen Reiz nicht absprechen, und außerdem zwingen sie zur Sorgfalt beim Rechnen, eben weil die Ergebnisse nicht mithilfe anderer Kriterien überprüft werden können.

---

[5]Leider ist mir die Quelle verlorengegangen.

4 Weitere Beispiele

Dem ersten Beispiel dieses Abschnitts liegt ein klassisches Thema zur Illustration des exponentiellen Wachstums zugrunde, und zwar die berühmte Schachbrett-Legende.

Ein indischer Weiser, der seinen König im Schachspiel unterrichtet hatte, erbat sich einen bescheidenen Lohn für seine Dienste: 1 Weizenkorn auf das erste Feld des Schachbretts, 2 Körner auf das zweite Feld, 4 Körner auf das dritte, usw., immer doppelt so viele auf das nächste Feld. Der ahnungslose König gewährte ihm bereitwillig die Bitte, geriet aber bei der Ausführung in Schwierigkeiten, weil er seine Hofmathematiker vorher nicht konsultiert hatte.

G. Ifrah hat dies zu einer lesenswerten Geschichte ausgeschmückt (vgl. Ifrah 1991, S. 484 f.), von der hier nur der Schluss zitiert wird:

> „Und solltet Ihr dennoch darauf bestehen, diese Belohnung auszuhändigen", fügte das Oberhaupt der Rechner hinzu, „müsstet Ihr diesen ganzen Weizen in einem Behältnis von 12 Billionen m³ unterbringen und einen Speicher von vier Meter Breite, zwölf Meter Länge und einer Höhe von 250 Mrd. Meter bauen (d. h. fast das Doppelte der Entfernung der Erde von der Sonne)."

Das ist wahrlich ein gigantischer Getreidespeicher. Aber hilft dieses Bild wirklich, sich die Größe der Weizenmenge vorstellen zu können? Sein Hauptzweck ist wohl eher, mit Milliarden zu klotzen und astronomische Dimensionen zu bemühen.

Gleichwohl sollten wir die Zahlen überprüfen. Die Anzahl der Weizenkörner ist mithilfe der geometrischen Reihe schnell berechnet:

$$1 + 2^1 + 2^2 + 2^3 + \cdots + 2^{63} = 2^{64} - 1 \approx 1{,}84 \cdot 10^9$$

Wie groß ist ein Weizenkorn? Es ist zwar möglich und sinnvoll, mit Schätzwerten zu arbeiten, aber zur Steigerung der Objektivität und Korrektheit bemühen wir das Internet. Man erhält allerdings nur indirekte Informationen:

- Die Tausendkornmasse (Abkürzung TKM) ist eine gängige Einheit für die Masse von Saatgut; für Weizen beträgt sie 40–65 g (vgl. Wikipedia Weizen, Beschreibung).
- Das „Hektolitergewicht", also die Dichte von Weizen beträgt $62 - 87 \frac{\mathrm{kg}}{\mathrm{h}\ell}$.[6]

Für unsere Rechnung nehmen wir runde mittlere Werte an, und zwar eine TKM von 50 g und eine Dichte von $75 \frac{\mathrm{kg}}{\mathrm{h}\ell} = 0{,}75 \frac{\mathrm{kg}}{\ell} = 750 \frac{\mathrm{g}}{\ell}$ Nun enthalten 50 g Weizen 1000 Körner, und $750\,\mathrm{g} = 15 \cdot 50\,\mathrm{g}$ enthalten 15.000 Körner; das ist somit die Anzahl der Körner pro Liter. Das Volumen der o. g. Körnerzahl „auf dem Schachbrett" ergibt sich daraus wie folgt:

$$\frac{1{,}84 \cdot 10^{19}\,\mathrm{K\ddot{o}rner}}{15.000\,\frac{\mathrm{K\ddot{o}rner}}{\ell}} = \frac{18{,}4}{15} \cdot 10^{15}\,\ell = 1{,}23 \cdot 10^{12}\,\mathrm{m}^3$$

Das sind nicht die von Ifrah genannten 12 Billionen Kubikmeter, sondern nur ein Zehntel davon; vermutlich hat er sich bei der Rechnung um eine Zehnerpotenz vertan (Kommafehler?). Die Höhe des Getreidespeichers würde also auf „nur" 25 Mrd. m = 25 Mio. km schrumpfen, aber auch das hätte man ohne weiteres akzeptiert.

Fazit: Die extreme Höhe der Scheune (egal ob 25 oder 250 Mrd. m) bedeutet nichts anderes als „sehr viel Weizen"; es ist geradezu symptomatisch für eine missglückte Quantifizierung, dass beide Versionen praktisch das Gleiche aussagen. Wenn man wirklich die Weizenmenge zahlenmäßig ausdrücken möchte, sollte man ein anderes Bild hinzuziehen. Probieren Sie z. B. einen Vergleich mit der weltweiten Jahresproduktion des Weizens (in 2017 betrug sie laut Wikipedia 771,7 Mio. Tonnen)! Oder: Wie hoch wäre Deutschland mit dieser Menge „überschüttet"?

Wir befassen uns jetzt noch einmal mit einem aktuellen umweltpolitischen Thema, nämlich *Einweg-Kaffeebecher.* Ausschnitt aus einer Zeitungsmeldung hierzu (RN vom 13.08.2019):

> „Dass es um große Müll-Mengen geht, ist klar: 2,8 Mrd. Einwegbecher kamen im Jahr 2016 in Deutschland in den Umlauf, 34 pro Kopf und Jahr, dazu 1,3 Mrd. Plastikdeckel. Diese Becher füllten rechnerisch acht Millionen Mal einen typischen öffentlichen Mülleimer, der 50 Liter fasst."

Eine zum Text gehörende Grafik enthält noch eine Zusatzinformation: „Dadurch entstehen 28.000 t Abfall." (Weiterhin werden die Becher differenziert: 1,7 Mrd. kunststoffbeschichtete Papierbecher, 1,1 Mrd. Kunststoffbecher; das ist natürlich wichtig für den „ökologischen Fußabdruck", wir lassen dies aber erstmal beiseite.) Wir werden nun diese Daten hinterfragen und ein wenig mit den Zahlen spielen.

- Auffällig ist die Verwandtschaft der Becheranzahl (2,8 Mrd.) und ihrer Masse (28.000 t). Wie viel wiegt denn ein einzelner Kaffeebecher? Ohne zu rechnen sieht man: Es muss eine Stufenzahl (Zehnerpotenz) sein, und dann wird wohl 10 g herauskommen, denn 1 g ist sicher zu wenig, ebenso 100 g zu viel für einen (leeren) Kaffeebecher. Eine Probemessung mit einem mittelgroßen Pappbecher ergab tatsächlich 11 g, und durch Umrech-

---

[6]https://www.proplanta.de/Agrar-Lexikon/Spezifisches+Gewicht+Getreide+-+Hektolitergewicht_l1284209088.html (letzter Zugriff 11.09.2019).

nen von Tonnen in Gramm erhält man leicht die Bestätigung: $\frac{28 \text{ Mrd. g}}{2{,}8 \text{ Mrd. Becher}} = 10 \frac{g}{\text{Becher}}$ Warum kommt so eine runde Zahl heraus? Vermutlich ist man den umgekehrten Weg gegangen, d. h. man hat nicht den Gesamt-Müll gewogen, sondern 10 g als sinnvollen Mittelwert für die Masse eines Bechers angenommen und dies mit der Anzahl multipliziert.

- Welches Müllvolumen wird diesen Bechern insgesamt zugeschrieben? Laut Zitat sind es 8 Mio. Mülleimer zu je 50ℓ, also 400 Mio.ℓ = 400.000 m^3. Welches Volumen hat dann ein einzelner Becher im Müll? $\frac{400 \text{ Mio.}\ell}{2.800 \text{ Mio. Becher}} \approx 0,14 \frac{\ell}{\text{Becher}}$ klingt zunächst wenig, denn die Füllmenge beträgt je nach Größe 0,2 bis 0,4ℓ. Doch die Becher werden im Müll zerknüllt oder gestapelt, und deswegen ist es eher fraglich, ob man das Müllvolumen wirklich "rechnerisch" so genau bestimmen kann.
- Wie groß sind Masse bzw. Volumen der 34 Müllbecher pro Kopf und Jahr? Bei 10 g bzw. 0,14 ℓ pro Becher sind es gerade 340 g bzw. knapp 5 ℓ. Das klingt gar nicht mehr so dramatisch, vor allem wenn man es mit dem gesamten Müll vergleicht (in Dortmund berechnet die Müllabfuhr z. B. eine Mindestabnahmemenge von 20 ℓ pro Einwohner und *Woche*).
- Wenn wir davon ausgehen, dass die Becher wirklich 8 Mio. Mal jährlich einen Mülleimer füllen, dann wären es täglich $\frac{8.000.000}{365} \approx 22.000$ Mülleimer, und zwar auf ganz Deutschland verteilt. (Fermi-Aufgabe: Wie viele öffentliche Müllbehälter gibt es in Ihrer Stadt?) Auch diese Zahl ist wenig spektakulär; gleichwohl sollte man natürlich den Müll vermeiden, soweit es geht.
- Wie viele Fahrzeuge braucht man, um 28.000 t Müll abzutransportieren? Wenn wir von schweren 40-Tonner-LKWs ausgehen, dann sind es $\frac{28.000}{40} = 700$ Ladungen. Allerdings müsste man den Müll stärker verdichten, denn ursprünglich wären es laut obiger Rechnung 400.000 m^3, also pro Ladung $\frac{400.000}{700} \approx 570$ m^3, das wäre reichlich viel Volumen für einen einzigen LKW. (Ein Zehntel davon wäre vielleicht realistisch.)

Es gäbe sicherlich noch viele weitere Ideen, die man zu diesem Thema anschließen könnte, aber das soll genügen.

Nun zum letzten Beispiel: Die Präsidentin der EU-Kommission, Ursula von der Leyen, hat um Dezember 2019 einen „Green Deal" vorgeschlagen, ein langfristiges Programm zum Klimaschutz in Europa. Dazu sollen bis 2030 finanzielle Mittel in Höhe von einer Billion € bereitgestellt werden – eine unvorstellbare Summe, sollte man meinen. Ein Redakteur der RN hat es dennoch versucht, und so erschien am 15.01.2020 der folgende Text unter der Überschrift „Ziemlich viele Nullen":

Eine Frage, so ganz unter uns: Wenn Sie keine Geldsorgen hätten, wie viel würden Sie jeden Tag ausgeben? Keine Frage, das ist alles theoretisch, wohl auch illusorisch. Aber dennoch: Wie viel würde es sein? 500 Euro am Tag? Oder 1000? Ach, nehmen wir einfach 5000 Euro am Tag. Sie haben schließlich in der Megasuperduper-Lotterie den Jackpot geknackt und jetzt eine Milliarde Euro auf dem Konto. Und jetzt von der Illusion zur Mathematik: Wenn Sie jeden Tag 5000 Euro von Ihrem Jackpotgewinn nehmen, wann ist die Milliarde aufgebraucht? Wenn Sie das ausgerechnet haben, lässt sich die Dimension des Green Deals der EU-Kommission erahnen [...]. Nur, dass er 1000-mal größer ist.

Bevor Sie weiterlesen, machen Sie bitte eine kurze Pause und beantworten Sie die folgenden Fragen:

- Wie lange dauert es, bis die Milliarde Euro aufgebraucht ist? (Überschlag genügt!)
- Können Sie sich jetzt besser vorstellen, wie groß der Betrag von einer Billion Euro ist? Halten Sie dieses Bild für geeignet?

Zugegeben, der Text ist sicherlich nicht ganz ernst gemeint, wohl eher als Glosse. Gleichwohl bin ich der Meinung, dass diese Veranschaulichung voll daneben geht.

Denn es ist nicht eine Einzelperson, der dieser Betrag zugutekommt (weder „ich" noch jemand anders), sondern alle Europäer*innen profitieren davon, im Grunde könnte man den Wirkungsbereich auch noch weiter ziehen. Aber beschränken wir uns auf die EU mit ihren ca. 500 Mio. Einwohnern: Wenn man eine Billion Euro gleichmäßig auf diese Gesamtbevölkerung verteilt, dann ergibt sich ein Betrag von 2000 € pro Einwohner, und zwar verteilt auf 10 Jahre, das macht 200 € pro Einwohner und Jahr – so viel geben starke Raucher*innen für Zigaretten aus, jedoch nicht im Jahr, sondern im *Monat*. Es ist zwar nicht geplant, diesen Betrag wie eine Steuer einzufordern, aber dennoch: Das Klima sollte uns so viel wert sein!

Der Vergleich in der Glosse würde eher zutreffen, wenn man sich das Vermögen eines Milliardärs anschaulich machen möchte, denn in diesem Fall könnte tatsächlich eine Einzelperson über einen solchen Betrag verfügen. Ein gravierendes Problem bleibt dabei bestehen: Wie gibt man jeden Tag 5000 € aus, ohne das Geld zu spenden oder aus dem Fenster zu werfen? (Ich kann es mir *nicht* vorstellen!).

5   Resümee

Mit großen Zahlen umzugehen gehört zum Alltag, aber es ist nicht immer leicht, diese Zahlen auch verständlich zu machen. Daher ist es eine durchaus anspruchsvolle Aufgabe, große Zahlen zu veranschaulichen. Welche mathematischen Fähigkeiten und Fertigkeiten dadurch zu fördern sind, dürfte anhand der obigen Beispiele klar geworden sein; gleichwohl seien hierzu ein paar Stichworte genannt:

- Umgang mit großen Zahlen (Zehnerpotenzen, halbogarithmische Darstellung);
- Umrechnen von Maßeinheiten (abgesehen von diesem technischen Aspekt ist das Thema „Einheiten für Größenbereiche" eine Diskussion wert!);
- Überschlagsrechnen (diese nahezu ausgestorbene Kulturtechnik ist auch und gerade im Zeitalter des elektronischen Rechnens absolut notwendig).

Solche Aktivitäten lassen sich, wie die Beispiele zeigen, an zahlreiche mathematische Themen anknüpfen: Flächeninhalt (vgl. Abschn. 2), Volumen (vgl. Abschn. 3), Exponentialfunktionen (Schachbrettlegende, Abschn. 4) und viele andere. Es ist auch keineswegs beabsichtigt, hiermit neue Unterrichtsinhalte zu etablieren, sondern diese Aspekte an passenden Stellen in den Unterricht einzuflechten.

Zahlen erwecken immer den Eindruck der Objektivität; allein die Darstellung einer Zahl ist jedoch ein Ausdrucksmittel, umso mehr ihre Illustration. Die Zahlen werden dadurch interpretierbar, und für diese Darstellungen und Bilder sind nicht nur die in der Mathematik üblichen Kriterien „richtig" bzw. „falsch" maßgebend, sondern auch andere wie z. B. „sinnvoll" oder „überzeugend". Für den Mathematikunterricht ergeben sich daraus verschiedene Aufgabenfelder mit starkem Anwendungsbezug:

- Medien (Zeitungen, Zeitschriften, Internet) nach passenden Beispielen durchforsten und diese Beispiele analysieren: Sind sie gültig, stimmig, einleuchtend?
- Anhand geeigneter Zahlen die Darstellung variieren und passende Bilder selbst finden und beurteilen: Wie kann man die Zahlen unscheinbarer oder spektakulärer erscheinen lassen, wie kann man ihre Aussagekraft (Tendenz) beeinflussen? Dieser Punkt aktiviert zweifellos das kreative Potenzial der Schüler*innen.

Literatur

Ifrah, G.: Universalgeschichte der Zahlen, 2. Aufl. Campus Verlag, Frankfurt a. M. (1991)

Schmincke, H.-U.: Vulkane der Eifel, 2. Aufl. Springer Spektrum, Heidelberg (2014)

Tompkins, P.: Cheops, 6. Aufl. Scherz Verlag, Bern, München (1978)

Printed in the United States
by Baker & Taylor Publisher Services